有機栽培81種蔬果

陽台菜園聖經

在家當個快樂の盆栽小農

木村正典——著

的樂趣

栽培的樂趣

容易上手就是盆栽菜園的魅力之一，只要將盆栽放置於日照充足之處，就是合適的栽培地點，因此在自家陽台也可簡單栽培蔬菜，感受蔬菜幼苗日漸成長變化所帶來的滿足與喜悅。

栽培蔬菜的方式不只一種，而自己下功夫研究栽培方式，也是栽培的樂趣之一喔！

觀賞的樂趣

蔬菜的葉片與花朵的姿態各異其趣，除了味覺的享受之外，還能帶來視覺的景觀美感。例如渾圓的葉片搭配多裂葉型、綠葉蔬菜搭配紅葉蔬菜，或者將攀緣蔬菜剪下一段藤蔓裝飾在家中，也是美麗的居家綠化風景。

蔬菜的花形十分美麗，例如秋葵的花朵與芙蓉花相似、豌豆的花朵與香豌豆花相似，可謂「食用」兼具觀賞價值。法國宮廷也曾為了觀賞馬鈴薯可愛的花朵而在花園中栽種了馬鈴薯，因此，我認為蔬菜的栽培也可以是一種景觀藝術。

希望時髦的盆栽菜園設計能為您家裡的庭院或陽台妝點出帶有季節感的美麗景致。

玩味盆栽菜園

學習的樂趣

木村流菜園的特色在於栽培蔬果時儘量不使用化學肥料與農藥。

舉例而言，有機肥料會被土壤中的微生物所分解，進而成為植物的養分，使得花盆裡的小小世界也能擁有迷你生態系統和獨立的食物鏈。

烹調的樂趣

自家菜園最大的魅力在於，摘下親手栽培的蔬菜，烹調出一道道新鮮美味的佳餚。成熟的蔬果不僅新鮮美味，食用自家栽培的蔬果更有著無與倫比的安心感。

對於現代人而言，所有蔬果都可以在蔬果攤或一般超市購得，但是自家菜園摘下的蔬果，更多了一份溫暖情感。

目錄

玩味盆栽菜園的樂趣 2
本書的使用方法 6

Chapter 1 「木村流」盆栽菜園

木村流的基本概念 8
花盆的種類 10
種菜的基本工具 12
土壤與肥料 14
有機栽培的入門知識 16
盆栽菜園的注意事項 18
基本的注意事項 18
陽台的注意事項 19
庭院的注意事項／屋頂的注意事項 21

Chapter 2 盆栽菜園的基本準備

栽培土的作法 24
土壤的再生利用 25
播種的基礎步驟 26
育苗的基礎步驟 28
種植的基礎步驟 30
立支架的方法 31
臨時支架 31
直立式・三點式 32
塔式支架＋螺旋狀綁繩 33
塔式支架＋雪吊 34
燈籠式支架 35
屏風式支架 36
追肥的基礎作法 37
蟲害對策 38
防寒對策 39

Chapter 3 果菜類

番茄（小番茄） 42
茄子 46
甜椒・辣椒 50
黃瓜 54
南瓜（迷你種） 58
苦瓜 60
絲瓜 62
西瓜（迷你種） 64
毛豆 68
四季豆（矮性） 70
落花生 72
豌豆（矮性） 74
蠶豆 76
黃秋葵 78
草莓 80

Chapter 4
根莖類

馬鈴薯 86
芋頭 90
甘薯 92
山藥 94
美國圞土兒 96
薑 98
薑黃 99
蘿蔔 100
西洋蘿蔔 104
蕪菁 106
胡蘿蔔 110
牛蒡（迷你種） 112

Chapter 5
葉菜類

甘藍菜 116
抱子甘藍・小綠甘藍 118
青花菜・長莖青花菜 120
花椰菜 122
芥藍菜 124
球莖甘藍 125
包心白菜 126
白菜類 128
芥菜類 132
青江菜 134
西洋菜 135
菠菜 136
菾菜 137
萵苣 138
茼蒿 140
韭菜 141
白蔥 142
青蔥 144
分蔥・淺蔥 145
洋蔥 146
薤菜 148
蘆筍 150
紫蘇 152
荏 154
鴨兒芹（山芹菜） 155
空心菜 156

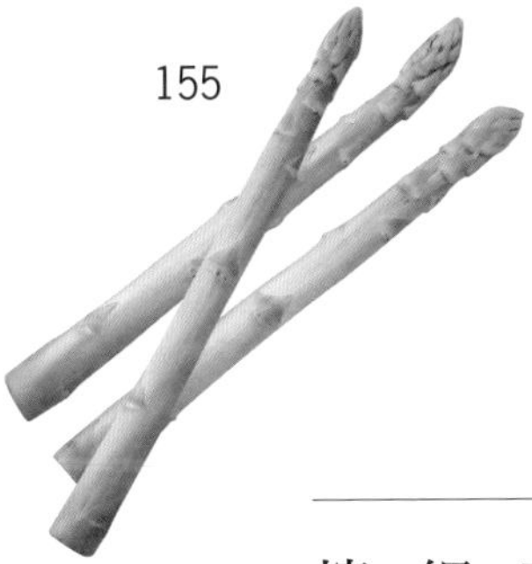
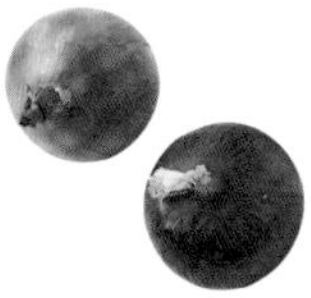

Chapter 6
香草類

香草相關的基本知識 160
義大利香芹 162
茴芹 163
芫荽 164
蒔蘿 165
茴香 166
羅勒 167
迷迭香 168
百里香 169
奧勒岡 170
鼠尾草 171
薄荷 172
香蜂草 173
洋甘菊 174
芝麻菜 175
細香蔥 176
檸檬香茅 177

Chapter 7
穀類雜糧

穀類相關的基本知識 180
稻米 182
小米 192
蕎麥 186
黍 194
薏苡 188
蒟蒻 196
稗 190
芝麻 198

寒冷地區&溫暖地區的栽培要點 200
防治病蟲害 202
病害 202
蟲害 204
盆栽菜園的Q&A 206
種菜的基本術語 211

蔬菜專欄

1 家庭菜園的演變 22
2 對人體無害同時友善環境的農藥為何？ 40
3 正確的澆水方式 84
4 如何移植根莖類蔬菜？ 114
5 木村流的混植要點 157
6 花盆材質會影響土壤乾燥的速度嗎？ 158
7 實驗！插枝必須使用不含有機物的土壤嗎？ 178

本書的使用方法

■ 詳細註記種植各種蔬菜所需的基本知識（科名、可食用部位、需注意的病蟲害、適合栽種的溫度、播種或定植至收成所需的時間、合適的花盆尺寸大小）。

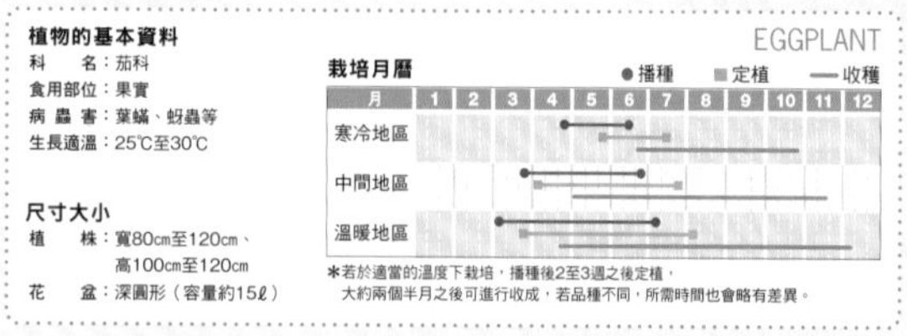

■ 播種與定植的方式標示於花盆圖，顯示花盆適合的大小及各株植物與各列植物之間的間隔。

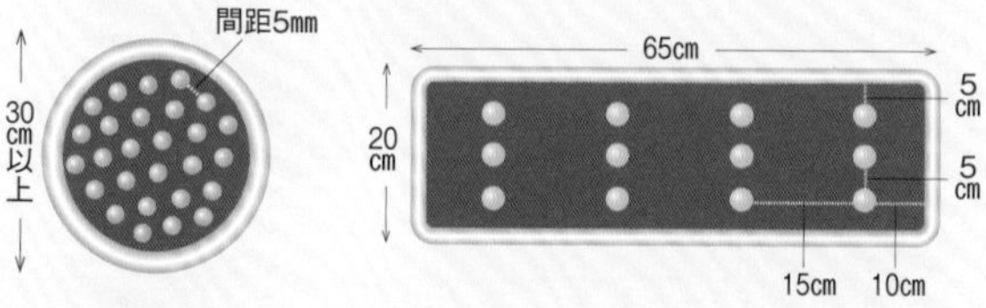

■ 從播種至收成所需的時間，為適當溫度下栽培時所推測的數據，僅供參考，實際栽培天數會因為氣候及栽培情況而有所不同。

※臺灣平地參考「溫暖地區」高冷地參考「中間地區」。

■ 栽培月曆依氣候不同而分為「寒冷地區」、「中間地區」和「溫暖地區」，劃分的基準請參考P.201。

■ 栽培時所需的栽培土、播種、育苗、定植、支架、追肥、病蟲害防治與防寒的方式請參考P.23至P.29的「盆栽菜園的基本準備」。

■關於有機栽培請參考P.24和P.29。

＊本書內容截至2011年2月的資料。

■ 本書栽培月曆所示月份以日本地區為主，栽種時請視臺灣氣溫調整「最適期」。

Chapter 1 「木村流」盆栽菜園

在享受盆栽菜園的「栽培」、「觀賞」與「食用」等樂趣之前，
先詳讀本章，初步了解關於盆栽菜園的入門知識，
本篇章除了所需的工具、材料及注意事項之外，
還提供了有機栽培的相關重點介紹。

木村流的基本概念

1 進行有機栽培

學習木村流栽培法時，只要把土壤換成僅含有機肥料的市售有機栽培土，即可進行有機栽培。

原本木村流的基肥（栽種之前所使用的肥料）和追肥（栽培過程中所使用的肥料）都僅以完全發酵的牛糞堆肥和有機質肥料。因為化學肥料的濃度過高，會導致土壤中的微生物難以生存，而肥料濃度較低的有機肥料則能餵養土壤中的微生物，使其緩慢分解養分，由於考量到與土壤中微生物共生共存的原則，我們建議使用有機肥料。

因此使用有機肥料即可供應蔬菜足夠的養分，不使用化學肥料也可栽培出健康鮮美的蔬菜。

無論是基肥還是追肥皆使用發酵油粕或草木灰等有機肥料。

2 錯過「最適期」種植也OK！

種子的包裝上通常會註明「栽培期間」，是以讓專業農家提升產量及收成品質優良蔬菜所為前提下設定的「最適期」，而此段季節時期為最適合該種類植物發芽生長的期間，但是家庭菜園最主要的目的在於「踏出嘗試栽培的第一步」，因此，木村流所標示的栽培時期會拉長蔬菜適宜的「栽培期間」。

此外，利用花盆栽培蔬菜的好處在於天氣變化時，方便依寒暑溫度來判斷是否將花盆移至室內或室外。因此不須要過於在意「最適期」的季節早晚問題，安心地從播種開始吧！

即使無法種出像專業農家所栽培的漂亮蔬菜，但還是能體驗到家庭菜園的樂趣，先從播種開始，踏出家庭小農的第一步吧！

3 從基本的播種開始培育

除了難以播種繁殖的發芽成長的蔬菜之外，建議都從播種開始栽培，因為只有實際全程栽種的人，才能體會到從播種到收穫的感動與喜悅。

現今許多園藝店和大賣場都有販賣各式品種的苗，但是種子則有更多品種可以選擇，利用種子栽培能有更多機會挑選到自己喜歡或稀有的品種。

除此之外，能全程參與從發芽到收成的過程就是最大的收穫。

一粒小小的種子未來可能成長為2公尺高的番茄、小小黃瓜或重量超過1公斤的甘藍菜。

4 密植的好處

木村流的栽培法為儘量縮短植株之間的距離。

在種子的包裝上所標示的「種子間距」為專業農家栽種形狀美麗且符合流通規格的蔬菜所需的空間。

但是家庭菜園所種植的蔬菜就算形狀不甚美觀或大小不一也不要緊，尤其花盆的空間有限，栽種得越多才能帶來更多收穫的喜悅。

藉由密植增加植株的數量，收穫的次數也會隨之增加，進而能體會到多次收穫的樂趣。

5 時常進行「間苗」

建議直播栽培（從播種開始的培育法）時，多撒些種子常常間苗就能拉長收穫的時間與次數。

依照蔬菜成長的階段不同，料理的方式也有所不同。例如拔下1至2片葉子的苗可以作成沙拉或味噌湯的配料；3至4片葉子的苗可以作成沙拉或醃菜；5至6片葉子的苗則可以用來涼拌。

（間苗又稱疏苗，指生長間距太近的苗，拔除或移植較弱的苗，以提供保留苗足夠的陽光及生長空間。）

花盆的種類

園藝店或大賣場皆有販售
各式各樣材質、形狀和大小的花盆，
先了解蔬菜的主要特徵才能買到合適的花盆。

選購花盆前必須先了解欲栽種的蔬菜特徵，小型的葉菜類適合小型或淺型的花盆，大型的蔬菜就必須種植於有深度的花盆。材質的選擇可參考左邊表格；形狀與大小的特徵可參考左頁的花盆介紹。

雖然花盆的材質眾多，但建議使用輕巧易搬運且土壤不易乾燥的塑膠花盆，可選擇有設計感的花盆，讓菜園也能時髦可愛起來。

[花盆的主要材質與特色]

材質	特色
塑膠	價格便宜，不須費心思照顧且能承受相當程度的撞擊。因為土壤不易乾燥，不需多次澆水。缺點為盆內土壤的溫度容易受到氣溫影響。
素燒（瓦）	漂亮的素燒花盆眾多，非常適合放在庭院或陽台作裝飾。缺點為放入土壤後重量增加難以移動、容易受撞擊而破裂，而且水分散失較快，土壤容易乾燥。
木材	隔熱效果佳，能保護盆內的土壤不受氣溫影響。但是木材容易因風雨或澆水而發霉腐爛，比其他材質容易損壞。

【花盆常見的尺寸·形狀與適合的蔬菜】

深圓形花盆

高30cm的花盆，容量約15ℓ，適合種植單棵大型蔬果，挑選花盆時不要選擇下方收束的造型，以便搭設支架。

[適合的蔬菜]番茄等果菜類、白蘿蔔、花椰菜和雜糧類等。

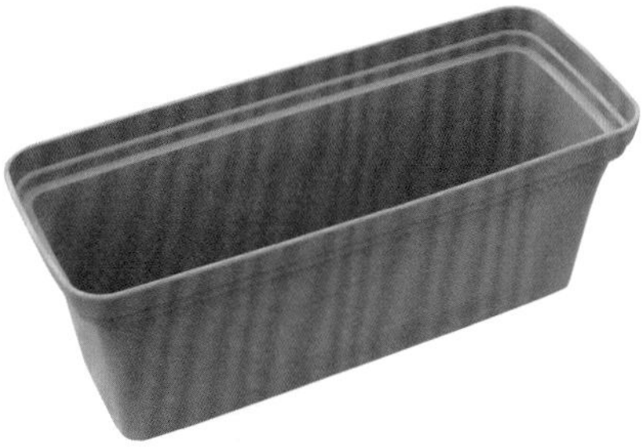

標準型花盆

長65cm×寬20cm×高20cm的長方形花盆，容量約15ℓ至20ℓ，適合體型中等的葉菜類，種植時可排列成行。

[適合的蔬菜]葉菜類、小蕪菁、草莓、毛豆、洋蔥、白蔥、韭菜、薤等。

小型花盆

容量約7ℓ至8ℓ，形狀有方有圓，適合少量栽培小型葉菜類或可摘取嫩葉食用的蔬菜。

[適合的蔬菜]青江菜、鴨兒芹等葉菜類，以及可食用嫩葉的蔬菜、青蔥、分蔥和香草類等。

深方形花盆

高度30cm以上、容量20ℓ以上，適合種植單棵巨大的蔬菜或將根莖類排列成行種植。

[適合的蔬菜]白蘿蔔、胡蘿蔔、馬鈴薯、高麗菜和白菜等。

淺圓形花盆

高度約20cm，容量約12ℓ至13ℓ，適合栽培或混植小型葉菜類和不會橫向生長（藤蔓類）的蔬菜。

[適合的蔬菜]菠菜、茼蒿等葉菜類、洋蔥、無蔓四季豆和香草類等。

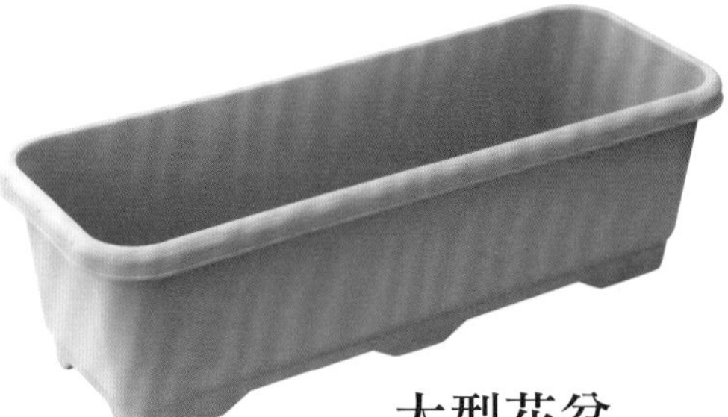

大型花盆

容量約35ℓ，適合種植數棵大型果菜類或葉菜類蔬菜，也能架設苦瓜和絲瓜的支架。

[適合的蔬菜]小黃瓜、苦瓜、絲瓜等蔓性蔬菜。

花盆小常識

附排水網的花盆較方便使用

使用花盆種植蔬菜時，會先在盆底鋪上大顆粒赤玉土以避免栽培土隨著水分從花盆底部的排水孔流出（請參考P. 26至P. 30）。

如果使用如左圖附有排水網的花盆，則不需要另外鋪設赤玉土，收穫後回收土壤也十分方便。

種菜的基本工具

以下介紹各種盆栽菜園必備的簡易工具，其中多種工具可以日常生活用品代替，因此毋須一口氣買齊所有工具，日後找到喜歡又順手的工具時再行替換即可。

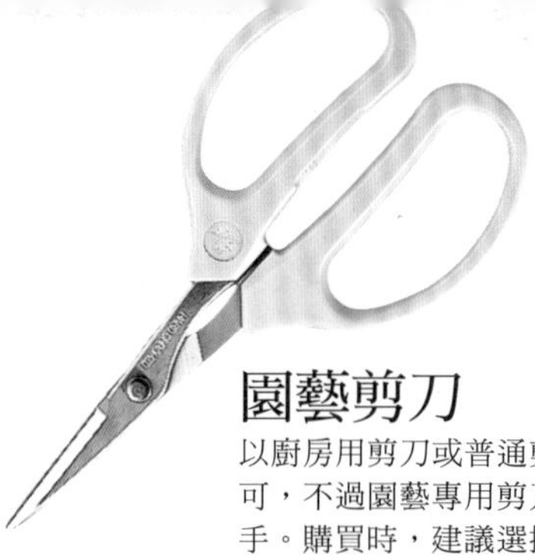

園藝剪刀

以廚房用剪刀或普通剪刀代替亦可，不過園藝專用剪刀會比較順手。購買時，建議選擇適用所有園藝切剪作業（例如摘芽、剪葉、間苗、收穫或剪繩子）的高能型剪刀。

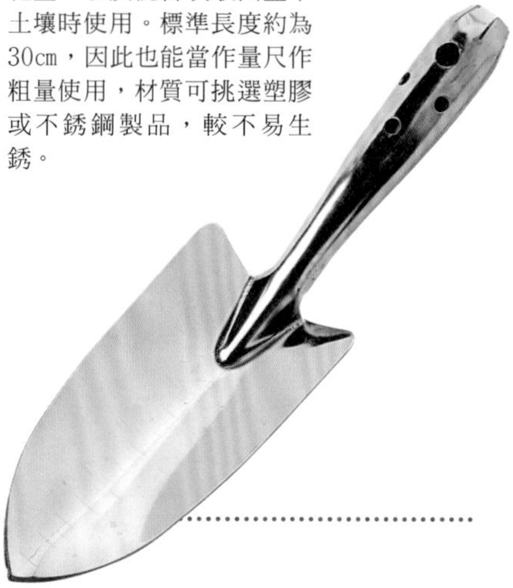

移植鏝

將土壤放入穴盤、育苗盆或花盆，以及混合或取出盆中土壤時使用。標準長度約為30cm，因此也能當作量尺作粗量使用，材質可挑選塑膠或不銹鋼製品，較不易生銹。

澆花器

為澆水必備的工具，購買時請挑選可以拆除蓮蓬頭的澆花器。

噴霧器

播種後至發芽期間須以噴霧器進行澆水，以避免過大的水流將種子沖失，購買時請挑選噴霧範圍廣的噴霧器。

廚房用托盤

育苗時置於育苗盆或穴盤下方，盛水或暫時放置收穫的成果時使用，因為時常拿來盛水請挑選略有深度的種類。

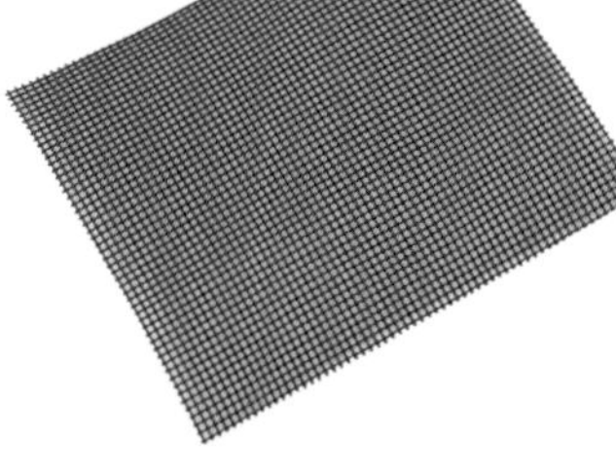

盆底網

鋪設於育苗盆或花盆底部，防止土壤流失時使用。有些花盆本身就附有底網，不過可以自行調整大小的形式較為方便，此外，枯葉也能代替底網。

育苗盆

種苗或扦插繁殖的香草類植物時使用。日本以「號」標示育苗盆的尺寸，一號的為直徑3cm的育苗盆，在此使用直徑9cm的三號育苗盆較為便利（臺灣以吋為單位）。

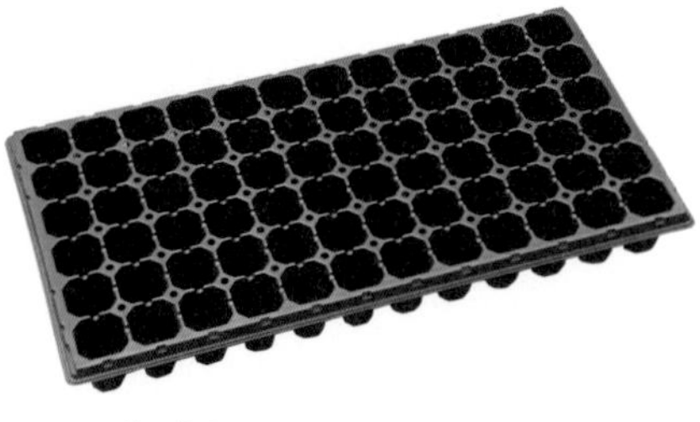

穴盤

育苗時使用。挑選穴孔直徑4cm至5cm的穴盤，較方便將苗移植至育苗盆，使用時以剪刀剪下所需的數量即可。

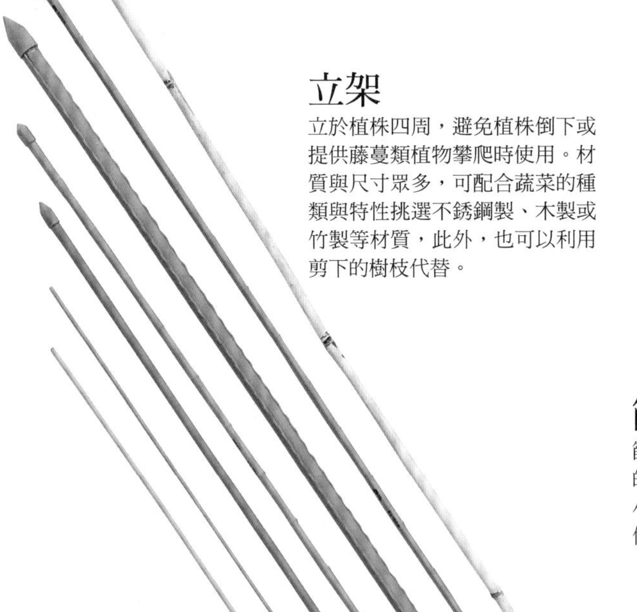

立架

立於植株四周，避免植株倒下或提供藤蔓類植物攀爬時使用。材質與尺寸眾多，可配合蔬菜的種類與特性挑選不銹鋼製、木製或竹製等材質，此外，也可以利用剪下的樹枝代替。

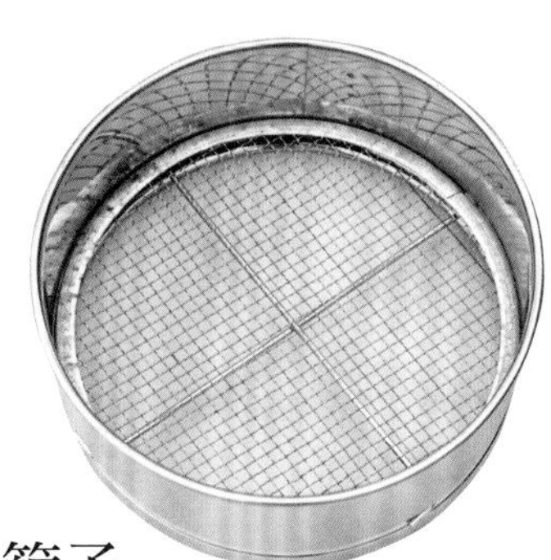

篩子

篩土或分離根及枯葉時使用。大容量的篩子需要比較大的力氣，推薦使用小的，準備網目大、小兩種會比較方便。

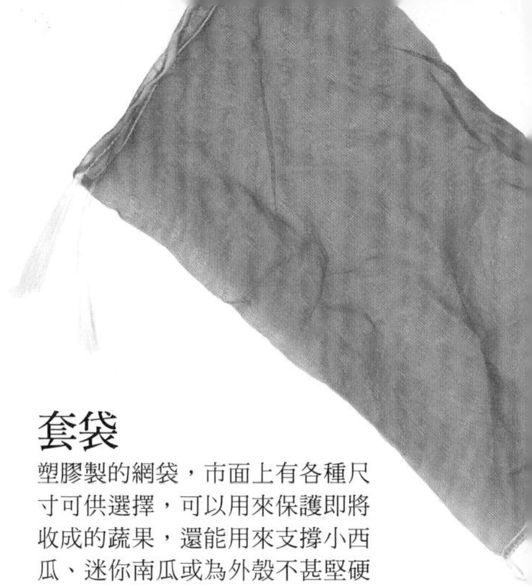

套袋

塑膠製的網袋，市面上有各種尺寸可供選擇，可以用來保護即將收成的蔬果，還能用來支撐小西瓜、迷你南瓜或為外殼不甚堅硬的穀類去殼。

繩子

固定支架或誘引藤蔓攀爬的道具時使用，材質多為麻質。

量尺

測量花盆大小或植株的間距時使用。

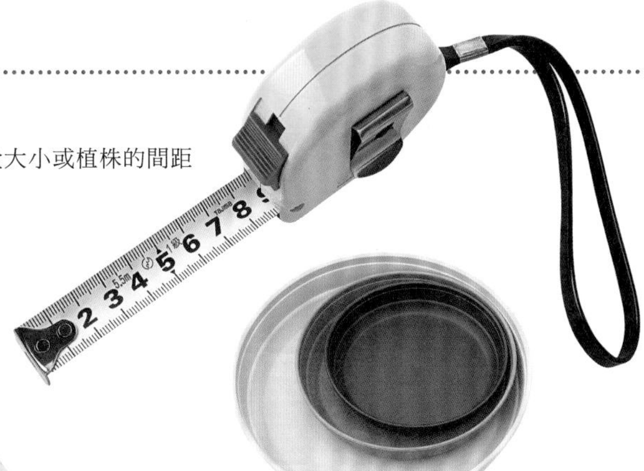

花盆底盤

置於花盆下方以防止土壤流失，有保存水分讓土壤吸水、盛土、盛肥料等功能。

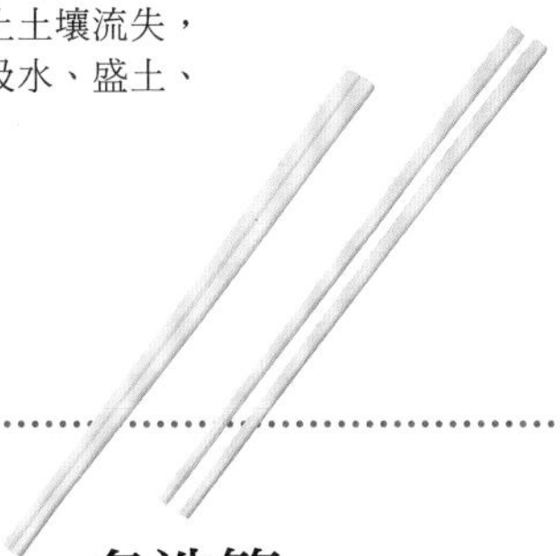

免洗筷

將種苗由育苗盆取出、整土、刻播種溝或捕捉大型害蟲時使用，也可以廢棄的一般筷子取代。

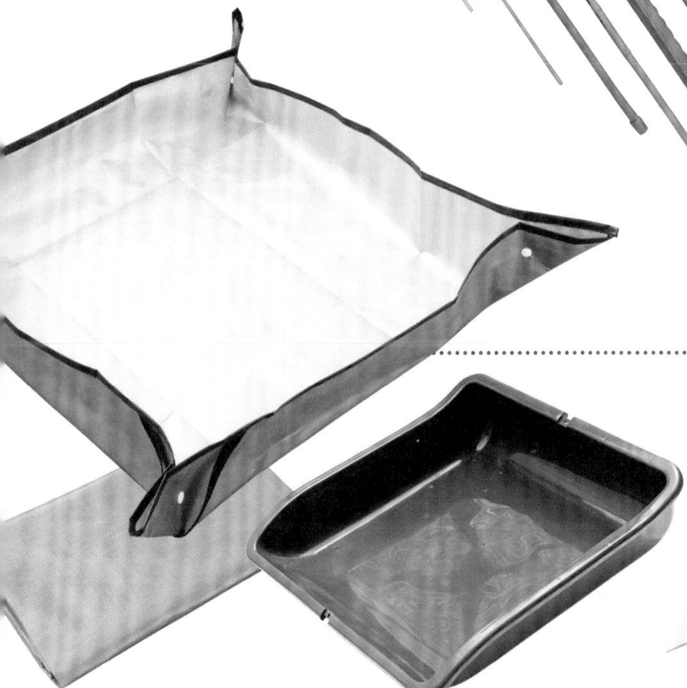

畚箕&園藝用墊

畚箕為混土、倒出花盆中的所有土壤或收集不要的植株時使用。園藝用墊則可以折疊收納、節省空間，同時還能放置與陰乾收成後的根莖類蔬菜，可以舊報紙來代替。

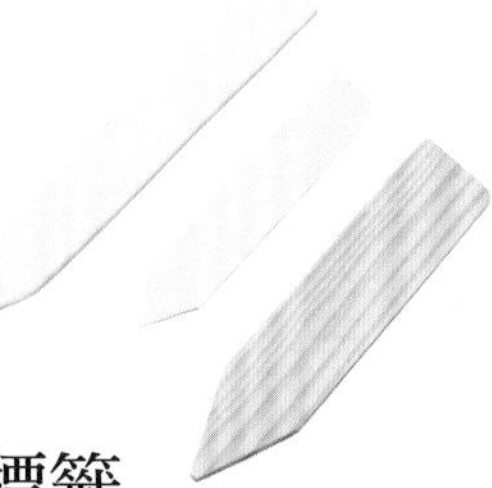

園藝用標籤

標籤種類及尺寸眾多，材質亦有塑膠製、木板標籤等可供選擇，一般用於標註日期或品種，可利用鉛筆或油性筆書寫，以防止註記遇水消失。

耳掏子（附毛球）

可利用柔軟的毛球部位為草莓等蔬果進行人工授粉。

土壤與肥料

以下介紹種菜所需的培土、堆肥和肥料。
因為栽種地點為自家庭院或陽台，儘量使用氣味不重的肥料。
使用有機肥料時，務必遵守包裝袋上標示的使用方法，
並且特別留意用量。

完全腐熟的牛糞堆肥

牛糞和稻草混合發酵後會形成氮、磷和鉀各占百分之一的肥料，牛糞堆肥的特色在於比其他的有機肥料無味且成分平衡，因此多半用於基肥。購買時請挑選疏鬆無味的完全發酵成品，尚未發酵的堆肥會傷害植物根部並容易導致病蟲害外，尚未發酵完全的肥料味道較重，摸起來黏黏的，雖然無法從包裝袋外側確認堆肥的狀態，但是不得已使用尚未發酵完全的肥料時，請先和一般土壤混合後放置2至3週再使用。

播種用土

播種用栽培土請選擇蓄水性高且顆粒已調整至容易發芽的大小，在此建議選用原本就已經添加好肥料的栽培土。但市售的培土多半添加了化學肥料，想進行有機栽培，建議購買僅添加有機肥料的培土，並且篩細後使用。

栽培土

栽培土是指混合數種土壤且透氣保水的優質土壤，建議使用原先就已添加肥料的栽培土。雖然不需要刻意挑選栽培蔬菜用的栽培土，但是最好不要買顆粒太大的商品。想進行有機栽培，須先確認是否為僅添加有機肥料的栽培土，自家院子的土壤或使用過的土壤也可代替栽培土使用。

赤玉土

赤土乾燥之後，依照顆粒大小分類，共有大（由左起）、中、小三種，赤玉土排水、保水與透氣效果佳，且能儲存大量養分，由於內無雜草的種子和養分，近乎無菌。大顆的赤玉土因為排水性佳，適合作為花盆底土和育苗盆插枝（插苗）的土壤，小顆的赤玉土則適合用於穴盤插枝。赤玉土如果乾燥不夠徹底，顆粒容易碎裂。購買時請挑選袋內水滴霧氣不多且袋底沒有粉末的商品。

發酵油粕

植物種子榨油過後的殘渣進行發酵，就形成了發酵油粕。沒有發酵過的油粕會在發酵的過程中產生對植物根部有害的熱氣與瓦斯，因此建議使用植物吸收快速的發酵油粕，發酵油粕的含氮量較高，效果又快，可為所有種類的蔬菜追肥。發酵油粕的形狀很多，有粉末狀、顆粒狀和固體狀。固體狀因為不易與栽培土攪拌而造成發霉，因此不建議使用。

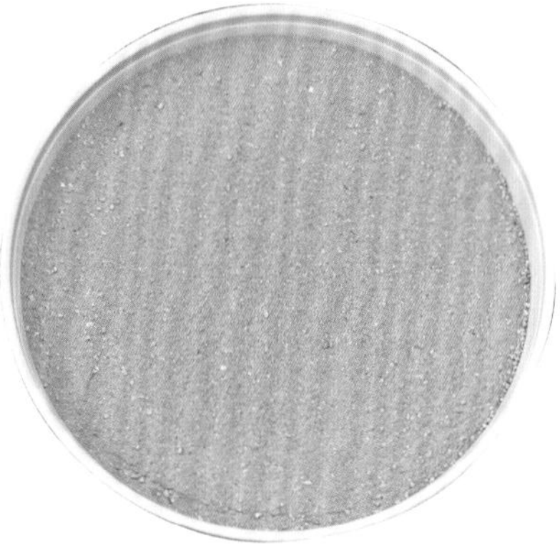

草木灰

草木經低溫燃燒後形成的灰，含有大量的鉀，效果快速，除了可作為根莖類的基肥之外，也能當作追肥，因含有豐富的鈣質（石灰質），添加過多會使土壤轉為鹼性，使用時務必依標示使用。

蝙蝠糞

蝙蝠糞肥的原料為蝙蝠糞，含有大量的磷和重要的微量元素「鈣質」，因為蝙蝠糞堆積的過程中微生物已經將糞便完全分解，因此無臭無味、富含養分且效果持久。除了可以作為果菜類的基肥之外，也能當作追肥使用。

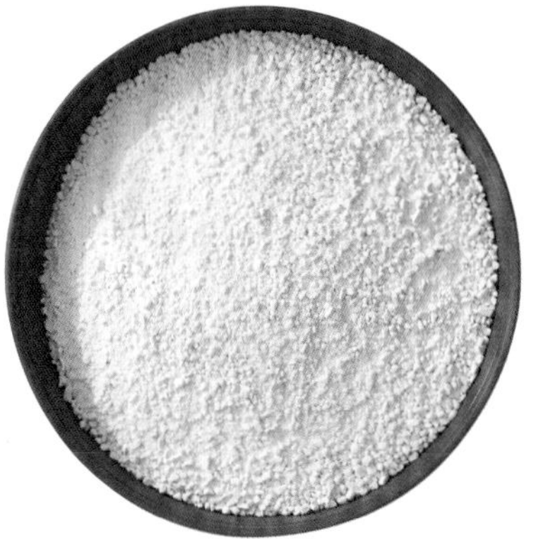

骨粉

骨粉是以蒸過的動物骨頭磨碎後製成，含有豐富的磷。近年來也出現將骨粉作成顆粒狀或粉狀的商品，除了可以作為果菜類的基肥之外，也能當作追肥使用，購買時，請確認包裝上是否註明使用未曾生病的家畜骨頭。

三元素的功效

成分名稱	主要功效	缺少時所造成的影響	過多時所造成的影響
N＝氮	又稱為「葉肥」，可幫助葉子與莖部生長。	葉子變小或葉子的顏色變淺。	莖葉過於茂盛，但果菜類結果稀疏。
P＝磷	又稱為「果肥」，可促進開花、結果，還能幫助根部生長。	花朵變少或開花、結果的時間變晚。	過度施肥造成的影響不大。
K＝鉀	又稱為「根肥」，可幫助根莖類作物生長及果實肥大，亦能調整植物的生理作用。	免疫力降低，根莖類作物根部與結果的生長狀況變差。	妨礙鈣和鎂（苦土）的吸收，造成植物缺乏鎂和鈣而生長狀況不佳。

肥料小常識

肥料包裝袋上的N-P-K為何？

N-P-K指蔬菜生長過程中特別容易缺乏的三種要素——氮（N）、磷（P）和鉀（K）。此三種元素會交互作用，以幫助蔬菜生長。肥料包裝上若註明「N-P-K=8-8-8」，表示每100g的肥料中，「氮、磷、鉀」各佔8g的份量。數字越大，則所含的養分成分越多。

給想挑戰有機栽培的您
有機栽培入門知識

應該有很多人覺得既然都要親手種菜就要挑戰有機栽培。只要詳讀本篇說明的注意事項，即可進行有機栽培！

1 「無農藥＝有機栽培」？

有機栽培簡而言之就是「完全不使用化學合成的肥料與農藥」的栽培方式。栽培過程完全不使用化學農藥，使用化學肥料的合成肥料和液肥也在禁止的範圍內，可使用的肥料主要為堆肥、發酵油粕及蝙蝠糞等有機肥料。

利用澱粉和麥芽糖等天然成分所製成的農藥當中，不含化學成分的產品也用於有機栽培。

購買栽培土與播種用土時，請注意包裝上的說明。左圖為基肥，內含一種化學合成肥料（化成肥料），使用此種基肥栽種，就不算有機栽培，請挑選如右圖所示「100%有機肥料」的商品。

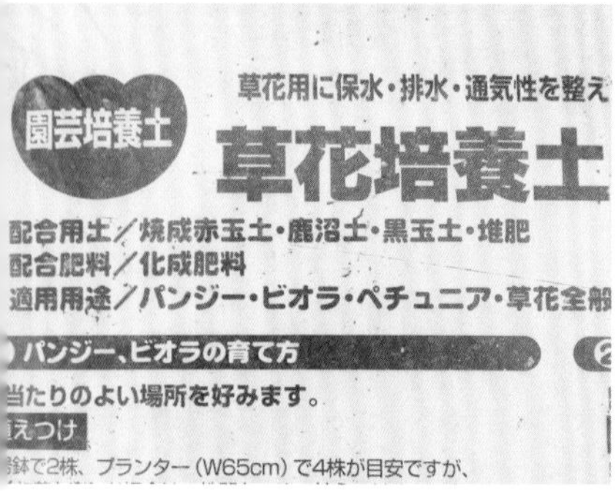

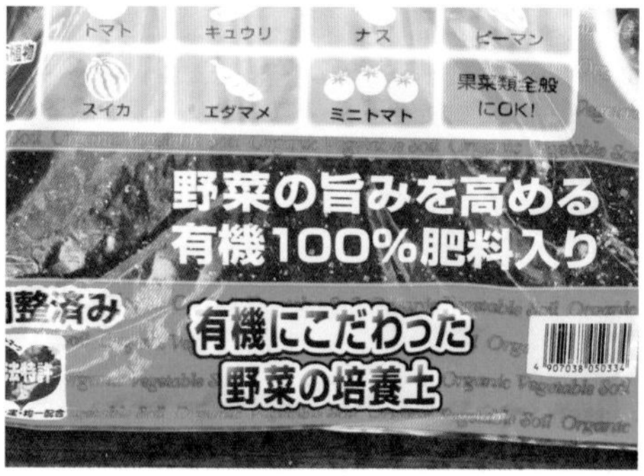

2 化學肥料與有機肥料的差異為何？

化學肥料為天然礦物經化學加工製成；有機肥料則以家畜的排泄物為肥料原料。

無論是化學肥料或是有機肥料，成分單一者皆稱為「單質肥料」；含兩種成分以上稱為「複合肥料」。複合肥料又分為單純混合多種成分的「混合肥料」；兩種以上的化學成分合成一種顆粒的「化合肥料」。雞糞、米糠、稻殼等有機物質混合發酵而成的「發酵肥料」。

肥料的種類與特徵，可以參考右下方的圖表。

	特徵	肥料的種類
化學肥料	■**優點**…效果快速，養分的成分含量穩定（依照包裝指示，平均分布）。 ■**缺點**…單獨使用會造成土壤中的微生物減少，土質變硬。	■**單質肥料** 磷酸鹽、過磷酸鈣、硫酸銨、硫酸鉀等 ■**複合肥料** 混合肥料、化學合成肥料（化合肥料）
有機肥料	■**優點**…土壤中的微生物分解肥料後才會產生效果，效果緩慢且持久，同時能改善土質。 ■**缺點**…養分的成分與含量因肥料種類而有所不同。如果使用未發酵的肥料，會傷害植物根部並且造成病蟲害。	■**動物性肥料** 雞糞、骨粉、魚粉、蝙蝠糞等等 ■**植物性肥料** 油粕、米糠、草木灰等等 ■**複合肥料** 有機複合肥料、發酵肥料

堆肥作為基肥，發酵油粕等有機肥料多半作為追肥使用。

3 堆肥和有機肥料的差異？

堆肥和有機肥料的原料都屬於有機物質，堆肥原本是肥料的一種，由於化學肥料的出現而變成改良土壤的材料。最近肥料的作用又重新受到矚目，堆肥也再度被當成肥料使用。

木村流的栽培方式為將土壤與堆肥混合後作為栽培土，這樣的方法有三個優點，①可改良土質；②若利用庭院的土壤或使用過的土壤為栽培土，鹼性的堆肥可中和酸性的土壤；③肥料的養分濃度低，因此混合大量堆肥可長期提供養分。

但是僅依賴堆肥的養分無法長期種植蔬菜，必須根據蔬菜的種類，添加油粕補充氮、添加蝙蝠糞補充磷、添加草木灰補充鉀，以上三種都屬於有機肥料，有機栽培的菜園可以安心使用。

4 可以使用可能添加過化學肥料的庭院土壤嗎？

在日本販賣有機農作物必須經過農林水產省（台灣則為「農委會」）認可的機關審查合格，成為「有機ＪＡＳ」業者。根據相關規定，在定植的前兩年（多年生草本植物規定為收穫前三年）起不得使用化學肥料與農藥，並採取堆肥製作栽培土且不得使用基因改造的種子和苗等。

家庭菜園毋須接受此類有機蔬菜的規範，但是為確保自家菜園為完全有機栽培，還是建議使用有機質肥料配合市售的培養土混合使用。

5 市售的種子經過染色是否表示添加了農藥呢？

基本上有幾個可能：①為了便於播種，商家會在過小的種子外層包覆一層粉狀的混合物質，即為「包衣種子」；②為了便於發芽，而剝去種子的硬皮，即為「剝殼種子」或「催芽種子」；③為了區分品種，而以特殊顏料上色的種子；④為了加強芽苗的抵抗力，先以農藥為種子殺菌消毒，為了避免誤食殘留的農藥，而特別上色以示區別的種子。

無論是經過何種處理，皆可安心用於有機栽培，如果還是很介意種子的顏色，可購買未經處理過的種子（左上圖）。

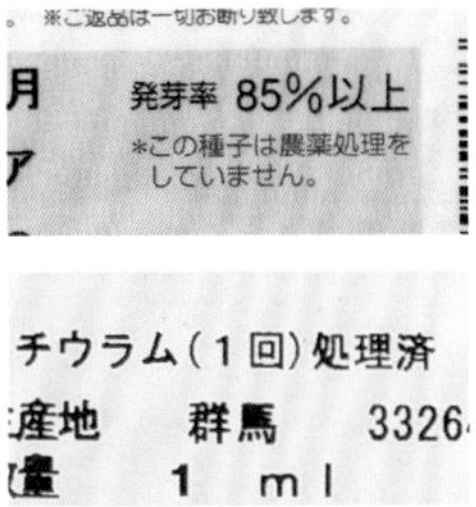

購買前先確認種子的包裝上是否註明已殺菌消毒或加工。

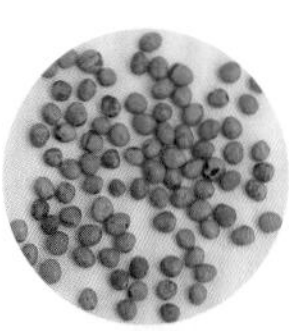

以上兩圖皆為花椰菜的種子，上方的染色種子表示經過消毒，下方未經消毒而呈現種子原本的顏色。

盆栽菜園的注意事項

開始使用花盆進行栽培之前，必須充分了解本篇的注意事項。而以下所述的注意事項會因為栽培地點不同而有所差異，陽台、庭院、屋頂、日照是否充足及通風狀況都可能是栽培的變因，仔細觀察不同的生長現象也是享受栽種的樂趣之一。

1 基本的注意事項

無論是在陽台、庭院或屋頂栽培盆栽菜園都有種植環境必須注意的重點，須經仔細考量如何保護蔬菜，並研擬出相對應的栽培對策。

菜園小常識

注意夜間照明！

菠菜或葉萵苣等蔬菜如果種植於夜晚有燈光照射的位置，接收到光刺激會以為是白天變長而產生抽苔現象（長出花芽&伸出花莖）。只要出現抽苔現象就不會長出新葉，因此，此類蔬菜必須種植於夜間不會照射到燈光的地點，若種植於陽台或庭院，請關緊窗簾以防止植物照射到室內光線而影響收成。

連續下雨造成的過度潮濕

沒有遮雨篷的陽台、庭院中央、屋頂等會直接淋到雨的地點，在雨季時容易出現過度潮濕的現象。若沒有設置遮雨篷，請將植物移動到屋簷下方，並控制澆水的份量，或是暫時拿掉花盆下方的水盤，以免植物根部因為過度潮濕而腐爛。盆栽菜園的水分不應該仰賴降雨，而必須正確地澆水才能確保蔬菜健康成長。

天候的影響

種植於室外，特別要注意強風帶來的影響，特別是颱風所造成的強風，會吹倒植物，損害根部、葉片及果實。為了防止風災，事前將植物搬運至室內或覆蓋保護罩並將花盆放置於固定的架子上等等，保護預防措施是非常重要的。

動物造成的損害

有時候蔬菜生長情況不佳是因為家中貓狗寵物挖扒土壤或玩弄葉片、果實所造成的。此外，野生麻雀、烏鴉等鳥類及老鼠等小動物也會偷吃蔬菜，因此開始種植時就要安裝防蟲網、防鳥網或其他防止動物破壞菜園的裝置，以避免動物接近花盆。

2 陽台的注意事項

在陽台種菜必須特別注意安全，以及對於周遭環境的影響，避免自家的栽培造成左鄰右舍的困擾。

懸吊式花盆請掛於陽台內側

因懸吊式花盆有掉落的危險，在設置此類盆栽時，一定要再三考慮懸吊的位置，

避免設置於時常走動的通道或整理菜園的頭頂上方，請務必設置於陽台內側以免發生危險。

公寓間的隔板前勿放置花盆

前陽台為緊急避難時的通道，請勿將花盆、資材與架子放置於隔壁鄰居間的隔板前，造成人為的通道阻礙。

（日本公寓大樓的陽台大多以隔板隔開，台灣則為以水泥牆為主，因此較無此顧慮。）

勤快打掃排水孔

為了避免枯葉或土壤掉落於排水孔，而造成大樓水管阻塞，應勤快打掃、疏通陽台排水孔或事先鋪上網子。

請勿放置於欄杆、圍牆的上方或外側

為了避免發生盆栽墜落事故，不應將花盆置於欄杆上方或懸掛於陽台的圍牆外側，如果必須將花盆固定於欄杆上，請使用附有掛鉤的花盆並吊掛於陽台內側。

確保安全通道

陽台是發生事故時的安全通道，必須確保通行無阻，請勿將花盆、材料與架子置於通道中央。

請勿堵塞逃生口

在逃生梯的出入口附近，請勿放置花盆和木製平檯。

花盆下方應鋪設水盤後，直接放置於地上

為了避免土壤流失阻塞排水孔，應在花盆下方鋪設水盤，一般認為「夏天的水泥地因為日照反射強烈，而將花盆放置於木製平台或紅磚地上」，其實這種想法是錯誤的。雖然水泥地在夏日可能會高達60℃以上，但是只要花盆內的土壤可以透過適當的澆水，水分可將溫度維持於25℃左右，將鋪設有水盤的花盆直接放置於水泥地上，不僅可以使放置花盆的地面不會受到日光直接照射而吸熱，還有冷卻地板的效果，如此一來，即可避免過高的溫度與乾燥。

2 陽台的注意事項

【陽台的通風】

空調室外機的散熱

空調的室外機周圍因為排放熱氣而容易造成植物過度乾燥，或是植物的葉子與藤蔓造成出風口的阻塞。

有強風吹襲的位置

大樓的高樓層經常受到強風吹襲，為了避免花盆傾倒、土壤乾燥或植株受損，應當使用防風屏或防風網等防風設施。

【陽台的日照】

秋天至春天的陽光

由於太陽位置較低，陽台深處也會受到日照。只要注意置於欄杆附近的花盆影子方向，就能利用陽台的所有空間。

夏季的陽光

雖然夏天的日照強烈，但是太陽的位置較高，陽台的深處不容易曬到太陽，須將花盆置於欄杆附近，以確保日照。

水泥圍牆

陽台的圍牆會影響日照的範圍，建議將需要日照的蔬菜置於高台上以確保充足的日照環境。此外，如鴨兒芹或羅勒等只需要半日照即可的蔬菜，則將花盆直接置於陽台地面即可。

3 庭院的注意事項

庭院栽培兼具田地耕種與陽台菜園的特徵。
庭院如果過於廣大，則管理不易，
栽種於能時時留心蔬菜生長的環境也是非常重要的。

放置於地面的兩種方法

可以直接把花盆置於小泥地，但是放在泥土地之前應該先鋪設紅磚、水盤或設立棚架，因為直接放在泥土地上，可能會有蛞蝓與害蟲入侵，或是植物的根部竄入土壤中導致無法搬動。

置於視線可即之處

儘量放置在窗台旁等觸目所即之處，仔細觀察蔬菜的生長情況，如果不需費心觀察就能看到蔬菜，自然不會忘記澆水導致蔬菜枯萎。

病蟲害

比起一般的陽台和屋頂，種植花草樹木的庭院更容易受到病蟲害的威脅。為了避免病蟲害擴大，應當時時仔細檢查蔬菜的狀況。

4 屋頂的注意事項

在屋頂種菜最重要的是不得阻礙逃生通道、
採取防風措施及遵守載重規定。

使用防風屏等防風設施

大樓的屋頂經常刮起強風，必須裝設防風屏或防風網等對抗強風的設施。但是防風屏架設過高則會導致日照不足，最適當的高度為一公尺左右。

注意的蔬菜的高度

屋頂因為經常有強風吹拂，因此不適合栽種高達兩公尺的蔬菜，例如番茄和小黃瓜等等。除了強風會傷害葉片之外，還可能會因為花盆被風吹倒翻覆而造成意外，因此，栽種高度範圍須限制於茄子和甜椒等一公尺以內的蔬菜和葉菜類會比較安全。

遵守載重規定

請遵守屋頂的載重規定，若盆栽超過1㎡／60kg即使在載重許可範圍（日本法規），亦有可能發生意外。因此除了植物本身的重量之外，也要考量栽種整體的體重，不得超過限度，並時時注意安全。

避免土壤飛散

即使在不常刮風的屋頂上栽培，還是可能發生土壤飛散的問題，為了避免土壤堵塞排水孔或造成泥濘，請常清掃環境。

日本家庭菜園的演變

因為家庭菜園能夠提供
安全、新鮮或特別的蔬菜而大受歡迎，
近年來出租菜園也越來越風行，
為什麼人們會開始經營家庭菜園呢？

家庭菜園的起源

家庭菜園和一般農業最大的差異在於，收成的蔬菜大多自行消費或小量販售。

由於蔬菜本身容易腐壞，在市場流通販售與保存技術落後的年代，只能自行栽培以取得新鮮的蔬菜，因此這個時期的菜園不是農業，而是家庭菜園。

現今的花草、香草莓果及蔬菜混植的菜園在英國稱為「Kitchen Garden」（種植食材的庭園）；在法國稱為「Potager」（種植添加於湯類食材的庭園），這樣的栽培模式起源於中古時代。

進入十八世紀之後，由於工業革命提升市場流通販售與保存技術，開始興起經營輸入大都市、作為營利目的的蔬菜農業。

日本離島保留了家庭菜園的傳統

日本的家庭菜園則於經濟大幅度成長的昭和30年代後期開始逐漸流行，當時的民眾大多基於促進身體健康與休閒興趣，而經營起自家小農菜園。

但是沖繩離島的居民經營家庭菜園的理由卻有些不同，當地基於營利目的種植的經濟植物為甘蔗，根據調查的結果發現，生活所需的蔬菜大多由各家自行栽培取得，由此可見，從古自今離島的家庭菜園都肩負著自給自足的重大任務，這是因為離島的物流不便且缺乏大型超市進駐，因此自行栽培蔬菜仍為當地取得新鮮蔬菜的重要方法。

各處離島的問卷調查顯示，對當地多數的居民而言，家庭菜園的好處在於「節省家計」，此外，幾乎所有居民都認為「每天耕種家庭菜園是維持身心健康不可或缺的要素」。

更重要的是，對於離島地區的居民而言，將收割的成果分送給鄰居，這樣敦親睦鄰的行為是理所當然的事。因此，家庭菜園對於促進當地人民的情感交流也有相當重要的貢獻。

沖繩縣南大東島的家庭菜園。

家庭菜園的小常識

沖繩縣的傳統蔬菜透過家庭菜園來傳承！

沖繩有許多當地自古以來種植的蔬菜，例如苦瓜、島薤和島蘿蔔等等，可說是日本傳統蔬菜的寶庫。

即使位於沖繩縣的離島地區，也只能透過家庭菜園取得傳統蔬菜，所以當地的家庭菜園還肩負著延續傳統蔬菜的使命。

近年來，透過家庭菜園保存下來的稀有傳統蔬菜重新受到重視，開始有人提倡藉由蔬菜振興離島經濟。

Chapter 2 盆栽菜園的基本準備

木村流的栽培方法有各種基本的準備工作，
例如：栽培土的作法、播種的方式和栽培種苗的訣竅……
只要學會正確地使用土壤和肥料，在家也能進行有機栽培。
大家一起來學習栽培蔬菜的祕訣，
成為家庭菜園達人吧！

栽培土的作法

木村流菜園的栽培土為市售土壤與完全腐熟的牛糞堆肥混合而成，所謂的培土是指直接播種於花盆中或定植時所使用的土壤，只要正確地混合栽培土，即可輕鬆進行有機栽培。

木村流【調配栽培土重點】

1 任何土壤皆適用，利用堆肥改變成分

除了一般市面販售的蔬菜用栽培土之外，也可使用花草用栽培土、庭院的土壤或種植過後的回收舊土壤。雖然木村流菜園沒有嚴格規定土壤的種類，但是儘量避免使用曾經發生過病害、蟲害的土壤。另外，可藉由調整堆肥的份量，改變土壤中的養分。

大部分市售的栽培土皆已含有肥料的成分，因此將栽培土與堆肥以2:1的比例混合即可（栽培豆類則為3:1）。

如果使用的栽培土中不含肥料成分，或是使用自家庭院的土壤、老舊土壤，請增加堆肥的份量至1:1（栽培豆類則為2:1）。

2 務必使用「完全腐熟」的堆肥

完全腐熟的牛糞本身的肥料成分平均，具備有改良土質的效果，而且毋須擔心腐熟未完全所產生的惡臭，因此，購買時務必挑選完全腐熟後的堆肥。

完全腐熟的堆肥不僅無臭無味且觸感疏鬆；腐熟不完全的堆肥則會傷害植物的根部並導致病蟲害。

如果錯買腐熟不完全的堆肥，必須進行催熟至完全腐熟，請將堆肥與土壤混合，放置2至3周後再行使用。

3 根據蔬菜種類補充養分

番茄和小黃瓜等果菜類需要大量的磷才能結實纍纍，可以在培土中添加蝙蝠糞、骨粉或魚粉等含磷的肥料，特別推薦使用有機肥料中氣味最淡的蝙蝠糞肥。

馬鈴薯和蘿蔔等根莖類的蔬菜需要大量的鉀滋養根部與果實，以含鉀的草木灰效果最佳。

有機肥料的成分含量每個品牌都不同，應當仔細確認包裝說明並遵守規定的使用份量。

栽培土小常識

重複使用老舊土壤，會不會發生「連作障礙」？

使用同一批土壤，連續種植相同的蔬菜稱為「連作」，因為連作導致收成不佳的現象稱為「連作障礙」。

其中有幾個因素可能導致連作障礙，但是最主要的因素是土壤的病害問題，只要不重複使用病土，就毋須擔心會產生連作障礙，若擔心其他原因導致的連作障礙，則將舊土壤與堆肥以一比一的比例混合即可。（參見P.213「種菜的基本術語」的「連作」）

若真的非常擔心病土或使用已經連續栽種好幾次的土壤，只要依照左頁的指示消毒即可完全消滅病蟲害。

如何進行完全的有機栽培？

以市售的百分之百有機肥料培土混合堆肥，即可進行有機栽培，購買時請仔細檢查包裝說明，確認基肥不是化學肥料。

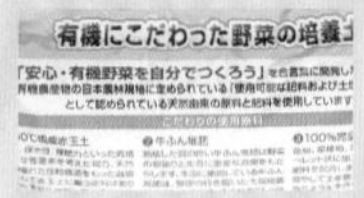

種類 **A** [葉菜類及其他]

基本栽培土

基本栽培土為一般土壤與堆肥混合而成，如果土壤為含有養分的市售土壤，與堆肥的比例為2：1；其他土壤與堆肥的比例則為1：1。基本栽培土最通用，適合栽種葉菜類與香草類等各種蔬菜。

準備土壤與堆肥，由兩側向中間交互攪拌。由後往前攪拌較易混合。

混合至看不見土壤與堆肥的顆粒，即大功告成。

種類 **B** [果菜類]

含磷的栽培土

種類A的基本栽培土中添加蝙蝠糞、骨粉與魚粉等含有大量磷的肥料，混合成種類B的培土，適合用來種植番茄和小黃瓜等果菜類植物。

基本培土上方撒上蝙蝠糞等磷質肥料，份量請依照包裝上的說明添加。

由兩側推向中間，再由後往前攪拌，仔細混合均勻。

種類 **C** [根莖類]

含鉀的栽培土

種類A的基本栽培土添加含有大量鉀的草木灰，混合成種類C的栽培土，適合栽種馬鈴薯和白蘿蔔等根莖類，混合的方式與種類B相同。

基本栽培土上方撒上草木灰仔細混合，份量請依照包裝上的說明添加。

種類 **D** [豆類等等]

肥料較少的栽培土

栽培豆類所使用的栽培土必須減少堆肥的比例，如果使用的土壤為含有養分的市售土壤，則堆肥的比例為3：1；其他土壤與堆肥的比例則為2：1。

土壤的再生利用

使用過後的土壤可篩土後回收使用。經日曬高溫消毒之後，即可安心使用，溫度高的夏天進行消毒，效果更好。

〔回收的方法〕

將使用後的土壤集中於畚箕或園藝墊，以鏟子挖鬆植物的根部與土壤纏繞而成的土塊。

以篩子分離根部與大顆土粒。

土壤中的微生物會分解殘留的細小根部，因此不需刻意清除。

篩選後的根部與土粒，請依照各地區垃圾分類的規定處理。

〔消毒的方法〕

將篩選過的回收土壤倒入透明塑膠袋，壓平後綁緊。

放置於水泥地上2至3天，進行曝曬。

播種的基礎步驟

木村流的栽培方式鼓勵大家由種子開始栽培，播種的方式依照蔬菜的種類而有所不同，主要分三種：直接播種於花盆的「撒播法」、「條播法」、「點播法」，以及為了育苗而播種於穴盤中的方式（參考P.28至P.29）

［播種前的準備］

播種於花盆的事前準備，無論是撒播法、條播法還是點播法都是一樣的。

為了便於排水，花盆底部放入赤玉土。（大顆粒為佳，亦可以中顆粒代用）花盆中已有排水網則不需放入赤玉土。

土壤的份量要完全蓋住花盆底部。

花盆內放入土壤直到距離花盆上緣2cm至3cm處之後，在表面放置以篩子篩過的細土壤。

放完土壤後的狀態。篩過的細土壤必須完全覆蓋原土壤，厚度約5mm。

以免洗筷整平土壤。

土壤整平後的狀態。

以附有蓮蓬頭的澆花器澆水，就大功告成了。

大顆種子的播種方式

豆類等種子顆粒較大的植物於播種時不需刻意挖洞，直接將種子按入土中即可，土壤請一定要完全覆蓋種子。

以指尖將種子壓入土中，再以大量的土壤覆蓋。

播種小常識

為何最後表面要覆蓋篩過的土壤？

因為篩過的土壤便於種子發芽與長根，播種之後也要使用篩過的土壤覆蓋。

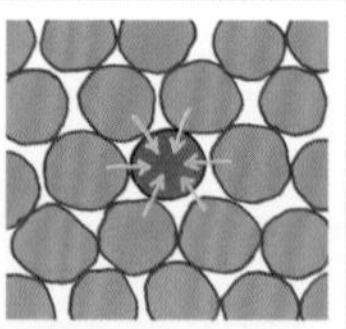

篩土
顆粒細小的土壤可促進種子吸收大量水分，提升發芽與長根的速度。

非篩土
大顆粒的土壤與種子的接觸面積小，導致種子難以吸收水分。乾燥的種子難以發芽與長根。

播種前為何要澆水？

播種後為了避免種子流失，應以噴霧器補充水分，但是噴霧器無法將足夠的水分帶至提供花盆下方的土壤，因此必須於播種前以澆花器澆淋大量的水分，播種後再以噴霧器濡濕覆土。

1 撒播

顆粒中等的種子，如菜葉植物、義大利香芹或芫荽等適合使用撒播方式播種，將種子撒播於整面土壤，栽培期間可時常間苗。

於整面土壤播種，間距為5mm至1cm。

使用篩子將顆粒細小的土壤撒於花盆上方，進行整體覆土。

掌心輕壓土壤，壓出空氣使種子與土壤緊密接觸。

以噴霧器充分濕潤覆土。

2 條播

使用長方形花盆栽種時，一般採用條播法，並配合生長狀態進行間苗，以拉開植栽的間距便於種植。

以免洗筷等棒狀物劃過土壤，挖出深度約1cm的土溝。

種子與種子的間距約為5mm至1cm。

以手指捏起土溝兩側的土壤，覆蓋種子。

掌心輕壓土壤，再以噴霧器充分濕潤覆土。

3 點播

如蘿蔔等根部會逐漸成長的根莖蔬菜必須在播種時決定植株的間隔，並根據蔬菜的數量決定播種的地點與數量。

以手指挖出播種用的植穴，以圖片為例，分為3處播種，每處3顆種子，一共播種9顆種子。

一個洞穴置入一粒種子。

以手指捏起附近的土壤進行覆土。

掌心輕壓土壤，再以噴霧器充分濕潤覆土。

育苗的基礎步驟

番茄之類的果菜類或甘藍菜、白菜……
需要長期栽培的大型葉菜類蔬果
必須在穴盤播種後，再進行育苗和定植，
若能學會自行播種育苗，即能大幅增加栽培的品種。

[所需工具]

準備市售的播種用栽培土、穴盤、深度約4㎝至5㎝的水盤和噴霧器。

播種用栽培土
使用調整過顆粒的播種用栽培土，不但保水性高，還能保障發芽整齊。挑選栽培土時購買已添加肥料的類型；進行有機栽培時則挑選僅添加有機肥料的栽培土（參考P.29）。

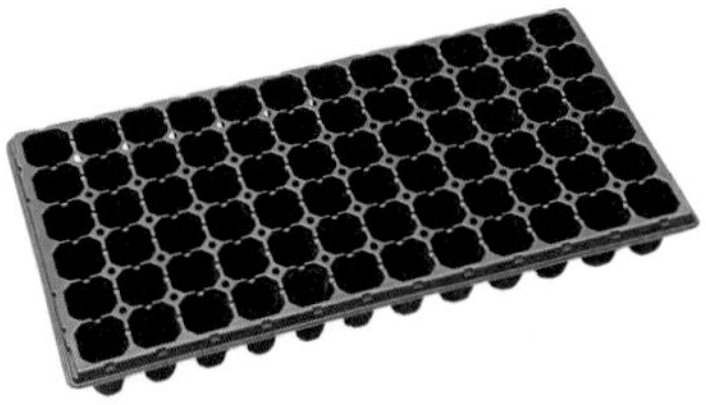

穴盤
如果使用直徑4cm至5cm的穴盤，植株生長至可以定植的尺寸之前都不需另外移植，可根據育苗的數量，以剪刀剪下需要的數量。

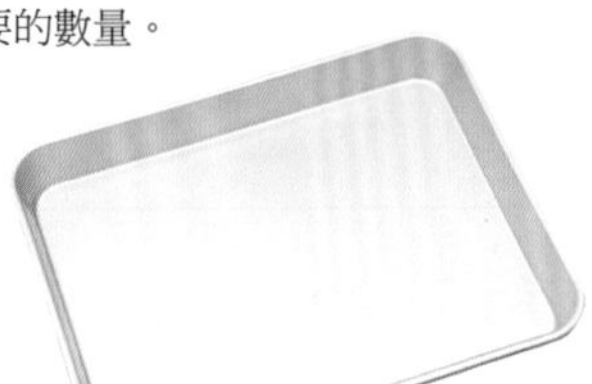

水盤
擺放穴盤下方，從穴盤上方澆水可盛水使穴盤由底部吸水時使用。可使用深度4cm至5cm的廚房用托盤來取代。

噴霧器
育苗時必須避免澆水過量導致種子的流失，因此多半使用噴霧器澆水，購買時請挑選可以噴出輕柔霧狀水氣的噴霧器。

於穴盤播種

基本上一個洞內放置一顆種子。播種時注意儘量置於中央，顆粒大的種子則需以手指壓入。

配合栽種的數量，以剪刀剪下需要的穴盤。

穴盤內塞滿播種用培土。

以掌心撫平土壤。

將穴盤放入裝滿水的水盤中，放置10至15分鐘以便穴盤吸水。

育苗小常識

使用穴盤育苗的優點

番茄之類的果菜類和甘藍菜、白菜等需要長期栽培的大型葉菜類蔬果可以採用直播的方式，但是基於以下3點理由仍建議使用穴盤栽種：

①蔬菜在發芽之前必須保持濕潤，輕便的穴盤適合放置於室內便於管理，不忘記時時澆水。

②發芽與成長初期為栽培蔬菜最重要的時期，倘若開始栽培時正值天氣寒冷或蟲害盛行時期，穴盤則比較方便管理。

③穴盤是為了避免移植（移植培育的苗）時傷害根部所開發的產品，有別於沒有隔間的育苗箱，穴盤具備移植時可避免切斷或傷害根部的優點。

[播種後的管理]

發芽時不需要光線，
請放置於溫暖之處並注意澆水即可。
澆水時請使用噴霧器，以免種子流失，
發芽之後需要充足的光線，
請移至日照良好的溫暖處管理。

優良的苗
雙子葉植物長出雙子葉或果菜類的莖節緊密，沒有病蟲害。

不良的苗
植物的莖高度過高且外觀瘦弱。此外，葉片無法長成雙子葉或有病蟲害者也不好。

育苗小常識

完全有機的育苗方法

進行完全有機栽培時，以篩子篩過添加100%有機肥料的市售蔬菜培土，縮小栽培土顆粒之後再進行育苗。

以網眼細小的篩子篩選添加100%有機肥料的蔬菜栽培土。

篩選之後作為播種培土。

添加100%有機肥料的蔬菜栽培土

仔細確認包裝之後再行購買。

篩土之後剩下的大顆粒土壤可用於製造栽培土。

土壤整體吸收水分濕潤之後，於每個洞穴之中放入一顆種子。播種時請儘量放置於洞穴中央。

播種完畢之後的狀況。

由上方覆蓋播種用栽培土，厚度約1cm。

以掌心輕壓，使種子與土壤緊密接觸。

以噴霧器充分濕潤土壤之後，便大功告成了。

種植的基礎步驟

基本的種植是指將自己栽培的苗或購自園藝店的苗定植於花盆中。適合定植的種苗大小依據種類而不同，請參考本書中各種蔬菜的栽培介紹。塊根、塊莖和球根等根莖類植物也同樣的方法定植。

栽種自家培育的苗

先在盆底鋪滿大顆粒赤玉土（若無大顆粒亦可以中顆粒代替）鋪至看不見花盆底部，原本即附有排水網的花盆，則不需要放入赤玉土。

放入栽培土直到花盆邊緣下方2cm至3cm處。

挖掘比苗的土球大一圈的植穴以便種植。

使用免洗筷從穴盤中取出種苗。

將種苗放入植穴中，以手指輕輕按壓覆土使土壤與土球緊密結合。

如果苗可能頃倒，可於種苗旁架設置臨時支架以固定苗。

臨時支架不足以支持苗時，以繩索固定苗的莖部於支架。

拆下澆花器的蓮蓬頭，以手指輕輕壓住澆花器的壺口於種苗四周給予大量水分，請不要直接澆灌到莖葉。

栽培小常識

如何栽培市售苗？

購買葉菜苗時請選擇具備雙子葉、莖節緊密結實、葉片顏色深濃和沒有病蟲害的優良苗；果菜類則應選購附有初次花（第一次開的花）或花苞的苗，定植時為了避免破壞土球，應以手指固定土球，輕輕由育苗盆中取出苗，接下來的步驟與自行栽培的苗相同。

以食指與中指夾住土球，從育苗盆中取出種苗。

右圖為已經可以定植的市售甜椒苗。

立架的方法

為避免蔬菜傾倒，架設於植株旁的棒子稱為「支架」。支架須配合蔬菜的種類及生長情況，挑選適合的長度與粗細，架設方式也必須根據蔬菜的種類作變化。

支架的材質眾多，除了鋼鐵製和竹製等材質之外，還可以使採伐樹枝來代替。

鋼鐵製的支柱具有數種規格，長度分別為50cm、75cm、90cm、120cm、150cm、180cm等；直徑則可分為8mm、11mm、16mm、20mm等長度，請根據蔬菜成長的高度挑選，直徑則依照果實的重量挑選。

此外，搭設支架的時候除了直接架設於植物旁邊的直立式支架之外，另有塔式支架纏繞螺旋狀繩索的類型。依蔬菜的栽培方式決定搭設支架的種類，並依照蔬菜的植種挑選合適的搭設方式。

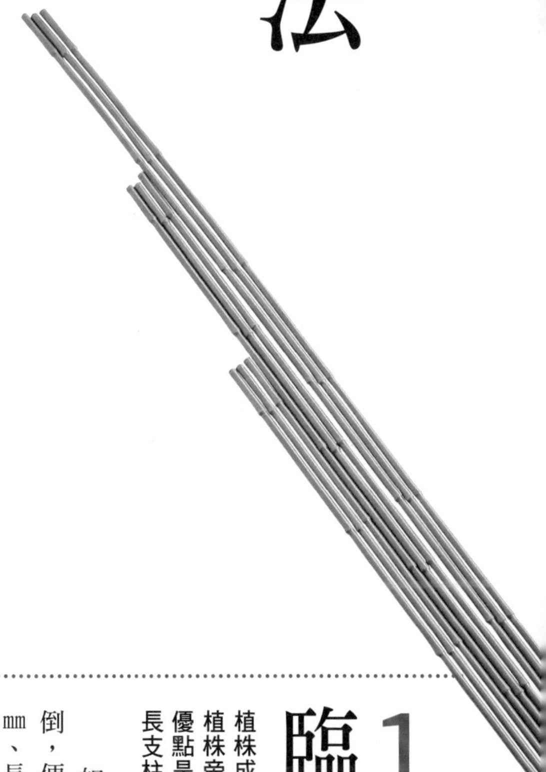

支架名稱	特徵
1 臨時支架	植株成長之前以長度50cm的細支架設立於植株旁，適合所有蔬菜。
2 直立式	直立於植株旁的架設方式，適合茄子、甜椒等高度不高的蔬菜。
3 三點式	於植株周圍架設3支細支架，以3支支架支撐植株的方式，適合花椰菜和抱子甘藍等莖葉不會往外展開，但是有一定高度、容易傾倒的蔬菜。
4 塔式支架＋螺旋狀綁繩	架設3至4支長度180cm以上的支柱，連結頂端成塔狀並於支柱之間纏繞繩子成螺旋狀，適合番茄等莖葉茂密的植物。
5 塔式支架＋雪吊	架設4支長度180cm以上的支柱，尖端束成塔狀並於支柱之間以雪吊的方式將四條繩子垂掛於八個方向，適合小黃瓜和西瓜等蔓性植物。
6 方形燈籠式	架設4至6支長度120cm至150cm的支柱，4支支架上以高度15cm至30cm的距離綁上繩子，適合蘆筍等莖葉容易橫向發展的植物，可縮小植物體積。
7 屏風式	架設3至4支支架，支架間吊掛攀緣植物用的網子，適合用於長型的花盆中栽培小黃瓜與苦瓜等蔓性植物。

1 臨時支架

植株成長之前暫時架設於植株旁的細短支柱，優點是比一開始就架設長支柱容易管理。

如果種苗定植之後容易傾倒，便可架設臨時支架。直徑8mm、長度50cm左右的細支架適合所有蔬菜，亦可以細樹枝代替。架設正式支架時，則不需刻意拆除臨時支架。

距離植株1cm至2cm處架設支架，支撐植株。

臨時支架不足以支持種苗時，以繩索固定種苗的莖部於支架上。（詳情請參見P.32）

2 直立式

在植株旁豎立直挺的支架，以單支支架支撐植物。適合茄子、甜椒、毛豆等植株不會過高的蔬菜。

茄子或甜椒之類的植株高度大約1公尺且結實纍纍的植株適合長度120cm至150cm、直徑11mm的支柱；毛豆之類的植株約60cm高的蔬菜則採用長度50cm至75cm、直徑8mm到11mm的支柱即可，立好支柱後，利用繩索當誘引（請參考下述），支柱亦可以採伐樹枝代替。

距離植株2cm至3cm之處豎立筆直的支柱，深度約10cm至20cm。

利用繩索將植株固定於支柱。

3 三點式

植株周圍豎立3支細支柱以支撐植株，適合無法以單一支柱支撐植株時使用。

重點在於支撐植株，使用直徑8mm的細支柱，支柱的長度要稍微比植株長；豎立地點則要視如何有效地支撐植株而定，必須仔細判斷。

三點式不需利用繩索誘引植株，直到拔除植株之前都可以一直保留支撐。

將支柱插入長成的莖葉之間，深度約10cm至15cm。

距離植株4cm至5cm處豎立第一支支柱。

以相同的方式豎立完3支支柱。

豎立完3支支柱，原本傾斜的植株也變得筆直。

誘引小常識

作好誘引！

誘引是指以繩索將枝幹或藤蔓固定於支柱或網子，除了可以避免植株傾倒或葉片交疊之外，還能調整生長的方向，學會誘引就能避免植株傾倒。

將繩索繞上支柱之後，以8字型纏繞一圈。

纏繞於植株時保留一些空間。

打結時務必牢靠，避免鬆開。

完成誘引之後的狀態。因應蔬菜的生長狀態，隨時調整。

4 塔式支架＋螺旋狀綁繩

拉攏3至4支支柱頂端束綁在一起，支柱之間以螺旋狀的方式纏繞繩索。植株生長時朝橫向發展的側枝可藉由螺旋狀的固定，毋須誘引。

使用3至4支長度180㎝以上、直徑11㎜的支柱，支柱之間以繩索纏繞固定。如此以來，植株生長時的莖葉便可固定於支柱內側，也毋須誘引，在陽台等有限空間栽培小番茄等枝葉繁茂的植物使用此種支架栽培後非常容易照顧，且可以節省空間。

準備3支支架，豎立支架成正三角形於花盆邊緣，若使用4支支架，排列成正方形。

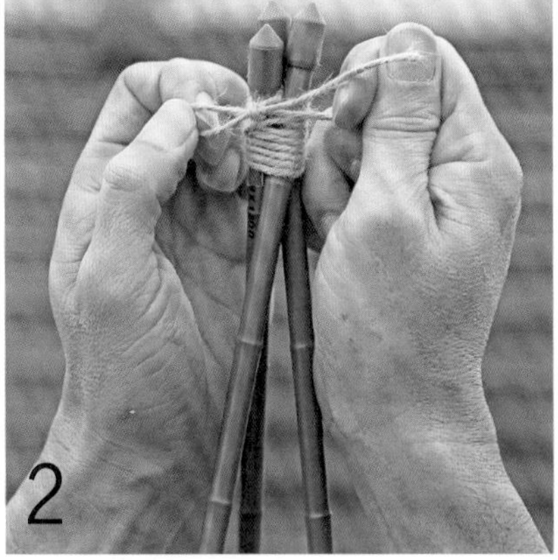

拉攏支架頂端後以繩索綁緊固定，以避免鬆脫。

支架之間纏繞繩，打上死結以免鬆脫。

繩索朝右上方或左上方纏繞，以螺旋狀的方式固定於支架上。

POINT
於支架上纏繞一圈後，再往左上方或右上方纏繞，藉以調整繩子的間距。

到達頂端之後綁緊，以免鬆開。

綁好之後的狀態。

5 塔式支架＋雪吊

容易積雪的地區必須在冬天利用繩索進行「雪吊」，以免雪的重量折斷樹枝，因為這種支撐方式的稱為「雪吊」。將黃瓜等蔓性類植物的藤蔓固定於雪吊上，便毋須另外設置誘引。

使用長度180cm以上、直徑11mm的4支支架和長度約4m的4條麻繩製作支架，拉攏4支支架上方捆緊形成塔狀，於塔頂綑綁繩索垂至土面即可。

黃瓜或苦瓜等蔓性植物的藤蔓會自然纏繞於雪吊的繩子上，便毋須另外設置誘引。

定植之前先在花盆邊緣豎立4支支柱，排列成正方形。

拉攏支架頂端並抓緊，以繩索固定牢靠，避免鬆開。

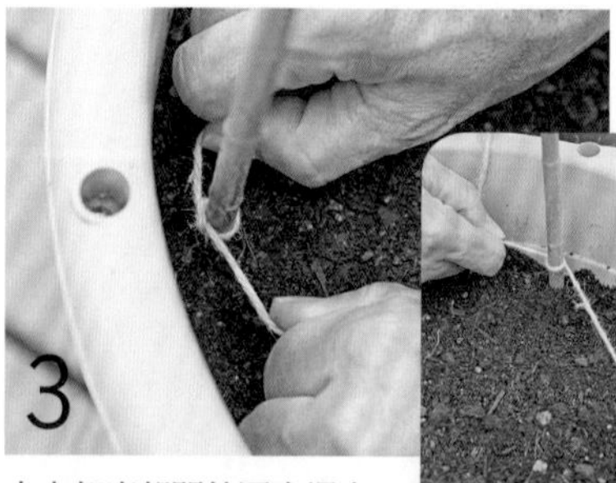

由支架底部開始固定繩索，打上死結以免鬆開。將繩索拉往其他支架之前先在支架繞一圈。

纏繞完畢之後，打上死結於最後一根支架。形成照片中的狀態之後，進行定植。

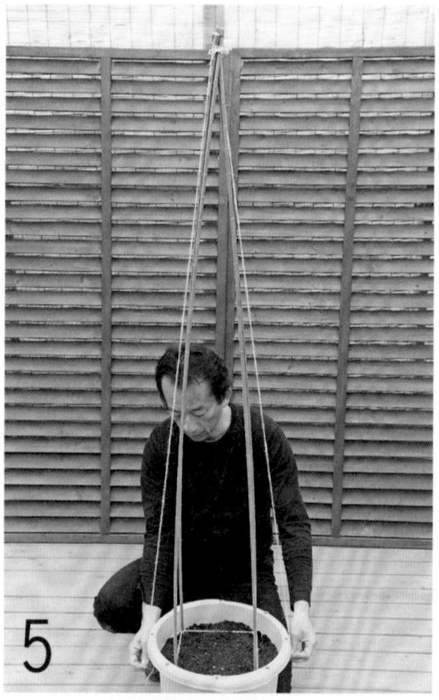

由支架頂端垂掛長度約莫4m的四條繩索，測量垂至支架底部的長度。

先拆下繩索，將4條繩索綁在一起，打結於4條繩索的中心點。

固定繩索的結掛在支架頂端。

繩索垂吊於支架底部，固定於底部的繩索。

底部的繩索每邊固定兩條縱向的繩索，縱向繩索的間隔大約10cm。

綁完繩子的狀態。

6 燈籠式支架

豎立4至6支支架，間距為15㎝至30㎝，於支架纏繩索形成方形燈籠的形狀，適合栽培馬鈴薯或蘆筍等蔬菜，容易朝橫向發展的植物，可以縮小栽培空間。

一般用於栽培蔓性植物，但是木村流栽培法則是用於控制容易朝橫向發展的莖葉，以免伸出花盆。此外，在同一個花盆栽培好幾株植株時，可以一次撐起全部的植株。

支架的數量、長度與繩索的間隔依照植株的高度與莖葉的生長狀態調整。

定植之後，準備4至6支支架，等距固定於花盆中。（本圖中為尚未定植的狀態）圖中是使用4支支架，豎立為正方形。

距離地面15㎝之處纏繞繩索，打上死結以免鬆開。

於支架繞一圈之後再拉往下一根支架。

纏繞完畢之後，打上死結以免鬆開。每一段都重複相同步驟。

纏繞3層繩索之後的狀態。

方形燈籠式支架小常識

如何在方形花盆立架呢？

在方形花盆豎立方形燈籠式支架的方式和圓形花盆相同，也是在花盆的四個角落各立1支支架，配合花盆的長度追加支架，纏繞繩索。繩索一般纏繞2至3層即可，但是也要根據植株的高度調整。

適用於四方形花盆的方形燈籠式支架。

7 屏風式支架

豎立3至4支支架，支架之間架設蔓性植物用的網子形成屏風，使用長方形的花盆栽種黃瓜和苦瓜等蔓性植物時適合使用此種支架。

使用蔓性植物用的網子（園藝用的網子）以如同屏風的方式固定於支架上。網子的上緣固定於屋簷下方的話，植株就會攀爬形成自然的窗簾。

園藝用的網子有各種大小。採用大約10 cm × 10 cm方形網眼的網子，藤蔓和卷鬚會自然地纏繞於網子上，使用上相當方便。

攀緣植物用的網子（園藝用）
方形網眼的大小約為10cm×10cm，較方便於使用。

於長方形花盆的長邊豎立支架，間距為20cm至30cm。

支架上端以橫向支架補強，以繩索綁緊固定。橫向支架的粗細為直徑11mm至16mm，長度配合花盆的長度。

支架上端懸掛攀緣植物用的網子，將網眼勾在支架上。

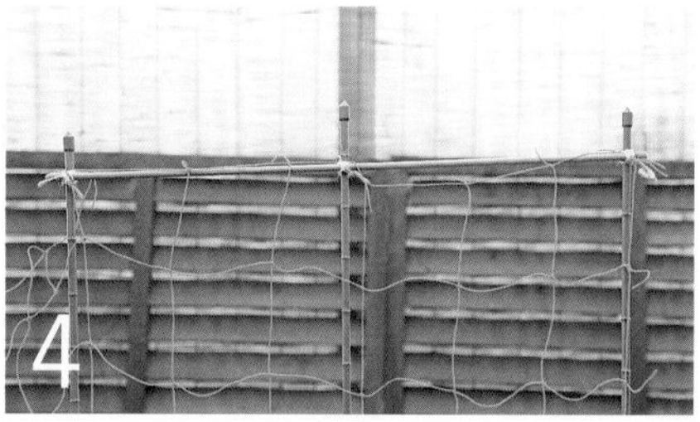

網子需拉平，藉此決定網子左右的寬度。

網子拉到底部，以繩子將網子固定於支架。

綁完繩子的狀態。

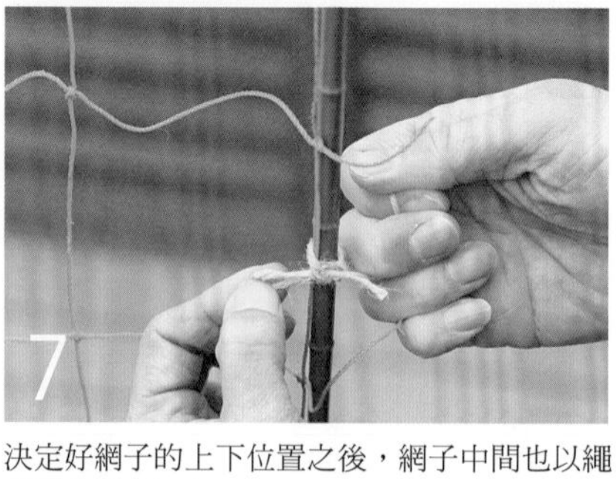

決定好網子的上下位置之後，網子中間也以繩索固定於支架上。

網子左右兩側過長時，折到另一邊固定或以剪刀修剪為適當長度。

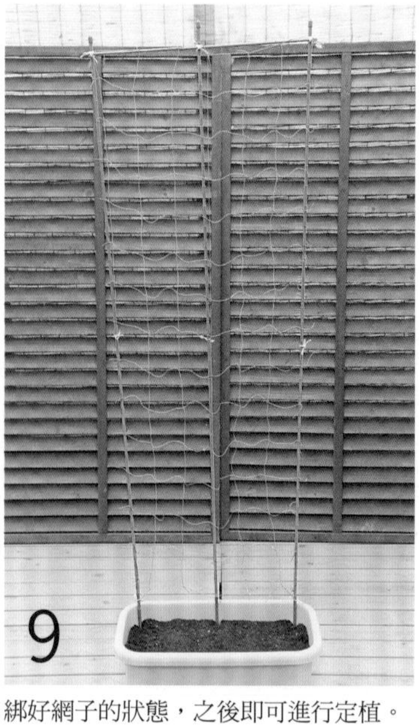

綁好網子的狀態，之後即可進行定植。

追肥的基礎作法

播種與定植之後，依照蔬菜的生長狀態追加肥料稱為「追肥」，追肥前觀察植株的葉片，顏色不佳就表示必須添加肥料，此時務必選擇適合植株的肥料。在此使用的肥料皆為有機肥料，可以安心進行有機栽培。另外，根據肥料成份含量不同，請遵守肥料袋上所規定的份量使用。

種類 A [適用於葉菜類]

添加發酵油粕

完全發酵的油粕可補充氮，適合作為葉菜類、香草與穀類的追肥。

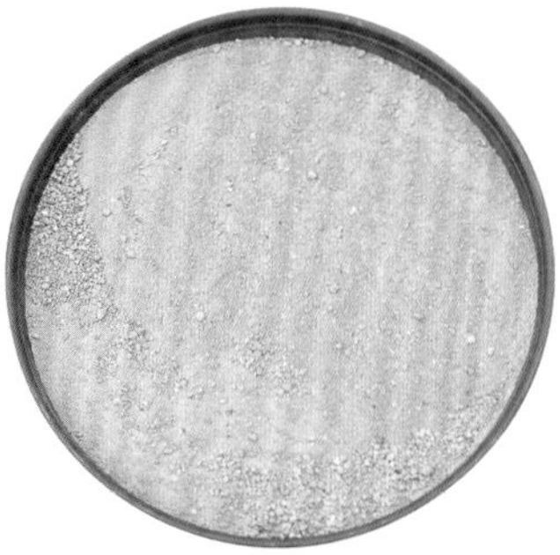

種類 B [適用於果菜類]

發酵油粕＋磷酸肥

除了完全發酵的油粕添加氮之外，補充富含磷酸的蝙蝠糞、骨粉或魚粉。果菜類採用此種方式追肥。但是和根瘤菌共生的豆類蔬菜（參考P.69的「毛豆小常識」）減少發酵油粕的份量可避免莖葉過於茂盛而結果稀少。

種類 C [適用於根莖類]

發酵油粕＋鉀肥

除了完全發酵的油粕添加氮之外，添加富含鉀的草木灰。「鉀」可以促進根莖的生長，非常適合作為根莖類的追肥。

追肥的方法

不管是何種蔬菜，只要葉片顏色不佳就需要追肥。如果放置不管會導致由下方的葉子開始乾枯，因此必須馬上添加追肥。基本份量為掩蓋整片土壤，但是豆類蔬菜攝取過多氮素肥料會導致莖葉茂密而結果稀少，因此氮素肥料的份量必須少於其他蔬菜。

[種類B添加方式]

1 先鋪撒發酵油粕至完全遮蓋土壤。

2 接下來鋪撒富含磷酸的蝙蝠糞便，份量也是完全遮蓋土壤。

3 仔細混合土壤與肥料。混合完畢之後澆水溶解肥料的成分，立即展現施肥的成效。

追肥小常識

不仔細攪拌可能會發霉！

追肥與土壤攪拌不勻可能會導致發霉，因此施肥之後務必仔細攪拌。如果發現發霉，必須將整塊土壤挖除，否則可能會導致植株遭受病害。

追肥之後發霉的狀態，必須挖除整塊土壤。

蟲害對策

藉由鋪設隧道狀的防蟲網可避免一定程度的蟲害，因此應當事前進行防範對策以避免心愛的蔬菜遭到蟲害。

為了避免蟲害，事前預防與平常的觀察格外重要。播種和定植之後以防蟲網蓋住花盆整體之外，應當時時確認植株上是否有蟲咬的痕跡。除此之外，還可以使用藉由害蟲的特性驅除害蟲的器材。早期發現、早期治療可以避免蟲害擴大。

如果蟲害已經擴散至無法應付，可使用P.40所介紹的自然派農藥驅除，不會影響環境和人體。遵守使用方法便能期待效果。

不使用農藥的防蟲對策

[材料]

防蟲網、2支支架（可自由彎曲）、麻繩

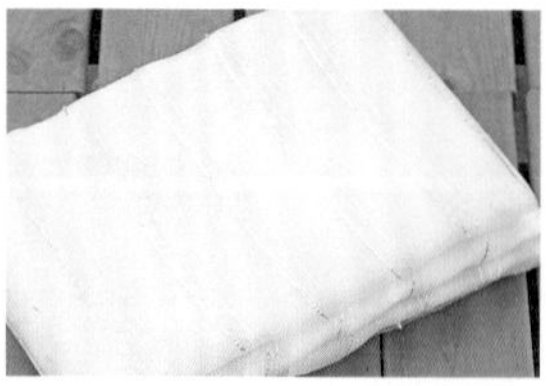

如果防蟲網為銀色條紋狀，可驅除厭惡發光物體的蚜蟲。

將支柱於花盆上方交錯之後，固定於花盆對角線的位置。

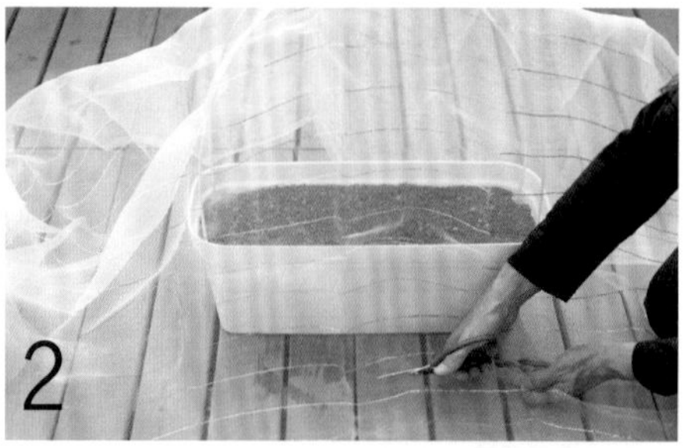

防蟲網大小應當覆蓋花盆整體。防蟲網過大時使用剪刀裁切。

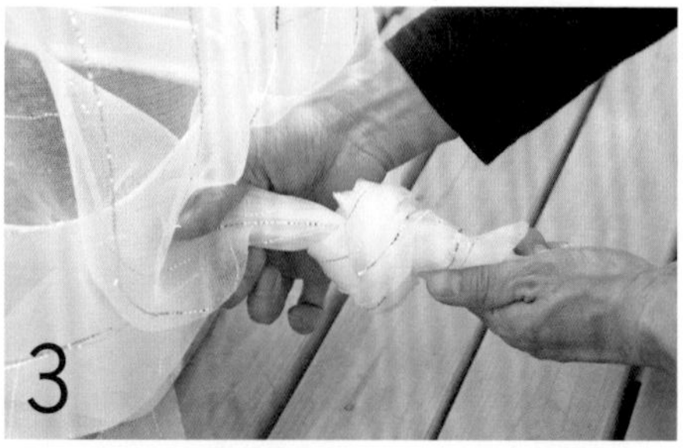

防蟲網兩端打上死結。

打完死結的狀態。

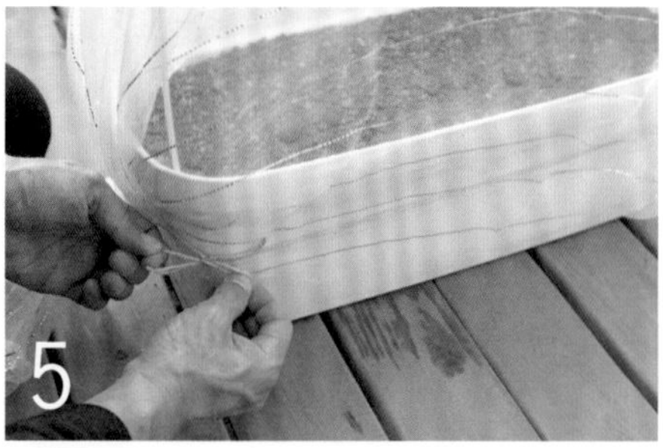

四周以麻繩綁緊，避免害蟲由底部入侵。

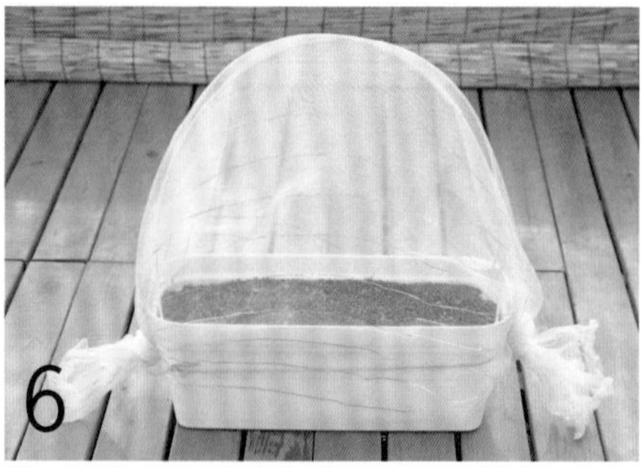

完成後的狀態。可以避免蚜蟲、青蟲與小菜蛾等害蟲入侵。

防蟲對策小常識

發現害蟲時該如何應對？

數量不多時應當迅速驅逐。

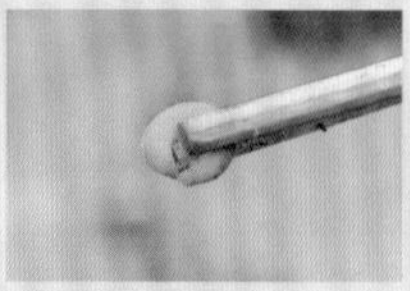

體型大的害蟲
以免洗筷夾除。

體型小的害蟲
以膠帶沾黏去除。

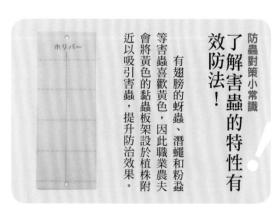

防蟲對策小常識

了解害蟲的特性有效防法！

有翅膀的蚜蟲、潛蠅和粉蝨等害蟲喜歡黃色，因此職業農夫會將黃色的黏蟲板架設於植株附近以吸引害蟲，提升防治效果。

防寒對策

氣溫低時可利用不織布與塑膠袋覆蓋花盆以抗寒。作好防寒對策，一整年都能栽培蔬菜。

不織布適合應付輕微的霜害和寒風，塑膠袋與塑膠膜適合嚴寒期保溫。兩者覆蓋花盆可避免土壤溫度快速下降或凍結。防寒對策最重要的是縮短澆水、間苗與追肥的作業時間，儘量避免摘下防寒用的不織布或塑膠袋。

低溫時也必須注意灑水的時間。為了避免土壤或植株結凍，應當在氣溫上升的上午澆水。

如果3月中旬（日本地區）始夜間氣溫不會大幅下降，可於此時拆下抗寒用的不織布或塑膠袋。

嚴密抗寒

天氣非常寒冷時可使用透明的塑膠膜或塑膠袋覆蓋花盆。但是天氣晴朗、氣溫上升時內部的溫度可能會大幅上升，因此必須換氣。白天氣溫高達15℃時，應當拆下保護套以換氣，等到下午三點時再裝上保護套。如此一來可以避免內部過熱和日燒。

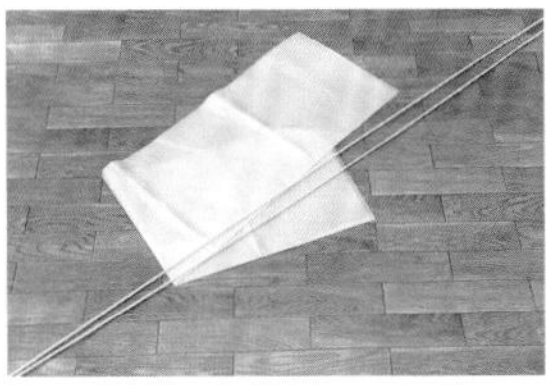

［材料］
透明或半透明的塑膠袋或塑膠模、2支支架（可自由彎曲）、燕尾夾

將支柱於花盆上方交錯之後，固定於花盆對角線的位置。

由上而下覆蓋花盆整體。如果使用塑膠袋當保護套，直接倒過來使用即可。

以燕尾夾固定下擺，避免寒氣入侵。

輕微抗寒

不織布可用於輕微的霜害或防風。播種或定植之後覆蓋花盆整體，配合植物的生長狀態調整高度以免傷害葉片。

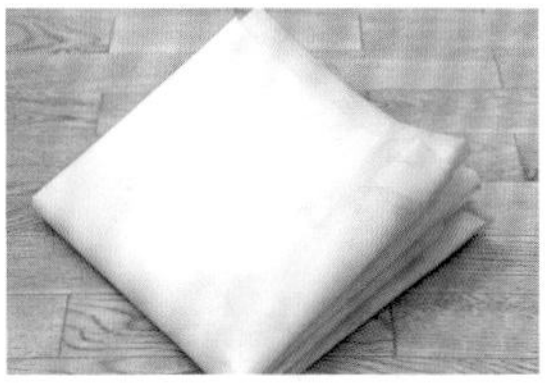

［材料］ 不織布、麻繩

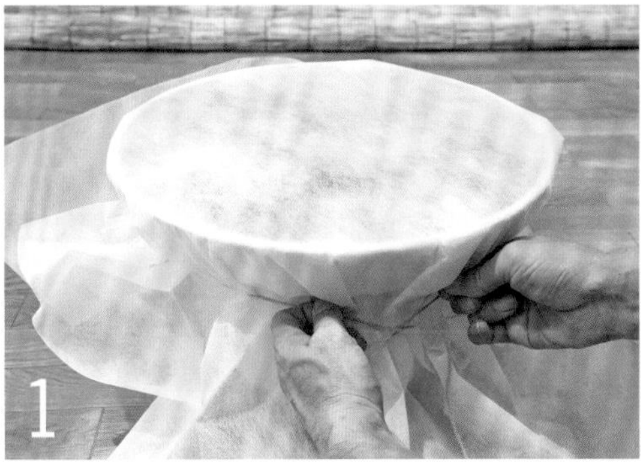

不織布的大小必須可以完全覆蓋花盆，由上往下覆蓋，在側邊以麻繩固定打結。

不織布必須配合植株的生長而調整高度，因此修剪過多的不織布時應當保留一定的份量。

對人和環境都無害的農藥有那些？

農藥經常被視為危險藥品而受人疏遠，
其實現在很多農藥皆為可食用的成分或自然界的微生物與植物所吸收。
本頁介紹的不會是危害對人體及環境同時可用於有機栽培的農藥。

（以下皆為日本國內販售產品）

有＝JAS法（日本關於農林水產品的規範與成分表示的法律）認定可用於有機農產品的農藥

效＝適合用於何種病蟲害　成＝成分

防治蚜蟲、葉蟎等

有

食品威力消滅蔬菜與花卉的病蟲害（Amenko）

可以直接噴灑於植株，也能倒過來噴灑。收割前一天也能使用。

效 蚜蟲、葉蟎、粉蝨、白粉病

成 還原麥芽糖（氫化澱粉水解液）／Earth製藥

Oleate液體溶劑

不會影響蜜蜂等益蟲。

效 蚜蟲、粉蝨、白粉病等等

成 肥皂的一種（油酸鈉）／住友化學園藝

蔬菜與花卉的Kadan Safe

適合使用於根莖類或豆類等各種蔬菜，可以直接噴灑使用。

效 蚜蟲、葉蟎、白粉病等

成 椰子油（山梨糖酯）、澱粉／Fumakilla

Ari Safe

沒有農藥特有的噁心氣味，使用次數不受限制。

效 蚜蟲、葉蟎、粉蝨、白粉病

成 椰子油（脂肪酸甘油酯）／住友化學園藝

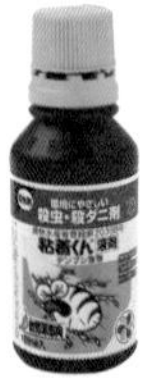

黏著君液體溶劑

收成前一天也能使用。以物理原理驅除害蟲，不會造成害蟲產生抗藥性。

效 蚜蟲、葉蟎、煙草粉蝨

成 澱粉／住友化學園藝

防治銹斑病等

KariGreen

因為登錄為磷酸肥料，除了可以預防病害之外還能促進植物生長。

效 白粉病、銹病、灰黴病

成 碳酸氫鉀／住友化學園藝

防治霜霉病、疫病等

有

森伯爾特

最近又重新發現銅離子可以殺菌，是用於預防病害的保護型殺菌劑。

效 霜霉病、疫病

成 銅離子（氧化銅）／住友化學園藝

有

那美特綠

適合使用於所有遭到蛞蝓侵襲的植物。藥劑本身耐雨和濕氣，就算在潮濕處的效果也很好。

效 蛞蝓、蝸牛

成 天然土壤中所含有的成分（磷酸氫鹽）／Hyponex Japan

驅除蛞蝓與蝸牛

有

天然成分驅除有機蔬菜的害蟲（Garden Top）

使用後，天然的除蟲成分可以迅速驅除害蟲。

效 蚜蟲、青蟲

成 萃取自除蟲菊的天然成分（除蟲菊精）／Earth製藥

驅除蝴蝶或蛾的幼蟲等

有

潔特力顆粒水合劑

以天然微生物為成分，適合驅除翅目害蟲。

效 小菜蛾、青蟲、夜盜蟲和鳳蝶等。

成 微生物（蘇力菌的芽孢桿菌與殺蟲晶體）／住友化學園藝。

有

巴班尼剋噴霧劑

效果迅速的殺蟲成分在使用之後會因為光照而分解，可以安心使用。

效 蚜蟲、葉蟎、青蟲

成 萃取自除蟲菊的天然成分（除蟲菊精）／住友化學園藝

有

天然微生物的威力驅除害蟲（巴斯樂剋水合劑）

不影響環境的殺蟲劑，使用後可迅速抑制害蟲繼續食用植株。

效 青蟲、小菜蛾、夜盜蟲和鳳蝶幼蟲等

成 微生物（蘇力菌）／Fumakilla

有

天然納豆菌威力預防病害（枯草桿菌水合劑）

利用存在於自然界的微生物，於發病前定期散布可提高預防效果。

效 白粉病、灰黴病等

成 納豆菌的近親菌種（枯草桿菌）／Fumakilla

消滅白粉病或灰黴病等

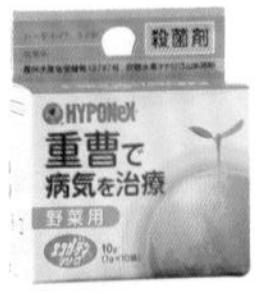

有

EgoGarden哈馬美特水溶劑

利用食品或醫療用品也會利用的成分——小蘇打粉，使用中和使用後不會有農藥討厭的氣味，同時可以使用到收割前一天。

效 白粉病、灰黴病

成 小蘇粉打（碳酸氫鈉）／Hyponex Japan

盆栽菜園最受歡迎的植種

Chapter 3 果菜類

結實纍纍的小番茄、油亮的茄子、
翠綠的小黃瓜、圓滾滾的毛豆……
果實類的蔬菜充滿了迷人的魅力。
一邊播種一邊期待收穫時的感動吧！

番茄（小番茄）

家庭菜園的人氣王，目標是種出成熟的番茄

番茄是家庭菜園中最受歡迎的蔬果，原產於南美的安地斯高原，性喜強光、乾燥且日夜溫差劇烈，但不會過度炎熱的溫暖氣候。

番茄的紅色是來自茄紅素，近年來因為抗氧化而受到矚目，除此之外，番茄含有豐富的胡蘿蔔素、維他命C和香甜美味的穀氨醯胺，是一種具備高營養價值的蔬菜。

愛子番茄

果肉厚實多汁，甘甜濃郁。熟成後不易裂果，耐病害，容易結果。

千果番茄

是一種大受日本專業農家歡迎的品種。成熟的果實略大，表皮呈現油亮的深紅色，果形飽滿美麗，顆粒大小相同，非常適合種植於家庭菜園。

野果園番茄

特別改良為適合栽種於花盆的品種，特徵為果實的外型呈紅色心形，果肉厚實，熟成後不易裂果，沒有酸味和青菜的生草味。

櫻桃番茄

果肉酸甜比例恰到好處，熟成也不易裂果，且耐病害，生長力強，可大量產果，非常適合初學者栽培。

西班牙番茄

β-胡蘿蔔素的含量為其他橘色的迷你番茄的2.5倍，味道甘甜，另有紅色的品種「紅西班牙」。

橘子番茄

擁有濃郁的甜味，橘紅色的果實富含β-胡蘿蔔素，結果與栽種皆很容易，很適合家庭菜園栽培。

黃梨番茄

酸味較輕，味道清爽，果皮與果肉呈現鮮豔的黃色，因為酷似西洋梨的特殊外型而得名。

番茄有大番茄、中番茄和小番茄等不同系統，小番茄適合盆栽菜園，不易失敗又不受特定收成季節限制，因此特別推薦種植小番茄。

盆栽番茄有兩種方式，第一種是摘取所有側芽和只摘取主枝頂端嫩芽的「摘心」調整植株為單幹單枝，可促使番茄結實成一串。

另一種方式是不摘取側芽也不進行摘心，放任番茄生長。雖然一開始必須豎立支架與綑綁繩索，但是之後就不需要耗費心思管理。

前者可以控制植株大小，後者的植株會往四面八方擴散，請依照種植的環境，挑選適合的栽種方式。

蜜番茄

擁有近乎甜點般的甜度，以及西洋李般可愛的外型，會成串結果，結實產量多。

紫番茄

因富含花青素，使外觀呈現深紫色，果實含糖度高，果肉柔軟。完全成熟後，經冰凍食用，味道類似葡萄。

蜜糖小番茄

甜味濃郁，果皮柔軟，入口即化，富含水果膠質。生長能力強，必須注意施肥的份量。

小圓番茄

植株上半部較易結果，適當的果酸度和自然的甘甜多汁，果肉柔軟口感佳。

營養滿點の聖女戰隊(6種)

亞美番茄

果實成長形，酸味和甜度兼具。富含胺基酸，味道甘甜濃郁。

加露番茄

橘色的外表是因為富含胡蘿蔔素，具備水果般強烈的甘甜。

理子番茄

富含茄紅素，擁有爽口的甘甜與柔和的酸味。

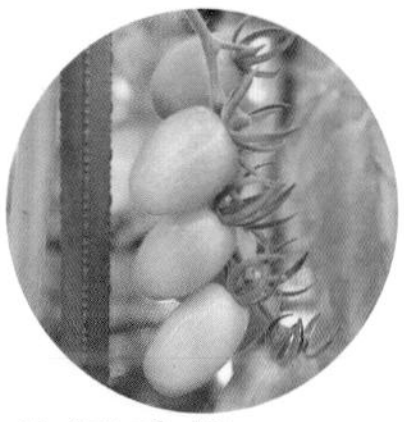

美姬番茄

長橢圓形的果實呈現鮮艷橘黃色，甜度高，味道彷彿水果。

紀里番茄

果實巨大，非常有飽足感。甘甜爽口，風味絕佳。

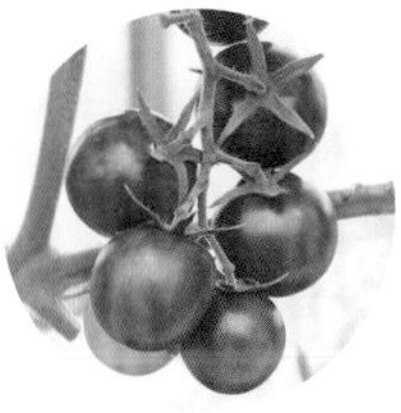

巧可番茄

完全成熟之後會呈現巧克力的顏色，味道甘甜。種植時還能欣賞顏色的變化。

多子番茄

一如其名，可以成串收穫許多果實（日文TAKUSAN有許多之意），相當耐病害，可以輕鬆種植於花盆。特徵是果肉富含膠質，擁有水果的自然甜美。

羅索番茄

當成水果直接食用或進行料理烹調，皆十分美味。結實產量多，可作成番茄醬，非常適合口味偏甜的番茄料理。

CHERRY TOMATO

植物的基本資料

科　　名：茄科
食用部位：果實
病 蟲 害：蚜蟲、潛蠅、白粉病等
生長適溫：25℃至30℃

尺寸大小

植　　株：寬60cm、高180cm
　　　　（不摘心的高度）
花　　盆：深圓形（容量約15ℓ）

栽培月曆

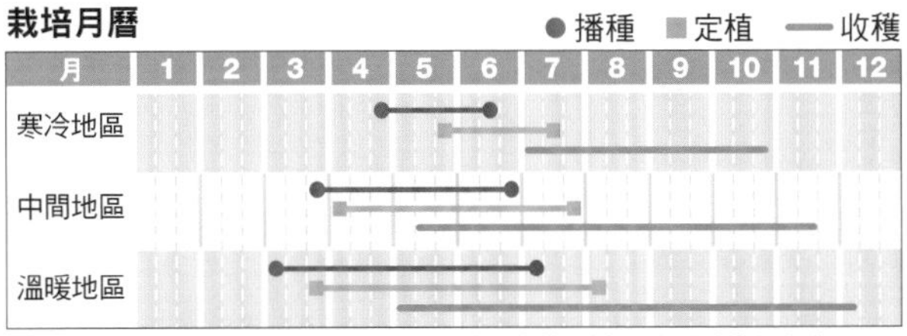

*若於適當的溫度下栽培，播種後2至3週之後定植，播種3個月後進行收成。品種不同，所需時間也略有差異。

動手種種看！

無論是自己育苗或購買市面販售的苗，都必須等到不會降霜之後才能定植，如果氣溫偏低，建議栽種於室內靠窗的明亮處。

1 播種

在穴盤內播種、育苗，參考P.28至P.29。

2 製作栽培土

製作種類B的培土，參考P.24至P.25。

3 定植

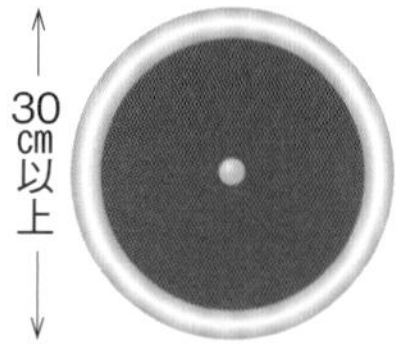

在花盆中央種植一棵植株，參考P.30。

適合定植的種苗

種苗長出2至3片本葉，穴盤底部冒出白色根，即表示可以定植。

挑選購買市售苗

選擇莖節緊密，長出花芽或已經開花的苗為宜。

4 豎立臨時支架

於植株旁邊豎立臨時支架，參考P.31。

5 調整為單幹單支，促進成串結果

[豎立正式支架]

拆除臨時支架（參考P.32），垂直豎立長度150cm、直徑11mm的正式支架。

[誘引] 用於誘導植株靠近支架，參考P.32。

[摘除側芽]

摘除側芽，保留主枝是為了避免養分分散，必須在長出側芽時立即摘除，側芽會不斷地出現，必須時時觀察並馬上摘除。

所有葉子的基部都會出現側芽，成長之後就會成為側枝，側枝亦可開花結果。

摘完所有側芽後的狀態，主枝顯得清爽漂亮。

番茄小常識

番茄的色彩為何如此多樣呢？

市面上經常可以看到橘色或黃色的番茄，為什麼會出現這些顏色的番茄呢？

番茄的紅色是名為茄紅素的色素，尚完成熟的番茄因為富含葉綠素而呈現綠色，隨著番茄逐漸成熟，葉綠素會慢慢被分解，取而帶之的就是茄紅素，因此番茄會由綠色逐漸轉變成紅色。

其實在番茄成熟的時候，除了茄紅素之外還會產生β—胡蘿蔔素和葉黃素，這些天然色素就是番茄表皮生成黃色或橘色的原因。根據不同色素的含量，會使番茄呈現紅色、橘色或黃色等不同顏色。

6 追肥

葉子顏色變差時參考P.37，追加種類B的肥料。

7 收成

1 收成期的迷你番茄，採收時請從完全成熟變色的果實開始。

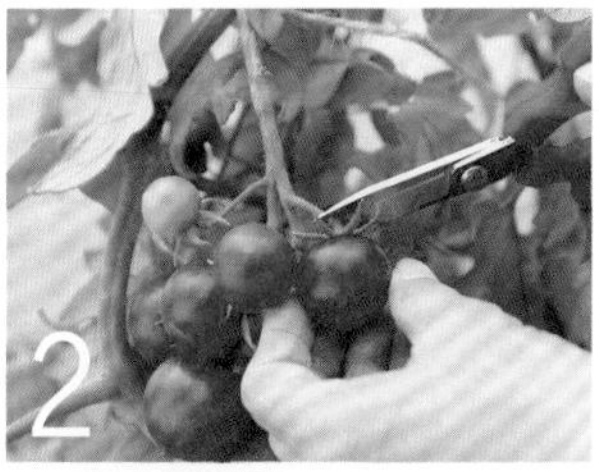

2 以手摘取或以剪刀剪下即可。

3 為了避免剛收成的果實受傷，可剪去果蒂。

【摘心】

4 當植株開始陸續長出花序時，長出如圖片所示的第4段花序，此時期即可進行摘心。

5 以剪刀剪除第4段花序上方的主枝及花序周邊的2、3片葉子，此動作稱為摘心。

【單幹單枝的好處】

易控制植株的高度與大小

長到第4段花序時，剪除上方的主枝稱為「摘心」。如此一來，植株就不會繼續往上生長，最多只會長到150㎝左右，摘心另一項功能為穩定植株，較能適應栽培於強風吹襲的陽台。

果實連結成串，外觀賞心悅目

摘除側芽，以避免養分分散。如此一來，所有養分大多集中於單幹（主枝），可提升結果的狀態，就算是種植於花盆也能結果成串。此外不會長出多餘的莖葉，顯得整體清爽。

節省管理時間的放任栽培法

【豎立支架】

進行P.44的第步驟1至步驟4的後，拆除臨時支架。再參考P.33豎立塔式支架，將繩索纏繞支架成螺旋狀。

【摘下第1段花序以下的側芽】

長出第一段花序之後，為集中養分、促進植株生長，須進行摘除側芽，接著進行本頁的步驟6至步驟7。

【放任栽培的好處】

豎立支架與繩索便大功告成

放任栽種為先在花盆裡豎立3至4支支架與繩索，控制植株的莖葉生長於支架與繩索內側。雖然一開始豎立支架必須花費一番功夫，但豎立後即可放任管理。

不須摘除側芽或摘心

除了最靠近第1段花序下方的側芽需要摘除之外，其他側芽與主枝都可以保存。雖然之後的枝葉會像叢林一樣茂密，但是太過在意，若枝葉過度密集、無法管理時，再進行修剪和摘除側芽即可。

茄子

為日本夏天的代表蔬菜之一，享受新鮮現採的柔軟美味吧！

茄子適應高溫多雨的夏季，擁有旺盛的生長力，其原產地於印度，在奈良時代前便已傳入日本。

果皮的紫色是屬於天然色素中的花青素，具有抗氧化與降低膽固醇的

御馳走茄子

甘甜多汁，不具澀味，可以製成沙拉生食。結果時會成串結實，生長至長度約7cm至8cm時即可收成。

千兩二號茄子（無刺）

鵝卵型的「千兩二號」品種因容易栽種而大好受評，隨後更推出了無刺品種，表皮油亮柔軟。

中長型的茄子

一般市面上常見的茄子，長度約12cm至15cm，呈長卵型。

豐黑茄子

頂端碩大，呈現略短的鵝卵型，果實的形狀大多一致。

黑福茄子

表皮柔軟，能耐夏日高溫且容易栽種，收成期較早，可進行多次收成。

小五郎茄子

表皮柔軟油亮，肉質細密，外型呈頂端粗大的鵝卵型。

功效，日本的在地品種與來自歐洲的改良品種當中，也有白色或綠色表皮的茄子。

茄子的枝葉茂盛，果實碩大，因此需要栽種於一定土量的花盆中，種植前請先準備一個大又深的花盆，並且隨時補充水分，收成期適時追肥，即有機會大豐收。

田間栽培的栽培方式以主枝與2至3枝側枝為主，保留過多枝椏會導致收成的果實較為瘦小，也會帶給植株過多負擔，因此只保留一枝側枝，以單幹兩枝的方式集中養分，果實才能順利成長。

茄子小常識

挑選品種的方法

建議種植小型或中型的品種，果實碩大的長型茄子和圓形的大茄子需要耗費許多養分與時間才能長出果實，會帶給植株過多的負擔，此外，收成量不佳，不適合盆栽栽培。

小型圓茄子

可早期採收果實，適合醃製成醬菜。

薄皮味丸茄子

小型的圓茄子，長大後也不會變型，表皮細薄柔軟味道極佳，適合醃漬後食用。

其他推薦品種

龍馬茄子

可早期採收果實，皮薄肉軟，適合短時間醃漬，亦可等到果實長到鵝卵型再行收成。

綠色茄子・白色茄子

萬壽滿茄子

耐熱易栽的綠色茄子品種，肉質細密不苦澀，生熟食皆適宜。

其他推薦的品種

白丸茄子

種植於日本九州一帶的淡綠色茄子，果實呈蛋型，燉滷後的滷汁也不會因茄子變色渾濁。

水茄子

水分多，味道甘甜，適合生食。

水茄

果實呈鵝卵型，極早生種，其澀味較淡，水分較多，表皮柔軟，適合短時間醃漬後食用。

其他推薦品種

泉州絹皮水茄子

原產於日本堺市一帶的晚生種，口感非常柔軟水嫩，適合生食。

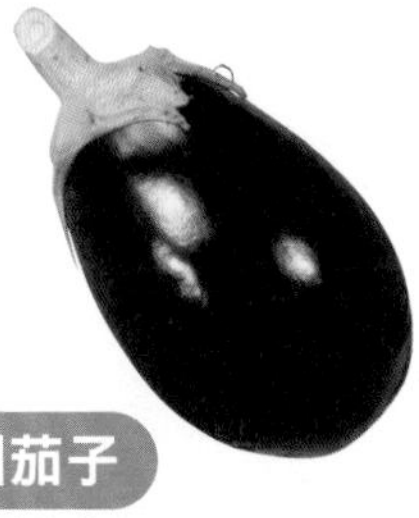

美國茄子

美國品種的茄子，特徵為綠色的果蒂。

黑鷲

果蒂為鮮豔的綠色，為美國茄子中屬於早生量多的品種。

植物的基本資料

科　　名：茄科
食用部位：果實
病 蟲 害：葉蟎、蚜蟲等
生長適溫：25℃至30℃

尺寸大小

植　　株：寬80 cm至120cm、高100cm至120cm
花　　盆：深圓形（容量約15ℓ）

EGGPLANT

栽培月曆

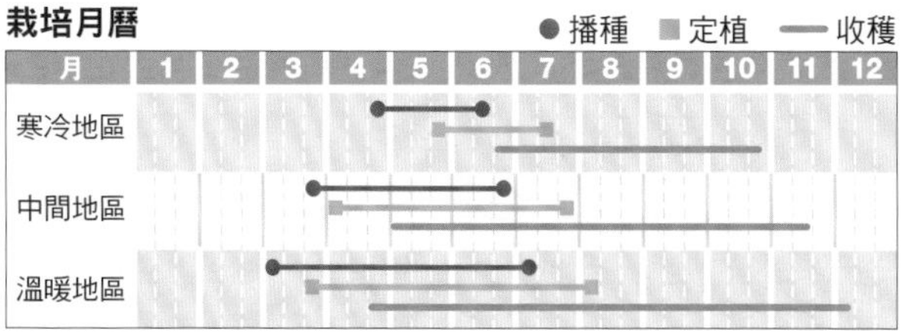

＊若於適當的溫度下栽培，播種後2至3週之後定植，大約2個半月後可進行收成，若品種不同，所需時間也會略有差異。

EGGPLANT
動手種種看！

種植茄子一定要等到不會降霜的季節，因此氣溫低時必須將盆栽放置於可以避開霜害的屋簷下或室內明亮的窗邊，此外因茄子的收成期間長，途中請持續追肥。

1 播種

在穴盤內播種、育苗，參考P.28至P.29。

2 製造栽培土

製作種類B的栽培土，參考P.24至P.25。

3 定植

種苗長出2至3片本葉，且植株的葉片彼此交疊時即可開始定植。

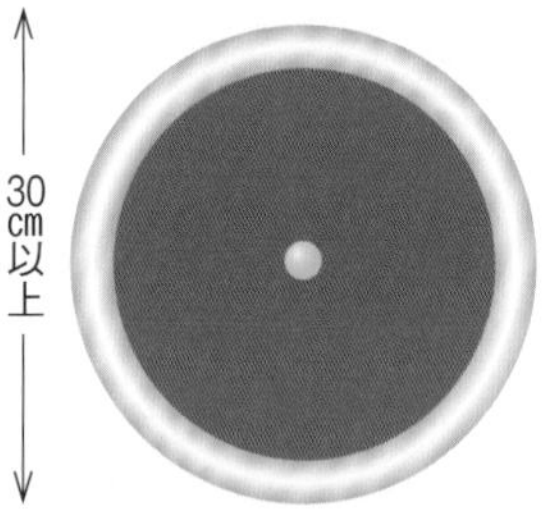

在花盆中央種植一棵植株，參考P.30。

4 單幹雙枝&豎立支架

第一次開花後，僅保留最靠近花朵下方的側芽，摘除其他下方的側芽。第一次結果之後再摘除側芽也可，但是必須在果實長大之前摘除多餘側芽。

保留最靠近第一朵花（第一顆果實）下方的側芽，其他全部摘除。

摘除側芽的植株，剩下來的側芽會長成側枝。

單幹雙枝

[豎立支架]

以長度120cm、直徑11mm的支架架設直立式支架，以防止植株傾倒，再利用麻繩誘引莖部靠近枝架，參考P.32。

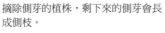

5 第一次收穫

茄子會持續結果，因此必須在果實尚小、表皮柔軟時採收。如此一來，可以減輕植株的負擔，增加收成量。

當第一次開的花開始結果時，表示即將進入收成期。

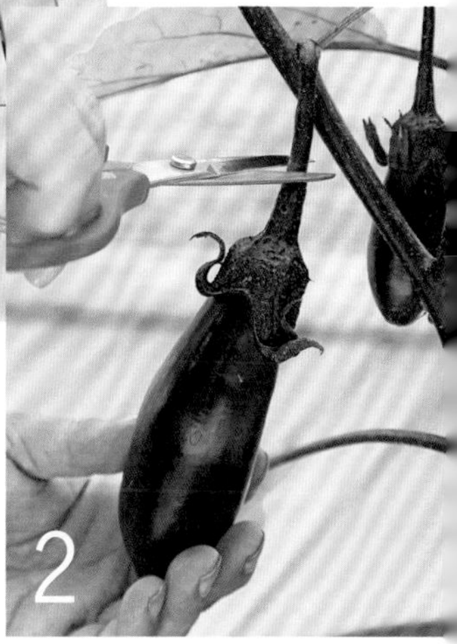

以單手握住果實，另一隻手拿剪刀從靠近枝幹的部分剪下果實，請留心果蒂上的刺。

6 追肥

完成第一次收穫後，則可進行追肥，此外，葉子顏色變差時可參考P.37，追加種類B的肥料。

追加發酵油粕和蝙蝠糞，倒入追肥至完全掩蓋土壤，接著與土壤均勻攪拌，最後澆水促進肥料滲入土壤。

7 收穫

茄子陸續結果，長到該品種可以採收的大小，立即進行收成。

茄子小常識

如何更新修剪？

為了收成渡過夏季而在秋季結果的茄子，必須於七月底到八月上旬（日本地區）剪下一半的主枝與側枝，這樣的修剪方式稱為「更新修剪」。藉由剪去過度密集的莖葉，讓植株回春以便秋季的再次結果，但是盆栽的茄子不會像田間栽培般生長旺盛，長出枝幹也較耗費時間，因此盆栽茄子不需要進行更新修剪，維持原貌即可。

觀察花朵確認茄子的生長狀態

肥料與水分不足、溫度過高或過低不僅會影響葉子，也會反映在花朵的生長情況。

一般茄子花位於中央的雌蕊會比周圍的雄蕊突出，如果雌蕊比雄蕊短就表示生長狀態不佳，必須馬上施肥和澆水，並且將花盆移動至溫度適當之處。

雌蕊比雄蕊短代表生長狀態不佳。

甜椒・辣椒

耐病蟲害，初學者也能不失敗

辣椒蔬菜是，味道不會辣、果實肥大如鐘型的「甜椒」；擁有辛辣味的則是「辣椒」。而「獅子椒」指得是甜椒當中果實的形狀介於甜椒與辣椒之間的品種。

甜椒與辣椒都是陸續結果的蔬菜，特徵為收成量多，基本上耐病蟲害，即使是初學者栽培也很容易成功。

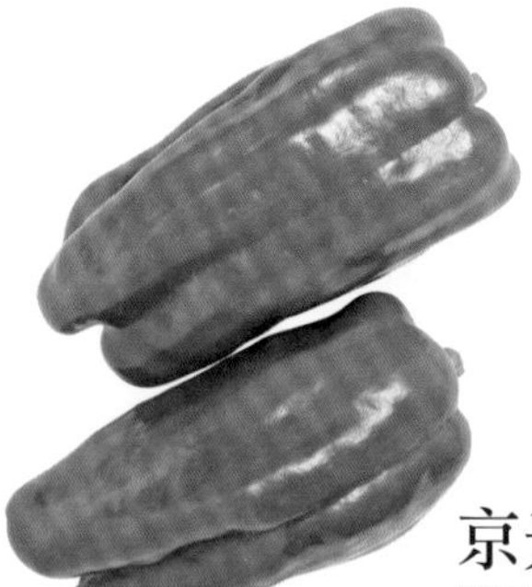

京光

果實為深綠色的中型品種，特色為耐病毒，且氣溫低時果實也能順利肥大，相當好種易栽。

甜椒品種

紅色號角

重量約120g的牛角型菜椒，開花後50至60天即可採收完全成熟的鮮紅果實。特色為糖度高，可達7度至8度。

京綠

外表油亮深綠，果實為中等大小，不管在盛夏還是低溫期都能呈現鮮豔的綠色，特色為果肉少但柔軟美味。

香蕉甜椒

長度10cm至15cm，外型呈香蕉狀。果皮的顏色會隨著成熟的程度而變化為奶油色、黃色、橘色和紅色。

其他推薦品種

翠玉二號

果皮呈深綠色，果實重量約40g，外表美觀，不易產生皺褶，耐高溫乾燥，夏季也能進行栽培。

京波

果實重量約30g，果肉肥厚，產量多，生長能力強，對於乾燥期所造成的臍腐病具有抵抗性。

SWEET PEPPER／CHILI PEPPER

植物的基本資料

科　名：茄科
食用部位：果實、葉子
病 蟲 害：蚜蟲、葉蟎等
生長適溫：25℃至30℃

尺寸大小

植　株：寬60cm、高60cm左右
花　盆：深圓形（容量約15ℓ）

栽培月曆

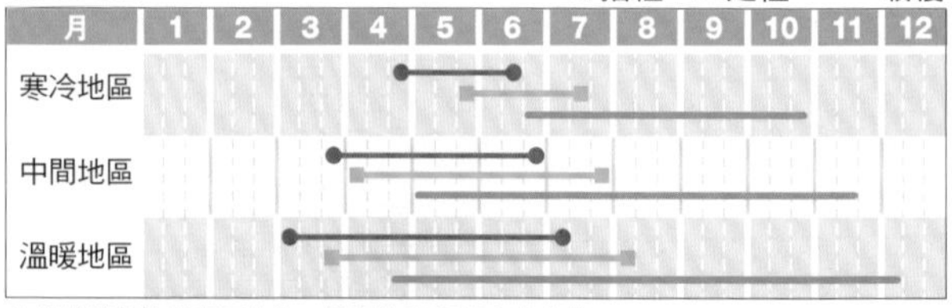

＊若於適當的溫度下栽培，播種後2至3週之後定植，
大約2.5個月之後可進行收成，若品種不同，所需時間也會略有差異。

必須注意兩者不甚耐寒，如果想要種植於室外，必須等到不會降霜之後。另外，為了避免植株負擔過大，必須儘早摘除第一次的果實，之後的收成也不需要等待果實變紅，早期收成較佳。

辣椒的種植方式和甜椒一樣，但是嘗試早期採收的青辣椒之後，也可以等到完全成熟之後再採收紅辣椒。

甜椒和辣椒除了果實之外，葉子也能食用，葉子比果實含有更多的維他命C和胡蘿蔔素，適合油炸、紅燒和煎炒等料理方式。

獅子椒

萬願寺辣椒

日本京都特有的品種，長度約15cm，肉質肥厚，味道甘甜，可應用於各種料理，進行燉、滷、炒、炸皆很美味。

伏見甘長辣椒

日本京都的傳統蔬菜之一，生長能力強且子枝較多，可以長期收成和產量多也是其重要特徵。

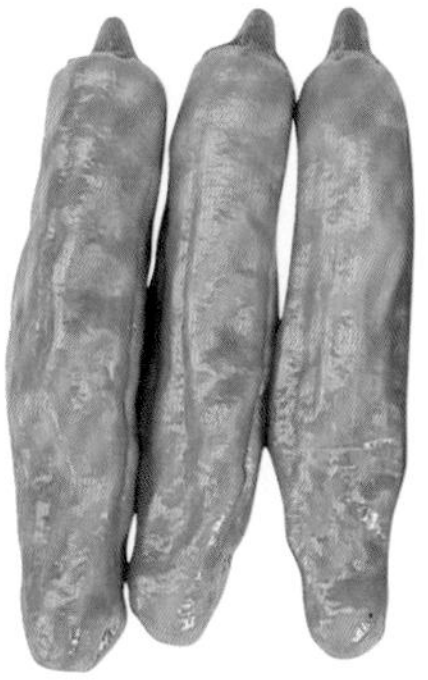

翠臣

早生種，果實呈細長型，表皮為鮮豔的綠色，其特色為產量會隨著植株生長而增加。

辣椒品種

鷹之爪

為日本辣椒的代表品種，果實長度約3cm，成熟後呈現油亮的深紅色，進行乾燥後可為香料使用。

哈瓦那辣椒

原產於墨西哥，果實大小約為2cm至6cm，有超辣的紅色品種和味道稍微溫和的橘色品種。

日光辣椒

果實長度10cm至15cm，屬於長型的果實，特色為細長的身軀。可切成圓片，料理上方便處理，味道中辣，可添加於各種料理。

墨西哥辣椒

原產地為墨西哥，強壯易栽，果肉厚實，味道辣中帶甜，在墨西哥多以醋醃漬後食用。

島辣椒

為沖繩的傳統品種，果實嬌小，長度約1.5 cm。辣度強勁，當地主要用於泡酒或調味。

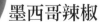

SWEET PEPPER
CHILI PEPPER

動手種種看！

為了避免帶給植株負擔，應當儘早採收。特別是生長初期收成，之後才能長時間享受收穫的樂趣。由於辣椒不耐寒，低溫時必須採取防寒對策，例如將花盆搬入室內等等。

1 播種

參考P.28至P.29，在穴盤內播種、育苗。

2 製造栽培土

參考P.24至P.25，製作種類B的培土。

3 種植種苗

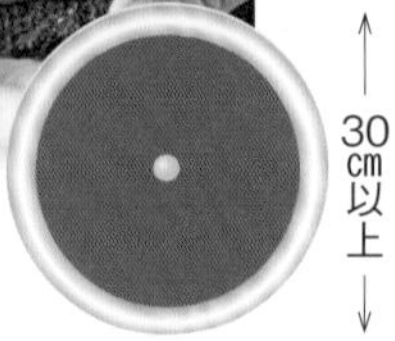

參考P.30，於花盆中央種植一株種苗。

4 摘取側芽

初次花（第一次開的花）綻放之後，馬上摘除花朵下方所有側芽。

摘下初次花以下的所有側芽。側芽就是葉子與莖部之間所長出的芽，用手輕輕一捏就能採下。初次花上方的側芽就繼續保留。

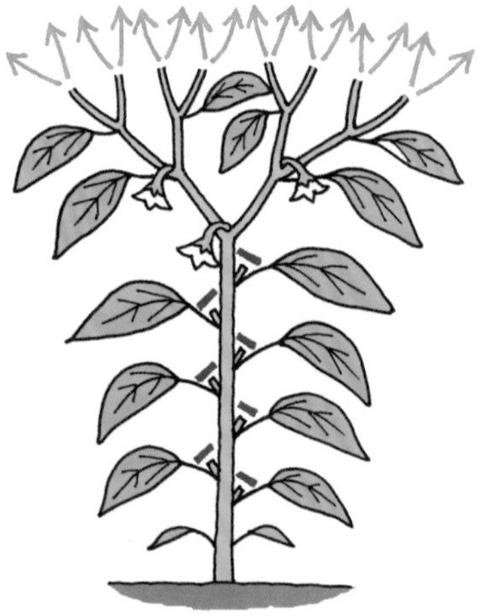

菜椒和辣椒的莖部會在初次花上方分枝，之後也會在每個開花之處分枝成長。

5 豎立支架

枝葉向左右展開後，豎立支架並且誘引植株靠近支架，以免傾倒。

枝葉向左右展開後，參考P.32，以直立式豎立長度80cm的支架，以麻繩固定植株。

6 追肥

葉子顏色變差時（參考P.37），追加種類B的肥料。

7 進行甜椒的第一次摘果

植株尚小時就會第一次結果。為了避免植株負擔過大，結果之後馬上摘果。

第一次的果實應當立即以剪刀剪下，以免帶給植株負擔。

菜椒小常識

維他命C是從甜椒中發現的嗎？

當初其實是匈牙利的學者在甜椒當中發現人體不可或缺的營養素——維他命C。甜椒的維他命C含量為檸檬的2倍，紅色甜椒的大型果實則是檸檬的4.5倍。此外，維他命C雖然不耐熱，但是甜椒當中的維他命C特徵卻是不會因為加熱而流失。因此甜椒在蔬菜當中可說是具備數一數二的營養價值。

甜椒的胡蘿蔔素與維他命C的含量比較

	胡蘿蔔素	維他命C
青色（果實、生食）	400μg	76mg
紅色（果實、生食）	1100μg	170mg
黃色（果實、生食）	200μg	150mg

＊可食部分100g當中，根據第五版日本食品標準成分表所訂。

8 收穫

【紅辣椒】

適合收成的植株狀態。

採收紅辣椒時與青辣椒一樣，使用剪刀小心剪下。收成時從開始變紅的果實依序剪下。

最後一次收成時，連同枝葉一齊剪下，懸掛於通風良好處乾燥，果實便可長期保存。

【青辣椒】

適合收成的植株狀態。

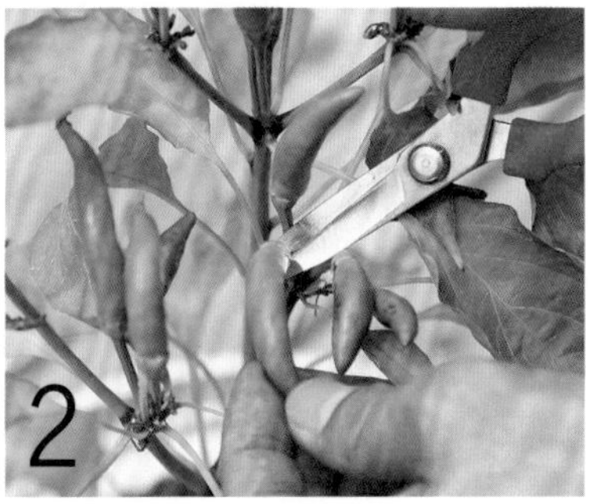

果實長到4cm至6cm之後，依序收割。採收時使用剪刀，小心剪下。

收成後的青辣椒，可以享受清爽的辣味。

菜椒小常識

注意葉蟎

甜椒在乾燥期間容易受到葉蟎危害，受到危害的甜椒莖葉尖端會泛黑蜷縮。不時以噴霧器在葉子兩面噴水以保持濕度，即可避免葉蟎的出現。

【甜椒】

適合收成的植株狀態。

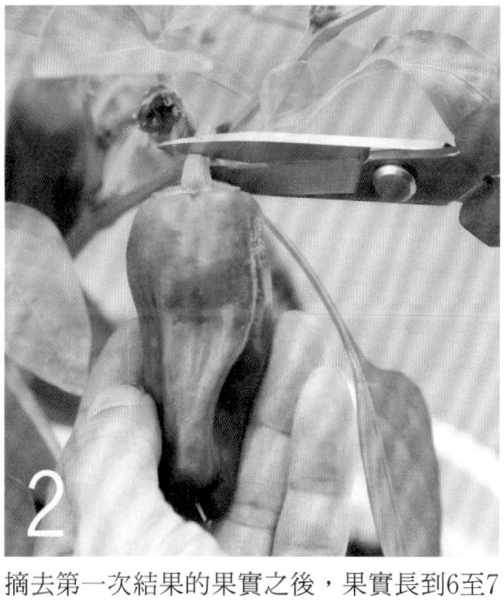

摘去第一次結果的果實之後，果實長到6至7cm（開花15至20天之後），趁果實尚為綠色時收成。之後就算果實轉紅也不要久放，儘早採收為佳。

收成後的菜椒。還是這種綠色時即可收穫。

黃瓜

挑選適合盆栽的品種！

黃瓜的生長狀態為一路伸長至高大支架的頂端，葉子茂密之後結果。田間栽種時會促進植株成長，進行摘心與整修枝幹，讓母蔓和子蔓都能結果。不過盆栽不需要費這麼多工夫，也能大量收成。

黃瓜的品種據說高達四百多種，除了以有無刺狀突起區別之外，還有許多日本當地代代相傳的傳統品種。

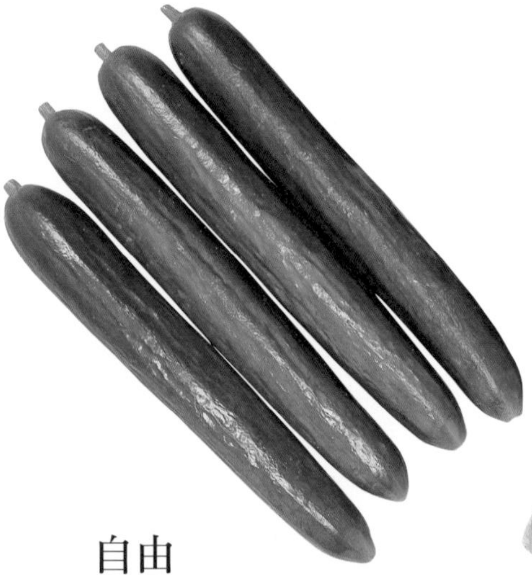

自由

外表無疣狀突起，母蔓節成性高，耐病害，味道微甜，口感爽脆。

節成性一般型

此種黃瓜可種植於盆栽，著果於母蔓。

相模半白節成

表皮半白的代表品種，水嫩清脆，適合作成沙拉。

北進

白刺系品種，口感爽脆，從生長初期就會開始結果。

其他推薦品種

聖護院青長節成小黃瓜

春季節成性小黃瓜的代表品種，耐病易栽。

夏秋節成

耐病易栽，外表鮮綠，水嫩甜度高。

好成

耐熱耐寒又耐病，易栽好種，而且可以長期收成。

盆栽應當挑選不需保留子蔓，母蔓也能結實纍纍的「節成性母蔓著果型」（參考P.57）。這種黃瓜的母蔓莖節（葉柄的底部）能綻放許多雌花而結果，便於控制植株大小。

另一個重點是豎立塔式支架。如此一來，只要進行澆水與追肥的一般管理，就能輕鬆栽培且大量收成了。

迷你型

長度約10cm的嬌小果實，節成性品種多。

Mini Q

每個莖節都會綻放複數的花朵，結果成串，可口美味，除了生食之外也能醃漬、炒、烤。

醃黃瓜太郎

雌花的著果率為百分之百，每個莖節都能採收2至3顆果實，肉質細密，適合製作醃小黃瓜等醬菜。

其他推薦品種

拉里諾

每個莖節都能結果成串，一棵植株可以收成50至60顆果實，微甜水嫩，口感爽脆，特色是對白粉病具有抵抗性。

拇指姑娘EX

口感爽脆，可口美味的圓柱型迷你小黃瓜。果皮光滑，刺小量少。

子蔓著果性一般型

結果於子蔓的品種，必須配合成長的狀態摘心。

V拱

黃瓜容易罹患花葉病和白粉病，但是V拱對於此類疾病具有抵抗性，易栽好種，職業農夫或一般家庭皆可輕易栽培。

其他推薦品種

綠光

耐霜霉病和白粉病，能適應高溫乾燥、日照不足和過度潮濕等不良天候，結實纍纍，味美可口。

夏涼

家庭菜園的蔬菜在高溫期容易染上霜霉病和白粉病，但是夏涼種對於此兩種疾病具備抵抗性，健壯易栽，適合一般家庭種植。

枝成王子

耐霜霉病和白粉病，結實大小一致，顏色鮮豔，口感味道具佳。

四葉系

四葉系果皮滿布深溝，嚐起來清脆爽口。

四川

香氣四溢，口感爽脆，為黃瓜的人氣品種，外型刺多皮薄，果肉厚實，適合各種烹調方式，可作為沙拉、醬菜和炒菜食用。

其他推薦品種

巴爾馬

母蔓結實纍纍，從栽培初期就能經常收成，口感爽脆多汁。

味珊瑚

四葉系的人氣品種，長到26cm左右即可收成，美味可口，口感爽脆。

CUCUMBER

動手種種看！

栽種的重點在於豎立塔式支架，使得藤蔓可以自然攀爬，由於黃瓜會陸續結果，一開始收成就要注意肥料是否足夠，並時時追肥。

1 播種

在穴盤內播種、育苗，參考P.28至P.29。

2 製造栽培土

製作種類B的栽培土，參考P.24至P.25。

3 定植

長出2至3片本葉之後，即可定植。

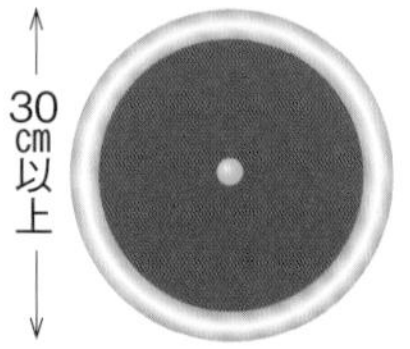

於花盆中央種植一株種苗，豎立塔式支架後再行定植亦可，參考P.30。

4 豎立支架

定植時順便豎立塔式支架，以雪吊方式垂掛麻繩，好讓長出的藤蔓纏繞麻繩而上，豎立支架的方式，參考P.34。

豎立支架，垂掛完麻繩的狀態，接著移動至日照充足的地點栽種。

黃瓜小常識

為什麼叫黃瓜？

黃瓜雖然日本漢字寫作「胡瓜」，其實又稱為「黃瓜」，黃瓜完全成熟後，瓜皮會變成黃色，因此我們平常食用的果實是尚未成熟的果實。

5 誘引藤蔓

將藤蔓的頂端誘引至事先垂掛的繩子內部，讓藤蔓往上生長。

定植兩星期之後，植株成長至母蔓大幅度突出支架。

以手支撐麻繩，將藤蔓壓回麻繩內側。

CUCUMBER

植物的基本資料

科　　名：葫蘆科
食用部位：果實
病 蟲 害：白粉病、黃守瓜、潛蠅、葉蟎等
生長適溫：25℃至30℃

尺寸大小

植　　株：寬30㎝、高150㎝左右
花　　盆：深圓形（容量約15ℓ）

栽培月曆

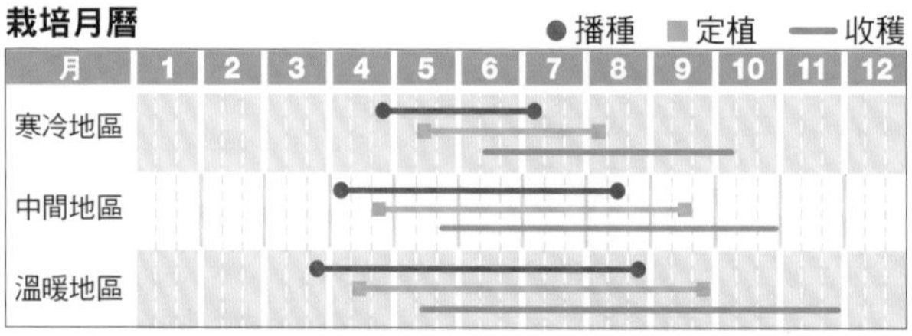

＊若於適當的溫度下栽培，播種到定植約10天，播種到收穫約2個月，若品種不同，所需時間也會略有差異。

6 第一次收穫

定植一個月之後會出現第一次結果的果實，必須儘早採收，待長出的果實長到20cm左右即可開始收成。

雖然根據品種而時間略有不同，不過一般第一次開花之後到採收第一次結果的果實大約是7至10天。

第一次結果的果實，雖然還小，不過必須在15cm左右時就採收。

7 收穫

節成性品種每個莖節都會開花，之後陸續結果。以剪刀從果實頂端剪下收成。

果實會陸續出現，若果實過大會帶給植株負擔，長到20cm即必須頻繁地採收。

8 追肥

開始收成之後，葉子顏色變差時（參考P.37），追加種類B的肥料，如此一來就能長期收穫。

開花到收成為10至14天，黃瓜果實每天成長3cm左右，因此必須頻繁收割。

黃瓜小常識

「節成性母蔓著果型」和其他品種有何不同？

黃瓜之類的葫蘆科蔬菜若為每個莖節都雌花結果的品種，稱為「節成性」。

「節成性」又分為主要著果於母蔓的「節成性母蔓著果型」和母蔓與子蔓皆會著果的「節成性母蔓與子蔓著果型」。母蔓著果型的品種，必須先讓母蔓生長，才能使每個莖節結果。

此外，雌花只出現於部分莖節的稱為「部分節成性」，又分為母蔓與子蔓皆會著果的「部分節成性母蔓與子蔓著果型」和主要著果於子蔓的「部分節成性子蔓著果型」。

如果採用盆栽，建議栽種植株不會橫向發展，著果於母蔓每個莖節的「節成性母蔓著果型」。

【節成性母蔓著果型】

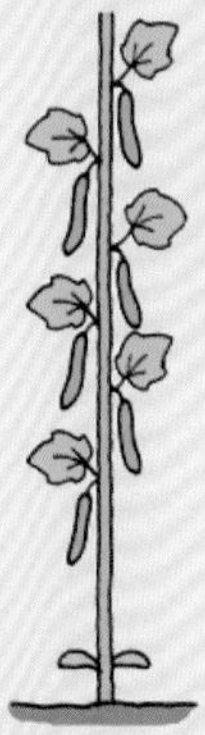

著果於母蔓的每個莖節。

【節成性母蔓與子蔓著果型】

著果於母蔓與子蔓的每個莖節。

【部分節成性母蔓與子蔓著果型】

著果於部分的母蔓與子蔓。

【部分節成性子蔓著果型】

主要著果於子蔓，只有部分子蔓結果。

南瓜（迷你種）

令人愉悅的鬆軟口感，為黃綠色蔬菜的代表

南瓜富含胡蘿蔔素和維他命此種營養素，據說冬至食用南瓜就不會感冒。

原產於中南美洲，日本戰國時代由葡萄牙的船隻帶進日本。因此日文稱為「カボチァ」，其源由來自葡萄牙文。

如果想以盆栽方式種植，建議種植迷你南瓜，豎立支架使植株往上生長，就不會占空間，一棵植株可以採收1至2顆果實。

果菜類

普契尼

為觀賞用南瓜中相當受歡迎的品種，除了可以當作萬聖節的裝飾之外，味道也非常濃郁美味，果實重量為200g至300g。

可鈴奇

鮮豔的黃色表皮，外型似洋蔥，口感爽脆，適合醃漬或作成沙拉生食，果實重量為500g至1kg。

栗坊

果實成扁平的橢圓形，果皮上散布黑綠色的斑點，果肉為鮮豔的橘黃色，鬆軟甘甜，果實重量為500g至600g左右。

暖姬

果皮為深綠色，帶有淡綠色的條紋，果肉細緻，口感鬆軟，非常甘甜，果實重量為600g至800g。

貝布瑞德

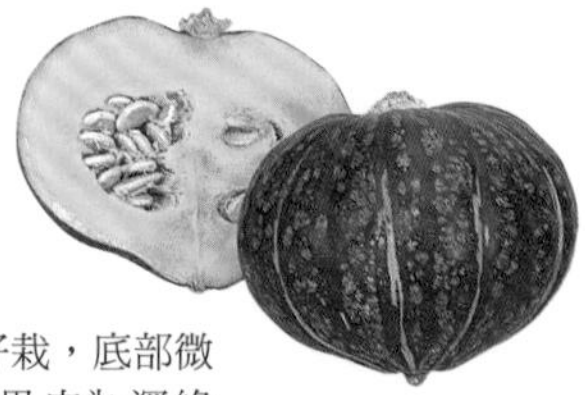

生長能力強，易種好栽，底部微凸，外型似陀螺，果皮為深綠色，果肉為深黃色，果實重量為600g左右。

神田小菊

近年來日漸減少的日本南瓜的新品種，具備日本南瓜的黏稠口感，非常甘甜，果實重量為800g至900g左右。

白坊

果皮為淡灰白色，果肉為淡黃色，果實重量為400g左右，可久放，口感鬆軟。

奶油南瓜

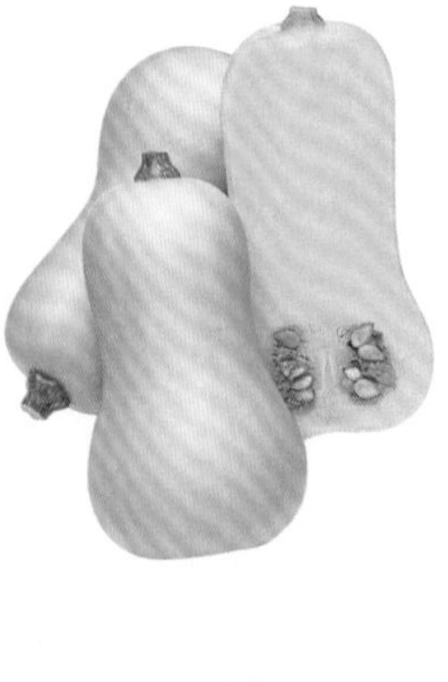

葫蘆型的果實，果皮為細緻光亮的黃褐色，肉質綿密，果實重量為800g左右。

南瓜小常識

南瓜放久了真的會變甜嗎？

大型南瓜在收成之後，可以放置於陰涼處數週到1個月進行後熟，此時澱粉會轉變為糖分，因而變得更為甘甜。迷你南瓜會在完全成熟後採收，接著進行1週至10天的後熟，最後放置於通風良好處1星期左右風乾，可以保存1至2個月。

PUMPKIN
動手種種看！

為了培育完全成熟的碩大果實，基本上1枝只保留1顆果實，修剪枝幹，調整為單株雙枝（保留主枝和1枝側枝），保持1棵植株只結2顆果實。

1 播種

在穴盤內播種、育苗，參考P.28至P.29。

2 製造栽培土

製作種類B的培土，參考P.24至P.25。

3 定植

長出本葉，即可定植。

於花盆中央種植一株種苗，參考P.30。

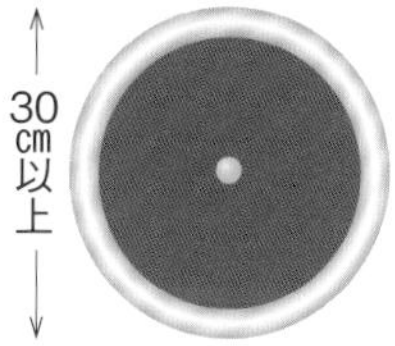

4 修剪枝幹

母枝長出側芽，之後就會形成子枝。摘除不需要的側芽，調整為單枝雙幹的狀態。

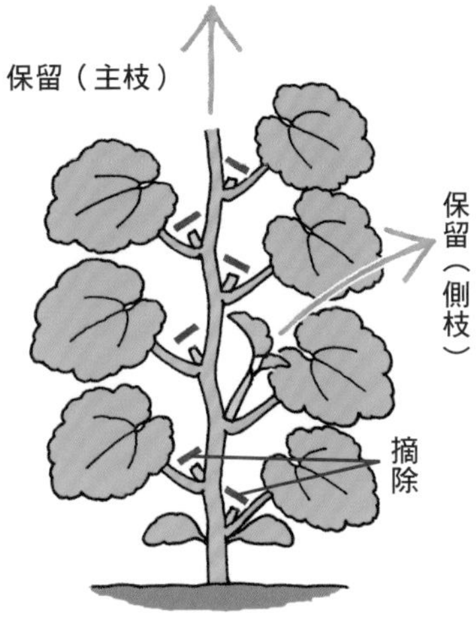

保留下方數來第5至第6節的健康側芽，其餘全數摘除。

5 豎立支架

豎立塔式支架，以雪吊方式垂掛麻繩，參考P.34。

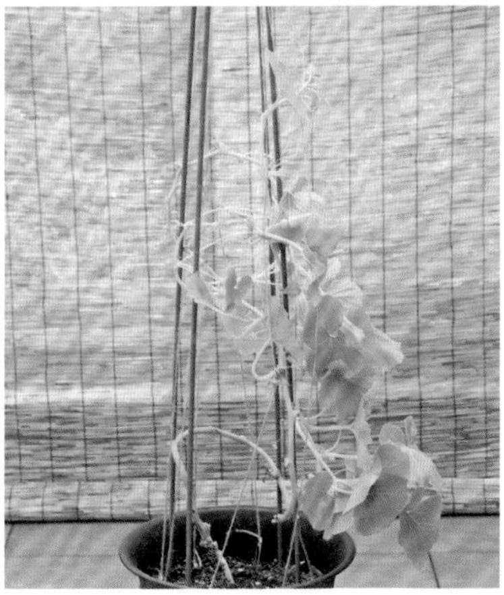

藤蔓以螺旋狀纏繞支架四周。

6 摘果

開始結果的狀態，位於雌花基部的花房開始膨脹，代表開始結果，主枝和側枝各保留一顆果實，其餘全部摘除（摘果）。

7 追肥

葉子顏色變差時（參考P.37），追加種類B的肥料。

8 保護果實

果實成長之後必須使用套網支撐。

以繩子將套網兩端固定於支架上，將果實放入套網所形成的吊床以支撐果實的重量。

9 收穫

果蒂的部分開始形成軟木質代表可以採收，不得過早收成。

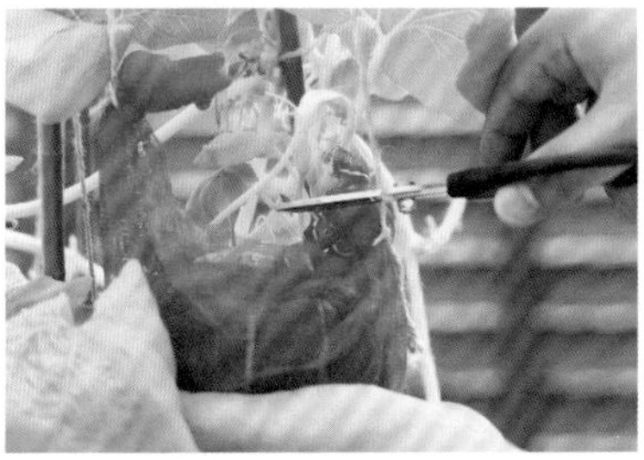

以剪刀從果實頂端剪下收成。

PUMPKIN

植物的基本資料
科　名：葫蘆科
食用部位：果實
病蟲害：白粉病、黃守瓜、蚜蟲等
生長適溫：25℃至30℃
尺寸大小
植　株：寬80至120cm、高100cm至150cm
花　盆：深圓形（容量約15ℓ）

栽培月曆

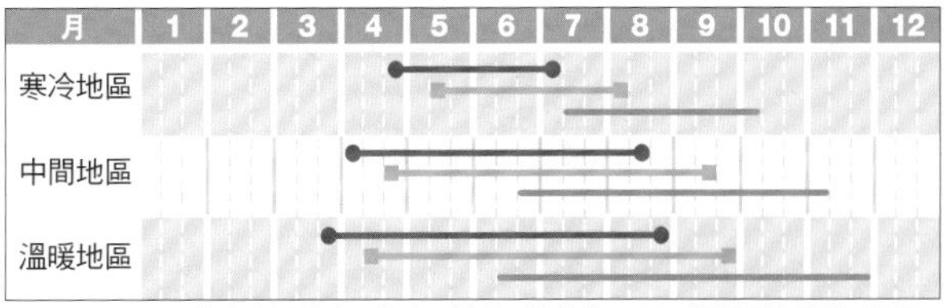

＊若於適當的溫度下栽培，播種到定植約10天，播種到收穫約3個月，若品種不同，所需時間也會略有差異。

苦瓜

獨特的苦味可促進食欲 為有益健康的夏季蔬菜

苦瓜的日文古名為「蔓荔枝」，因獨特的苦澀味可以促進食欲，且有防止中暑的功效。此外，苦澀的成分還能降低血糖與血壓，可說是夏季有益健康的蔬菜代表。

只要日光充足，陽台與庭院都是適合種植的地點。讓藤蔓攀爬於住宅的牆面或窗邊，就是現在大受歡迎的植物窗簾。

苦瓜小常識

苦瓜沒有雌花嗎？

苦瓜是雄花與雌花分開的雌雄異花，一開始綻放的是不會結果的雄花，雌花綻放的時候根據地點而有所不同，日本中部地區為七月下旬至八月後開花最盛。雌花晚開並非發育不良，請耐心等候。

果菜類

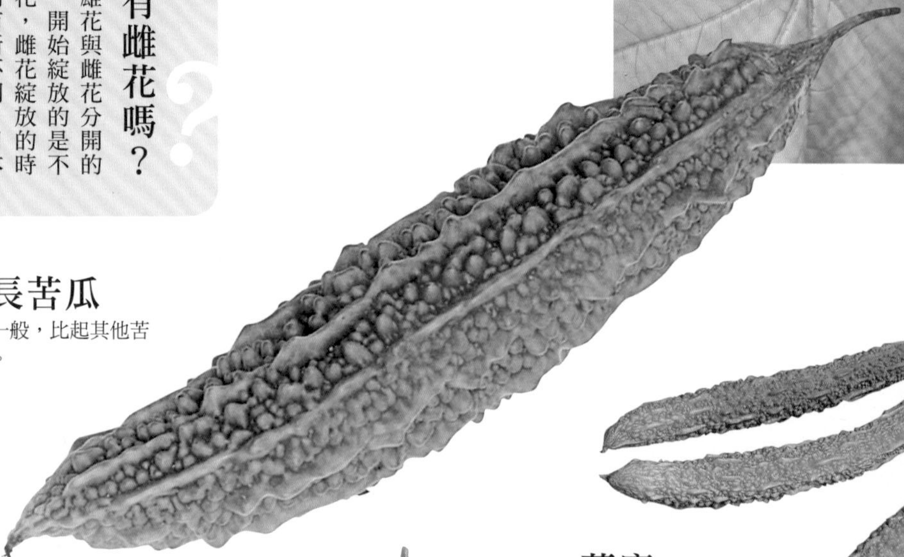

中長苦瓜

大小一般，比起其他苦瓜苦。

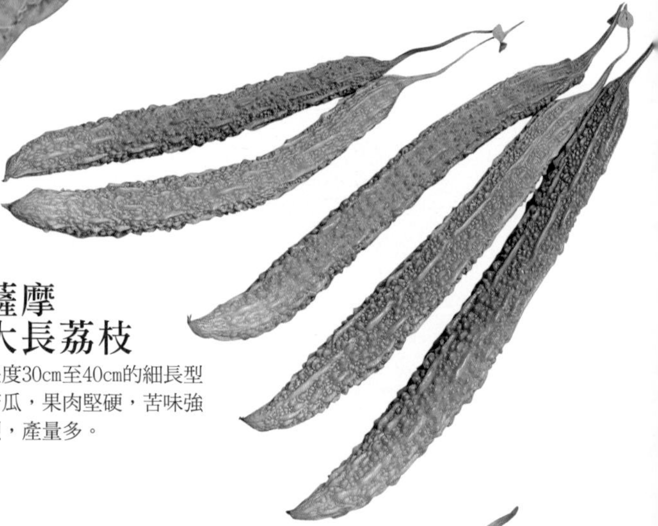

薩摩大長荔枝

長度30cm至40cm的細長型苦瓜，果肉堅硬，苦味強烈，產量多。

網走苦瓜

長度為20cm至25cm，屬於沖繩當地的品種，苦味淡，方便烹調。

白苦瓜

果實白皙，肉厚水嫩，大多比一般品種苦味淡，適合作成沙拉生食。

BALSAM PEAR

植物的基本資料

科　　名：葫蘆科
食用部位：果實
病 蟲 害：蚜蟲等
生長適溫：25℃至30℃

尺寸大小

植　　株：寬50cm至60cm、高150至180cm
花　　盆：方桶型（容量約20ℓ以上）

栽培月曆

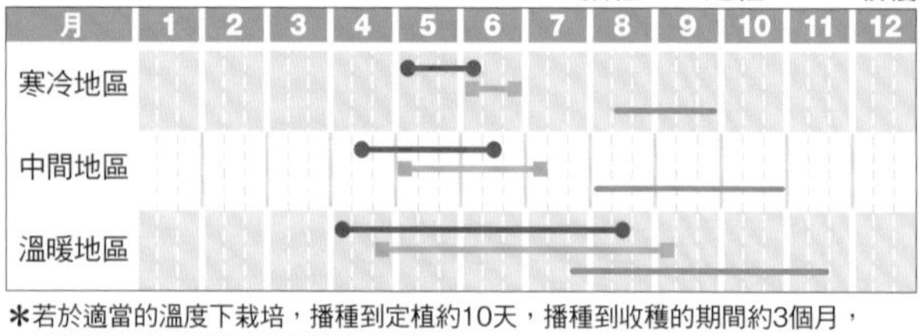

＊若於適當的溫度下栽培，播種到定植約10天，播種到收穫的期間約3個月，若品種不同，所需時間也會略有差異。

BALSAM PEAR

動手種種看！

天氣越熱，苦瓜的生長情況越好。盆栽容易土壤乾燥，因此一天必須澆水一到兩次。此外，養分一短缺便會影響結果的大小，只要葉子顏色變差就必須馬上追肥。

1 播種

在穴盤內播種、育苗。苦瓜的發芽率不高，多播點種子比較安心，參考P.28至P.29。

2 製造栽培土

製作種類B的栽培土，參考P.24至P.25。

3 定植

植株長出2至3片本葉即可定植。

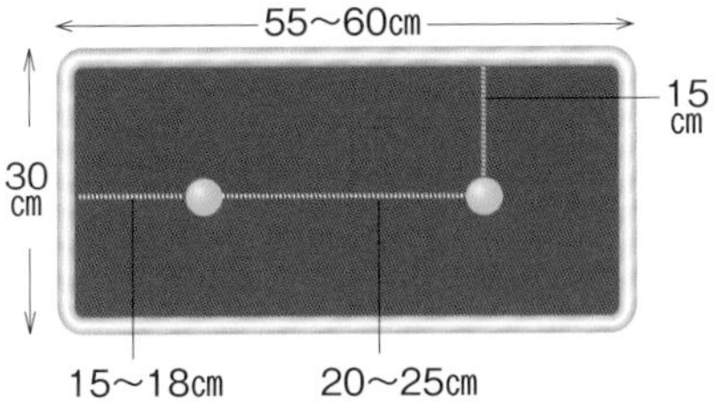

種植2株種苗，間距為20cm至25cm，請參考P.30植苗，。

4 豎立屏風式支架

藤蔓不只會往上，母蔓（主蔓）還會長出子蔓（側蔓）和孫蔓，往橫向發展。架設園藝用的網子，誘引藤蔓攀爬，定植後數星期內必須豎立支架。

[架設方式]

豎立支架與架設園藝用的網子，形成屏風式的支架，參考P.36。

5 追肥

葉子顏色變差時（參考P.37），追加種類B的肥料。

6 摘心

主蔓的高度超過園藝用網子的高度時，剪去主枝頂端。

剪下主枝頂端，進行摘心，側枝會更枝繁葉茂。

7 收穫

果實大小依照品種而有所不同，中長型的果實長到20cm至25cm即可採收。

以剪刀從果實頂端剪下收成。

苦瓜小常識

苦瓜的果實會變成黃色嗎？

苦瓜其實是在果實尚未成熟即進行採收。如果放置過久，果實便會變成黃色。這代表果實已經完全成熟，不會苦澀。但是表皮也因此容易破裂，難以食用。此外，內部的種子也完全成熟，附近的膠質全部化為紅色。果實成熟至此，會帶給植株非常大的負擔。因此想要採收多一點的果實，就必須儘早收成。

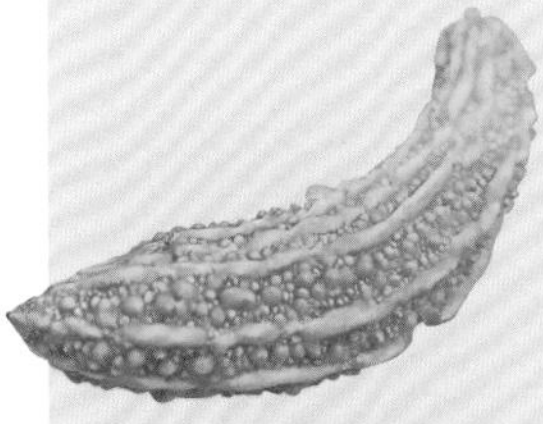

苦瓜表皮變黃的模樣。

絲瓜

出現纖維質前採收，可以煮湯和炒煮食用。

絲瓜在沖繩稱為「ナーベラー」，果實略帶黏液與苦味，多半以味噌調味炒煮或煮湯等。趁果實長出堅硬的纖維質之前採收即可烹調食用。

生長勢旺盛，枝葉茂密，和苦瓜一樣可以利用園藝用網子誘引，形成遮陽的植物窗簾。

動手種種看！

1 播種

在穴盤內播種、育苗，參考P.28至P.29。

2 製造栽培土

製作種類B的栽培土，參考P.24至P.25。

3 定植

植株長出3至4片本葉，穴盤下方可以看到白色根部代表可以定植。

種植3棵植株，間距25cm，參考P.30。

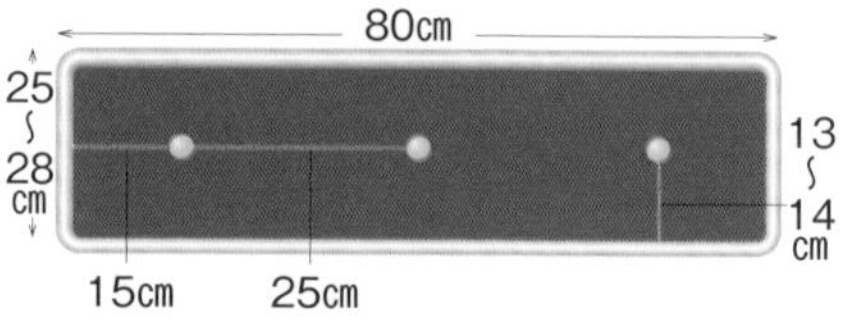

4 架設網子

絲瓜的藤蔓不只會往上，母蔓（主蔓）還會長出子蔓（側蔓）和孫蔓，往橫向發展。架設園藝用的網子，誘引藤蔓攀爬，定植之後2至3周即須架設網子。

植株長到20cm前架設園藝用網子，將藤蔓的頂端纏繞於網子。網子的架設方式請參考P.36，設立為屏風式。除此之外，也有類似圖中將網子下方固定於花盆上，上方固定於屋簷的架設方式。

SPONGE GOURD

植物的基本資料

科　名：葫蘆科
食用部位：果實
病蟲害：蚜蟲等
生長適溫：25℃至30℃

尺寸大小

植株：寬50cm至60cm、高150至180cm
花盆：大型（容量35ℓ）

栽培月曆

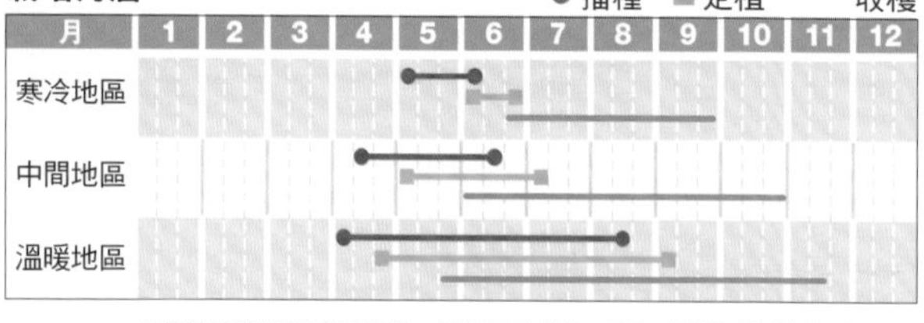

＊若於適當的溫度下栽培，播種到定植約10天，播種到收穫約2個月，若品種不同，所需時間也會略有差異。

5 摘心

植株長到50cm時，剪下主枝的頂端（摘心），促進側枝的生長。

以剪刀剪下主蔓第2段莖節以上的部分。

3棵植株全部進行摘心後的狀態。

6 追肥

葉子顏色變差時（參考P.37），追加種類B的肥料。

7 收穫

果實必須在新鮮時採收，置之不理會導致果實內部纖維硬化而無法食用。

開花一到兩週之後，果實會長到25cm至30cm，代表可以採收。

以剪刀從果實頂端剪下採收。

完全成熟之後的絲瓜摸起來軟綿綿的，代表可以採收作為絲瓜絡。

絲瓜小常識

食用之外的價值

首先採收絲瓜水，作為化妝水。收成之後從地面往上30 cm處剪下主蔓，將基部的藤蔓末端插入1.8 ℓ的瓶中一晚，就能收集到一整瓶的絲瓜水。

此外，結果後放置40至50天，等待果實內部出現纖維，完全成熟之後才採收，洗去果肉與種子就是絲瓜絡（作法參考下述說明）。

盛水的容器中放入絲瓜，以紅磚等重物壓住絲瓜。

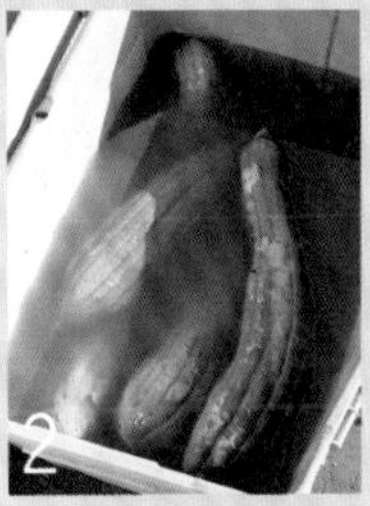

放置1個月，待果肉完全腐爛。（腐爛會產生惡臭）

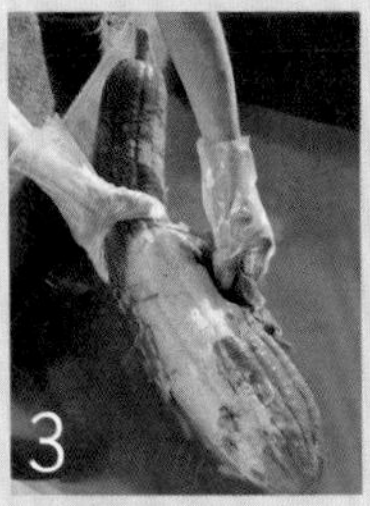

仔細地去除果肉，留下纖維部分。

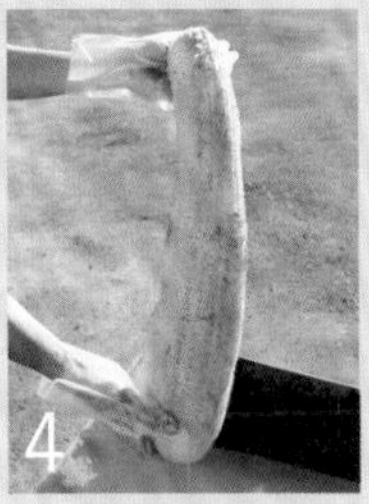

清除果肉之後，放置於日照充足、通風良好之處乾燥。

1個月之後就能完全乾燥，絲瓜絡即大功告成。

西瓜（迷你種）

爽口多汁，味美甘甜，是最能代表夏季的風物詩

把剛剛摘下的西瓜放進冰箱，大口咬下切好的西瓜。西瓜的甘甜是夏天的味道。自行栽種可以和家人親友一同分享夏季收穫的喜悅。

西瓜原產於非洲熱帶的草原與沙漠地帶，日本也是自古以來就開始栽

新小玉

果皮的條紋清晰明顯，深黃色的果肉非常甘甜，職業農夫與一般家庭都非常喜愛的品種。果實重量為1.8kg至2kg。

紅雫

紅色的果肉貼近果皮，味道甘甜，低溫時也容易著果，不易裂果，易栽好種。果實重量2.5kg 至2.8kg。

紅小玉

鮮紅色的果肉口感滑順，味道鮮美，皮薄爽口，風味絕佳，果實重量大約2kg。

黑色炸彈

渾圓的形狀和黑色光澤的深綠色表皮令人印象深刻，深紅色的果肉甘甜略硬，保存期限長，果實重量為2.5kg至3kg。

種。西瓜的種類眾多，例如果肉又分紅黃，果皮也可分為條紋的有無，大玉或小玉等等。

　盆栽西瓜時，建議種植小玉品種，豎立支架使植株往上生長，確保一棵植株可以收成一顆果實。如果想貪心地一次收成兩顆果實，可能會導致兩顆果實都無法長大，栽種時務必要摘果。

西瓜小常識

確保收成的訣竅！

　西瓜的母蔓（主枝）長出側芽之後，會形成子蔓（側枝），子蔓過多會導致養分分散，果實無法成長。

　以花盆栽種時採取雙枝，也就是母蔓之外只保留一根子蔓的栽種方式。讓母蔓與子蔓各結一顆果實，等到果實稍大就摘掉生長狀態不佳的果實（摘果），讓留下來的果實長大，如果太早決定保留的果實，失敗了反而毫無收成。如果植株和兩顆果實的狀態都非常良好，可以保留兩顆果實。

金之蛋

果肉緊實，香氣四溢，美味可口。不易裂果，好種易栽，果實重2.5kg至3kg。

KAMEHAMEHA

外表為枕頭般的橢圓形和寬條紋，果肉略硬，口感滑順。不易裂果，可長期保存。果實重量為3kg至3.5 kg。

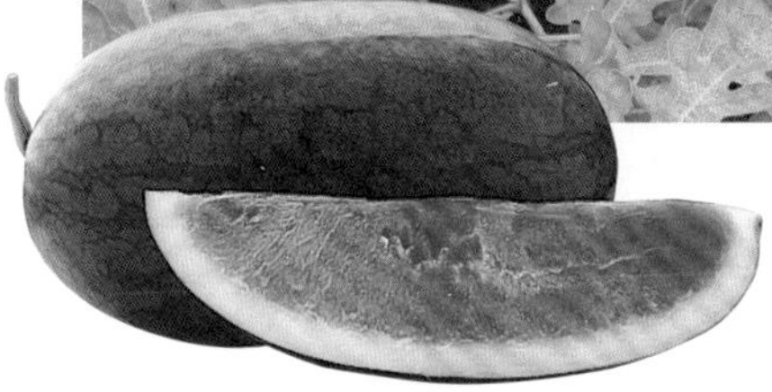

銀之蛋

油亮的黑綠色果皮，形狀細長橢圓，果肉甘甜清脆，生長能力強，好種易栽。果實重量為2.5kg至3kg。

迷你太陽

渾圓鮮黃的果皮和紅色的果肉形成美麗的對比，口感滑順，美味可口。果實重量為1.8 kg至2.5kg。

蜜哲特

鮮黃色的果肉纖維質少，口感細緻。風味獨特，美味可口，果實重量大約2kg。

紅小玉拉希爾

橄欖球的外形和鮮豔的條紋，果肉口感滑順，味道甘甜，果實重2kg至2.5kg。

黃小玉西瓜

皮薄肉細，感受不到纖維質。特徵是鮮黃色的果肉和多汁的甘甜，果實重量大約1.7kg。

夏日橘色寶貝

果肉細密，呈現鮮豔的橘色。甘甜清爽，少子容易入口。重量約2kg。

動手種種看！

定植之後會陸續長出側芽，保留所有側芽會導致養分無法供給所有果實。因此只留下一支側芽，調整為雙枝的狀態，葉子的顏色變差就必須馬上追肥，果實才能長大。

1 播種

在穴盤內播種、育苗，參考P.28至P.29。

2 製造栽培土

製作種類B的栽培土，參考P.24至P.25。

3 定植

長出本葉，與隔壁的植株葉片互相交錯時即可定植。

於花盆中央種植一株種苗，參考P.30。

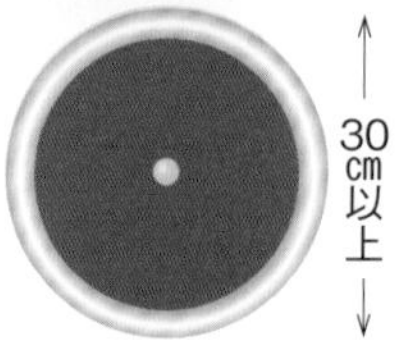

4 豎立支架

豎立塔式支架，以雪吊方式垂掛麻繩，參考P.34。

5 修剪枝幹

母蔓（主枝）長出側芽，之後就會形成子蔓。摘除不需要的側芽，調整為雙枝的狀態。

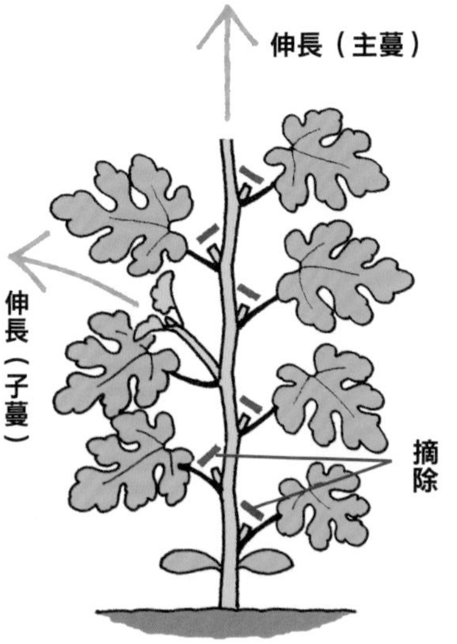

保留下方數來第5至第6節的健康側芽，其餘全部摘除。

6 追肥

葉子顏色變差時（參考P.37），追加種類B的肥料。

7 誘引藤蔓

長出藤蔓之後隨時誘引至支架和麻繩上。

讓藤蔓纏繞於支架與麻繩上。

生長1個月後的植株，藤蔓已經生長到突出支架的地步。

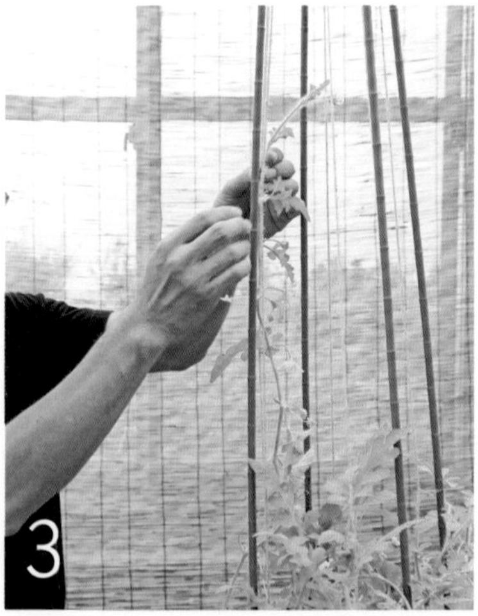

隨時誘引藤蔓纏繞麻繩，調整每片葉片都能接受日照。

WATERMELON

植物的基本資料

科　　名：葫蘆科
食用部位：果實
病 蟲 害：白粉病、黃守瓜、夜盜蟲、葉蟎、蚜蟲等等
生長適溫：28℃至32℃

尺寸大小

植　　株：寬80cm至120cm、高100cm至150cm
花　　盆：深圓形（容量約15ℓ）

栽培月曆

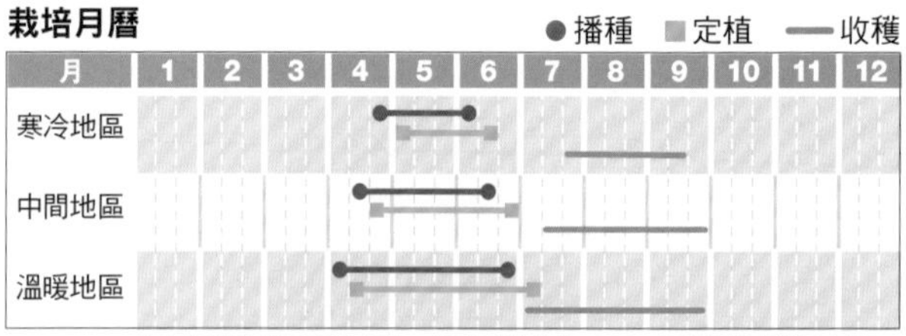

＊若於適當的溫度下栽培，播種到定植約10天，播種到收穫約3個月，若品種不同，所需時間也會略有差異。

8 摘果

雙枝的母蔓和子蔓如果出現多顆果實，摘除多餘的果實（摘果），一根藤蔓上僅保留一顆果實。

9 保護果實

果實長大之後碰觸土壤會導致受傷，必須以套網包覆果實，固定於支架上以支撐果實的重量。如果植株上出現兩顆果實，摘下一顆果實。

果實的大小約壘球大。摘果僅保留一顆果實的同時，固定套網以支撐果實的重量。

套網兩端以麻繩固定於支架，將果實放入吊床狀的套網中，支撐果實的重量。

10 收穫

開花30至50天就能收成。雖然根據品種而時間略有不同，請確認種子包裝上的說明。

以剪刀從果實的頂端剪下收成。

西瓜小常識

西瓜不需要人工授粉嗎？

西瓜的花朵分為雄花與雌花，需要授粉才能結果。農夫為了確保所有花朵必定會結果而進行人工授粉，然而一般家庭使用花盆栽種時只要有花朵授粉成功就能出現一顆果實，因此不須刻意進行人工授粉。只要是蜜蜂等昆蟲會來訪的環境，自然就會授粉。

雄花沒有子房。

雌花的子房鼓起，一眼就能分辨。

毛豆

栽種成功的祕訣在於挑選品種與施肥的方式！

毛豆的栽培期間越長，栽種越困難，挑選栽種期間短暫的早生種，較不易失敗。此外，不需要給與毛豆太多養分！眾多的豆類蔬菜與名為「根瘤菌」的細菌共生，因此給予過多氮肥會造成「光長枝葉不結果」或「結了果莢，果實卻無法飽滿」的狀態。只要把握這兩點，就能收成大量的毛豆。（註：「茶豆」為毛豆的一種，種皮呈茶褐色，有芋頭香味。）

乙名姬

普通種卻蘊含茶豆甘甜濃厚的味道，因此大受歡迎，植株強壯，產量多，適合種植於家庭菜園。早生種，播種之後80天即可收成。

其他推薦品種

奧原早生

極早生種，果莢大又多，播種後70天即可收成。果實甘甜，產量多，植株高度多為50cm，袖珍的體型正適合盆栽。

一般種類

湯上娘

中早生種，如同茶豆般的香氣引人矚目，蔗糖含量多，因此味道甘甜。果莢中多半有3粒果實也是其魅力之一。

黑豆

早生黑大豆

毛豆用的黑豆，美味可口。特徵是包含三粒果實的果莢連成一串。播種後80至90天即可收成，一般家庭也能輕鬆種植。

快豆黑頭巾

黑豆獨特的甘甜特別明顯，中早生種，播種後80天即可收成，易栽好種，適合一般家庭栽種。

其他推薦品種

單黑

植株略矮，為50cm到60cm。果莢多包含三顆果實，香味濃郁。屬於黑豆中的早生種，播種後八十到八十五天即可收成。註：「茶豆」是毛豆的一種，種皮外表茶褐色，有芋頭香味。

夏之夕

茶豆獨特的風味、鬆軟的口感，因產量豐盛而大受歡迎。早生種，播種後79天即可收成。

其他推薦品種

快茶

超極早生種，播種後約77天即可採收，風味濃厚美味，結實纍纍，最適合家庭菜園。

茶豆

茶福

早生種，播種後80至85天即可採收。生長能力強，含有三粒果實的果莢如同鈴鐺，易栽好種。味道甘甜，風味獨特，美味可口。

VEGETABLE SOYBEAN

動手種種看！

挑選栽培期間短暫的早生種，注意施肥的份量少於其他蔬菜。如此一來，便能成功地栽培出大量美味的毛豆。

1 播種

在穴盤內播種、育苗，參考P.28至P.29。

2 製造栽培土

製作種類D的栽培土，參考P.24至P.25。

3 定植

長出一片本葉之後，即可定植。

於花盆中種植12棵種苗，每列間隔5cm，植株間距15cm，參考P.30。

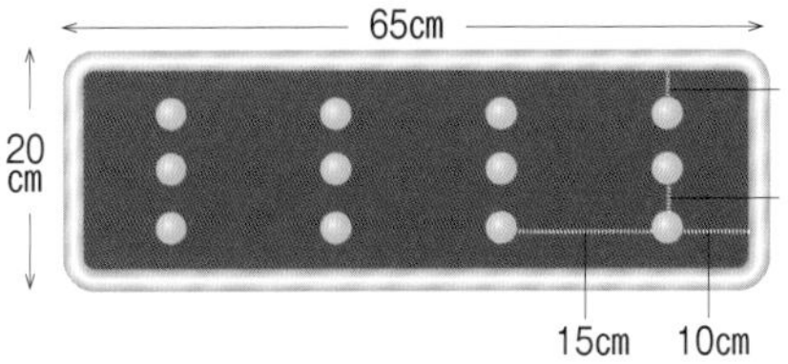

4 不須追肥

只要利用步驟2的培土，直到收成前都不須追肥。葉子顏色變差時（參考P.37），追加種類B的肥料。

5 豎立支架與誘引

植株成長之後豎立支架，以免植株傾倒，請以麻繩將植株固定於支架。

植株長到15cm代表應該豎立支架。距離植株1cm至2cm處豎立長度50cm左右的細長支架。

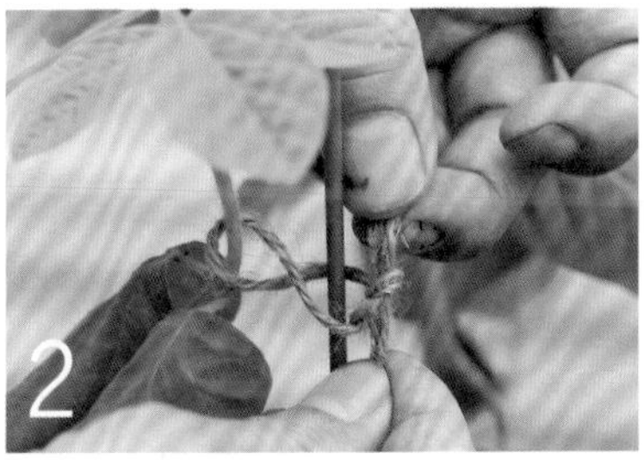

莖節下方綑綁麻繩，以8字形纏繞支架後固定。

6 收穫

果莢飽滿，一按就會迸裂代表可以收成。

以剪刀從果莢頂端剪下飽滿的果莢。

收成之後的毛豆，趁新鮮度下降前，儘速水煮食用。

毛豆小常識

什麼是與毛豆共生的「根瘤菌」？

毛豆的根部有許多小顆的疣狀突起物，稱為「根瘤」，根瘤當中含有許多名為「根瘤菌」的菌種。當根瘤菌吸取植物藉由光合作用所製造的養分，會將土壤中的氮氣轉換成氮素，並製造氮化合物，提供植物無法自行合成製造的氮素，這種互助的行為稱為「共生」。氮素是植物製造莖葉不可或缺的養分，但是過多也會造成莖葉過度茂盛。由於根瘤菌已經提供植株足夠的氮肥，因此必須減少氮素肥料的份量。

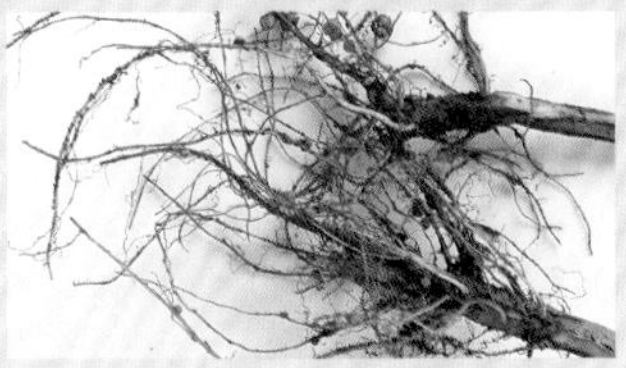

植物的基本資料

科　　名：豆科
食用部位：早生種子
病 蟲 害：金龜子、潛蠅、葉蟎、蚜蟲等
生長適溫：約25℃

尺寸大小

植　　株：寬20cm至30cm、高50cm至60cm
花　　盆：標準型（容量約15ℓ至20ℓ）

VEGETABLE SOYBEAN

栽培月曆

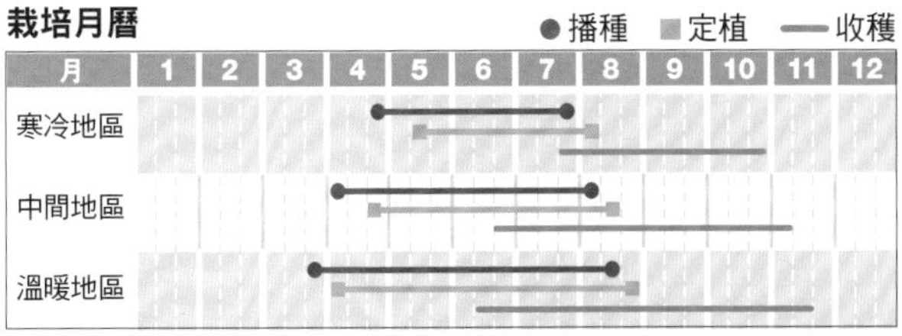

＊若於適當的溫度下栽培，播種後10天至2週之後定植，大約70至90天之後可進行收成，若品種不同，所需時間也會略有差異。

四季豆（矮性）

盆栽適合栽種無蔓的品種

四季豆分為蔓性和矮性。矮性的品種植株袖珍，高度為50 cm至60 cm；栽培時間短暫，只需60天，比起蔓性的品種適合盆栽。

豆科蔬菜當中，四季豆屬於不易附著根瘤菌的品種，因此必須仔細施肥。此外，日本稱為食用柔軟豆莢的四季豆稱為「帶莢四季豆（鞘隱元）」，食用完全成熟的豆類時稱為「四季豆（隱元）」。

無蔓金薇諾

極早生種，播種之後55天即可收成。果莢鮮綠扁平，沒有粗絲，非常柔軟。

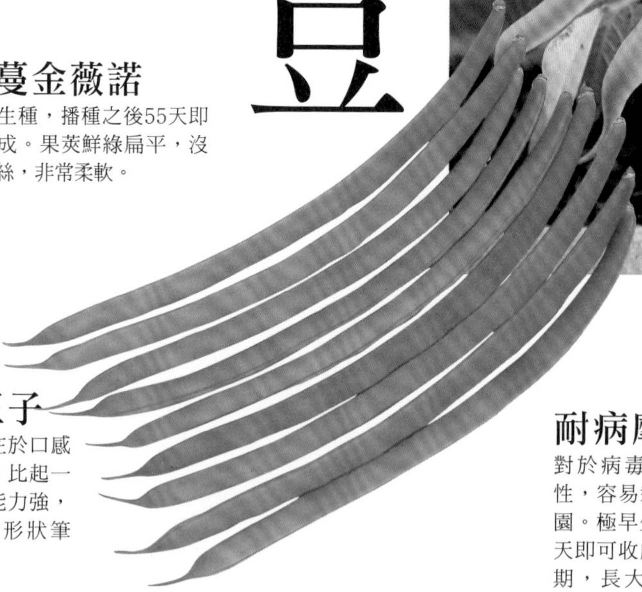

卡滋卡滋王子

此種四季豆的特徵在於口感爽脆，而以此命名。比起一般無蔓品種，生長能力強，必須誘引。果莢的形狀筆挺。

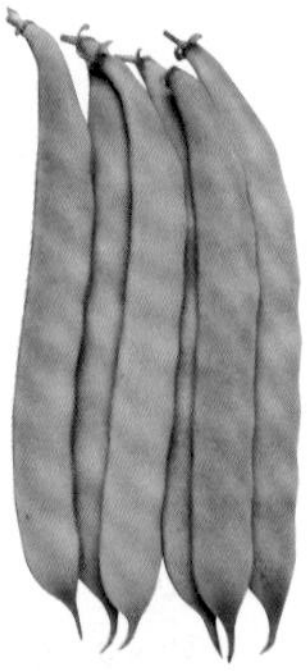

耐病摩洛哥

對於病毒性疾病具有抵抗性，容易栽種，適合家庭菜園。極早生種，播種之後50天即可收成。就算錯過採收期，長大的果莢也依舊柔軟，風味不變。

收割高手

極早生種，播種後50天就可以開始收成。深綠色的果莢沒有粗絲，所以非常柔軟。

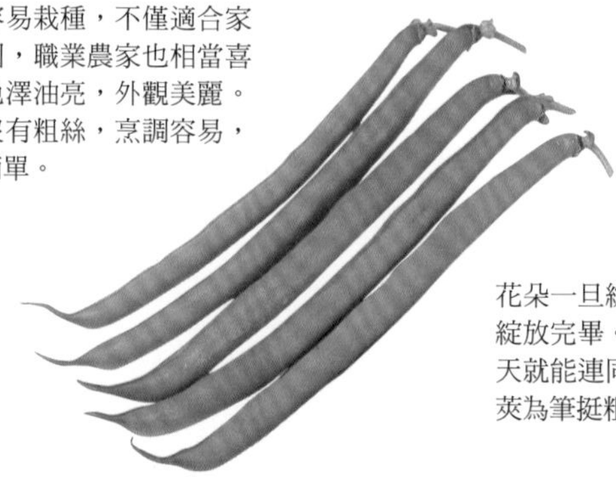

亞農

非常容易栽種，不僅適合家庭菜園，職業農家也相當喜歡。色澤油亮，外觀美麗。由於沒有粗絲，烹調容易，食用簡單。

查理

花朵一旦綻開，會在短期內全部綻放完畢。因此播種之後不到50天就能連同植株，一齊採收。果莢為筆挺粗壯的圓柱體。

10號香氣

植株大小容易控制，果莢長度約10cm的渾圓品種，深綠色的外表油亮。

SNAP BEAN

植物的基本資料

科　　名：豆科
食用部位：嫩果莢、嫩種仁
病 蟲 害：蚜蟲、葉蟎、潛蠅等
生長適溫：18℃至26℃

尺寸大小

植　　株：寬30cm至40cm、高50cm至60cm
花　　盆：淺圓形（容量12ℓ至13ℓ）

栽培月曆

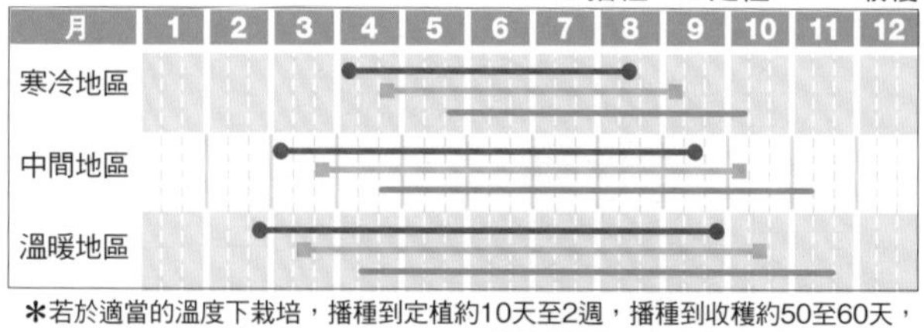

＊若於適當的溫度下栽培，播種到定植約10天至2週，播種到收穫約50至60天，若品種不同，所需時間也會略有差異。

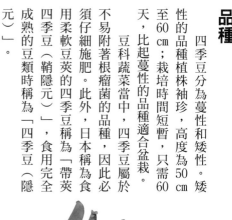

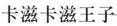

SNAP BEAN

動手種種看！

本書推薦植株袖珍的矮性品種，果莢長到10cm至13cm時即可採收。雖然比市售的四季豆莢小，卻不會帶給植株負擔，可以持續地一直收成。

1 播種

在穴盤內播種、育苗，參考P.28至P.29。

2 製造栽培土

製作種類B的栽培土，參考P.24至P.25。

3 定植

於圓盆型的花盆種植3棵植株，間距為20cm，參考P.30。

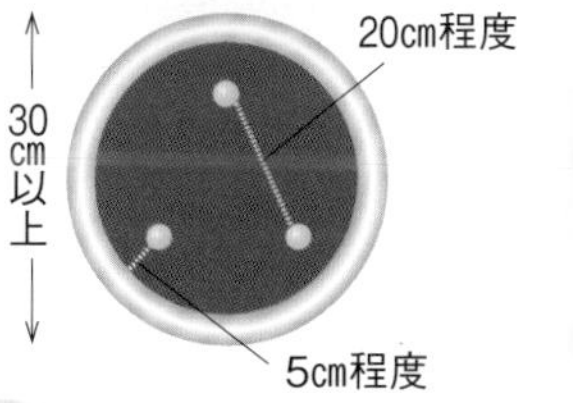

4 豎立支架

植株高度15cm時，豎立長度50cm的細長枝架，距離植株1cm至2cm。

支架豎立完畢之後的狀態，不需要誘引，豎立支架即可。

5 追肥

葉子顏色變差時（參考P.37），追加種類B的肥料。

6 收穫

開花後隨即結果，雖然依照品種不同而略有差異，一般播種之後大約60天即可採收。

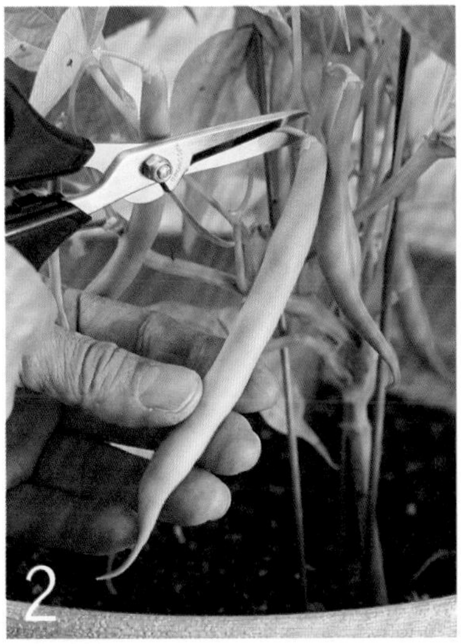

長到10cm至13cm就能採收，依序以剪刀進行收割。

四季豆小常識

依照一般方式施予基肥與追肥！

隸屬豆類的四季豆不同於毛豆和豌豆等同伴，不易出現根瘤菌（參考P.69）。因此製造栽培土時，必須添加大量的基肥。此外，不同於其他豆類，四季豆肥料不足時會影響葉子的顏色，必要時應該追肥，補充養分，根據一般方式施與基肥和追肥，植株就不會負擔過大，可以長期採收。

落花生

必須等到降霜以後再進行定植！

落花生耐病蟲害，因此初學者也能輕鬆栽種。只要確保日照充足，四處都能栽種。但是必須注意花生並不耐寒。如果放置於室外盆栽，必須等到完全不會降霜之後才能栽種。

栽培的重點在於有耐心地栽種至秋天。如此一來，便能採收大量的大粒果實。

中手豐

早生種，果實飽滿，甘甜爽口，建議水煮後食用才能享受甘甜濃郁的口感。

落花生（半直立性）

植株高度約60㎝的半直立性品種，中生種，分枝多，因此產量也多，果莢尺寸大多相同，果莢中多半是兩棵中等體型的果實。

黑落花生

皮薄色黑，富含抗氧化的多酚之一「花青素」，生長能力強，產量多。

紫子花生

皮薄，顏色紫黑，富含多酚，芬芳美味，栽種方式與一般花生相同。

大勝

果莢大小是一般花生兩倍大的超大花生，果實柔軟甘甜，建議水煮食用。

宮大將

果莢大小是一般花生兩倍大的超大花生，果實非常甘甜，果肉柔軟美味。

PEANUT

動手種種看！

放置於日照充足之處，栽種時只要土壤乾燥就必須補充大量水分。栽種的訣竅在於有耐心地栽培至秋季。

1 播種

在穴盤內播種、育苗，參考P.28至P.29。

2 製造栽培土

製作種類D的栽培土，參考P.24至P.25。

3 定植

長出本葉即可定植。

於花盆中央種植一株種苗，參考P.30。

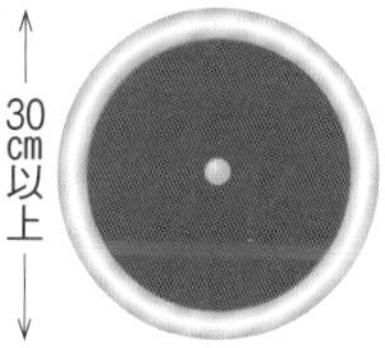

4 追肥

葉子顏色變差時（參考P.37），追加種類B的肥料。

5 開花

綻放豆科獨有的蝶形花朵之後，長出子房柄。

6 長出子房柄

花朵凋謝之後，授粉的花朵下方會長出稱為「子房柄」的細長枝條。長出的子房柄之後會潛入地底，長出果實。

花生小常識

何謂子房柄？

花生在開花後會在花朵根部長出如同鬍鬚的細長枝幹，這就是子房柄。子房柄之後會潛入地面，於柄端結果。果實表面出現網狀花紋，大小與軟硬恰到好處時就能收成。

7 子房柄潛入土中

附有子房柄的枝幹如果突出花盆，將其放回花盆。

以U形夾固定枝幹，以免突出花盆。

枝幹放入花盆內側，子房柄潛入土中。

8 收穫

等到降霜前夕才收成，就能採收大量碩大的果實。

抓住根部，連根拔起，收成後馬上加鹽水煮就能享用，乾燥2星期後可以炒過食用。

PEANUT

植物的基本資料

科　　名：豆科
食用部位：種子（果實）
病 蟲 害：葉蟎等
生長適溫：25℃至30℃

尺寸大小

植　　株：寬50㎝、高20㎝左右
花　　盆：淺圓形（容量12ℓ至13ℓ）

栽培月曆

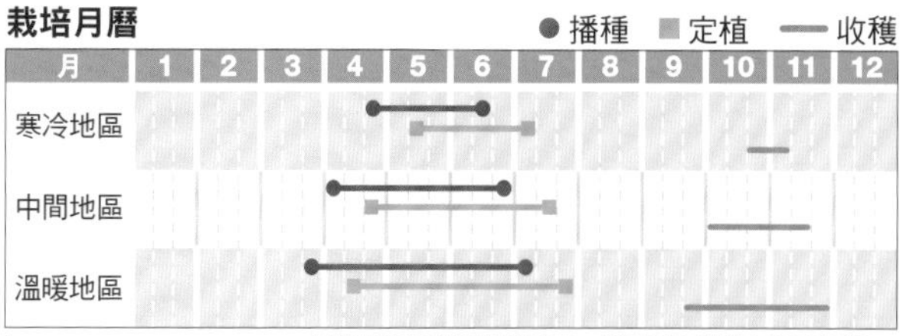

＊若於適當的溫度下栽培，播種到定植約10天至2週，播種到收穫約5至6個月，若品種不同，所需時間也會略有差異。

豌豆（矮性）

剛採收的豌豆柔軟甜美，先行享受春天的當令蔬菜

原產於中東地區，西元前7000年開始栽種，耐寒易栽，只要採取簡單的防寒對策就能從初春開始收成。

豌豆又分為莢豌豆：食用尚未成熟的柔軟豆莢、青豆：食用果實、秀珍豌豆：果莢與果實皆可食用。不管是哪種豌豆，都推薦種植植株大小袖珍的矮性品種。

豌豆小常識

豌豆的採收期

莢豌豆必須趁果莢柔軟時採收，因此採收期間是在開花後12至15天；可以食用果莢與豆仁的秀珍豌豆大約是在開花後20天；食用豆仁的青豆是開花後28至30天。判斷採收期的方式各有不同，莢豌豆必須在果實飽滿之前，秀珍豌豆是豆仁飽滿、豆莢尚為鮮綠色時，青豆則是等到果實飽滿、豆莢即將出現皺紋之前採收。

莢豌豆

在果實稍微變大，果莢柔軟時收成。因為柔軟，日文名稱為「絹豌豆」，品種有「矮性赤花絹莢」、「赤花矮性」和「無閒豌豆」等。

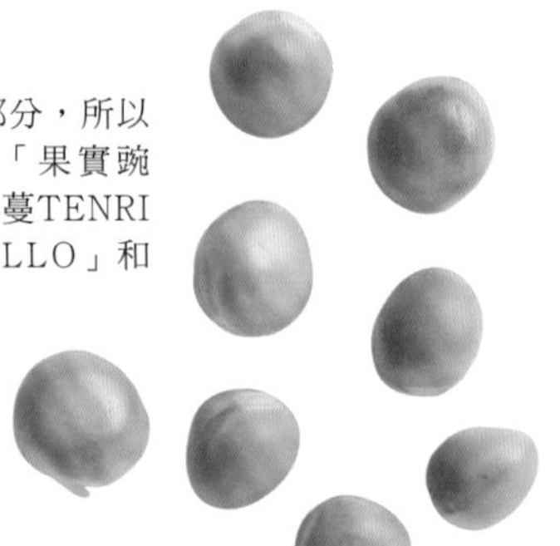

青豆

因為是食用豆仁部分，所以日文又稱青豆為「果實豌豆」，品種有「無蔓TENRI實豌豆」、「HELLO」和「小豆子」等。

秀珍豌豆

豆仁變大時，豆莢也一樣柔軟，因此豆仁和果實可以一起食用。「矮性秀珍豌豆2號」就屬此類。

GARDEN PEA

植物的基本資料

科　　名：豆科
食用部位：嫩豆莢、嫩種仁（莖葉）
病 蟲 害：蚜蟲、潛蠅、白粉病等
生長適溫：15℃至20℃

尺寸大小

植　　株：寬60cm至70cm、高100cm至150cm
花　　盆：深圓形（容量約15ℓ）

栽培月曆

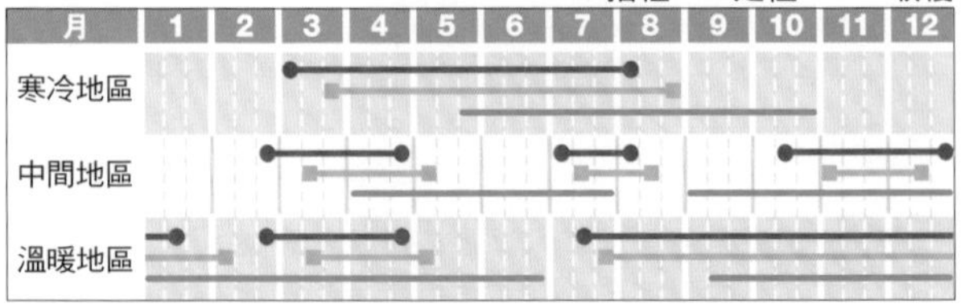

*若於適當的溫度下栽培，播種到定植約10天至2週。如果需要過冬，播種到收穫的期間約5個月，不需要過冬是2個月，若品種不同，所需時間也會略有差異。

5 追肥

葉子顏色變差時（參考P.37），追加種類B的肥料。

6 開花

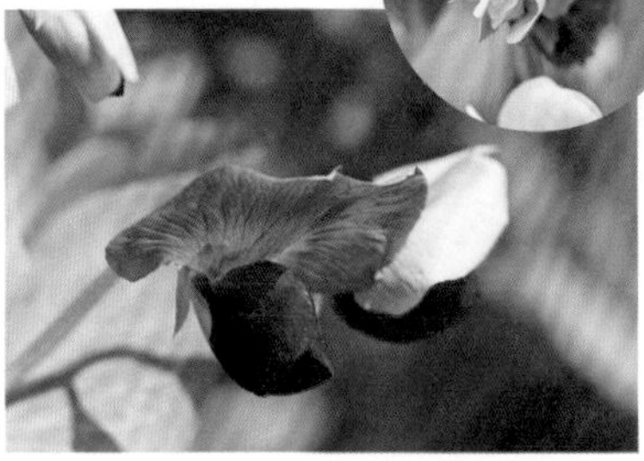

照片中為豌豆的花朵，根據品種有紅白兩色，類似香豌豆的花朵。

7 收穫

留意豌豆根據品種不同，收穫時期也有所改變。參考P.74的專欄，確認採收的時期。

秀珍豌豆必須等到果實飽滿，也就是果莢膨脹到這個程度就可以採收。

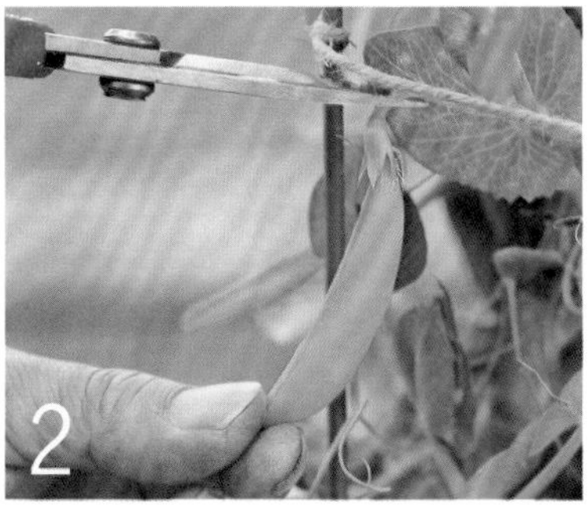

以剪刀從果莢的頂端剪下收成。

豌豆也可購買市售的種苗栽種。市售的種苗是一株包含4至5株，因此花盆中以15cm的間距種植4棵，植株成長至即將傾倒時，可以豎立臨時支架。

種植市售種苗
使用相同大小的花盆，種植4棵植株。

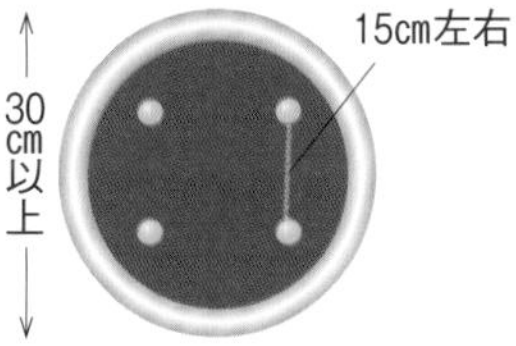

4 豎立支架

就算是矮性的品種，放置不管也是會往橫向發展，請豎立方形燈籠式支架（參考P.35）。

豎立長度180cm、直徑11mm的枝架，以15cm的間距綑綁麻繩，形成方形燈籠式的支架，即可控制植株的大小。

GARDEN PEA
動手種種看！

豌豆雖然耐寒，成長之後的植株在寒冷的狀態下還是會受傷，將花盆放置於不會吹風降霜之處栽種就不需擔心寒害，也可以儘早收成。

1 播種

在穴盤內播種、育苗，參考P.28至P.29。

2 製造栽培土

製作種類D的栽培土，參考P.24至P.25。

3 定植

植株長出3至4片本葉，開始與隔壁植株的葉子交錯時即可定植。

參考P.30植苗。

自己栽培的種苗會形成單幹，因此於花盆中種植9棵，間距為8cm至13cm。

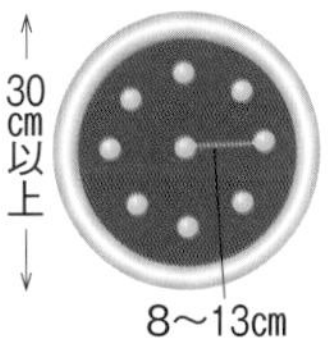

蠶豆

貼身栽培，儘早收成，越新鮮越甘甜

因為果莢會朝天結果，所以蠶豆的日文是「空豆」。「蠶豆」之所以名為蠶豆則是因為結果的時候，正是蠶結繭的時候。果實大小為2cm至3cm，富含蛋白質和維他命。

由於果實的鮮度消失快速，只有採收後3天最美味，因此也是品嚐時期短暫的蔬菜。盆栽可以貼身照顧，還能隨時掌握收割時期，立即享用才能品嚐蠶豆原有的美味。

大天

果莢是油亮的深綠色，果實飽滿大顆。生長能力強，容易栽種。

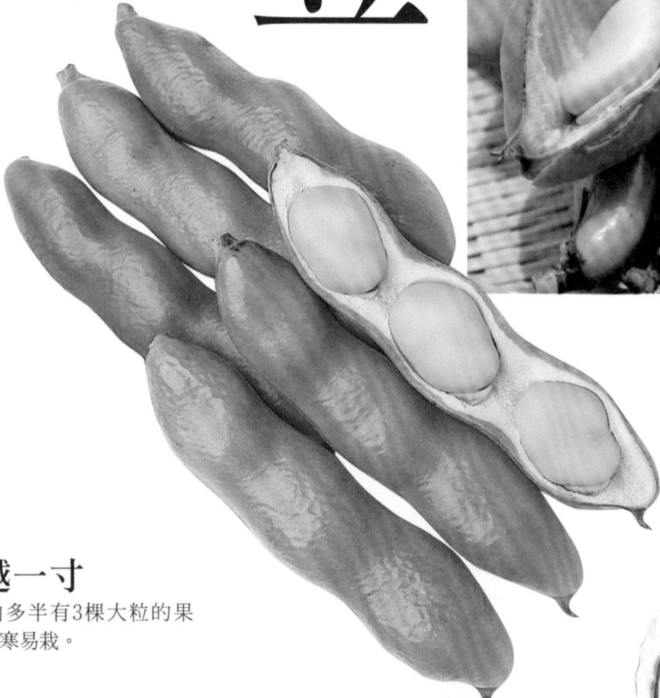

仁德一寸

果莢的色澤鮮艷，果實大小3cm左右，柔軟甘甜。

打越一寸

果莢內多半有3棵大粒的果實，耐寒易栽。

初姬

打開綠色的果莢之後出現的褐色果實令人印象深刻，特徵是鬆軟的口感。

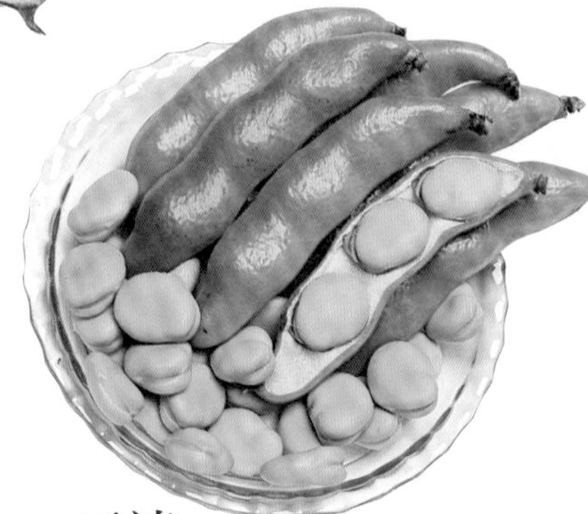

三連

種臍不會變黑，鮮度持久。果莢內多半有3顆大粒的果實。

蠶豆小常識

分辨採收時期的方法！

果實的種臍呈現黑色就表示已過適合採收的時期，判斷採收時期是根據蠶豆豆莢的方向，豆莢一開始會向上生長，之後會隨成長而逐漸往下，同時膨脹至近乎迸裂和出現光澤。這就是可以採收的證據。收成之後儘速烹調品嚐，便可享受蠶豆的美味。

BROAD BEAN

植物的基本資料

科　　名：豆科
食用部位：嫩種仁
病 蟲 害：蚜蟲、葉蟎等
生長適溫：15℃至20℃

尺寸大小

植　　株：寬60cm至70cm、高60cm至80cm
花　　盆：深圓形（容量約15ℓ）

栽培月曆

● 播種　■ 定植　— 收穫

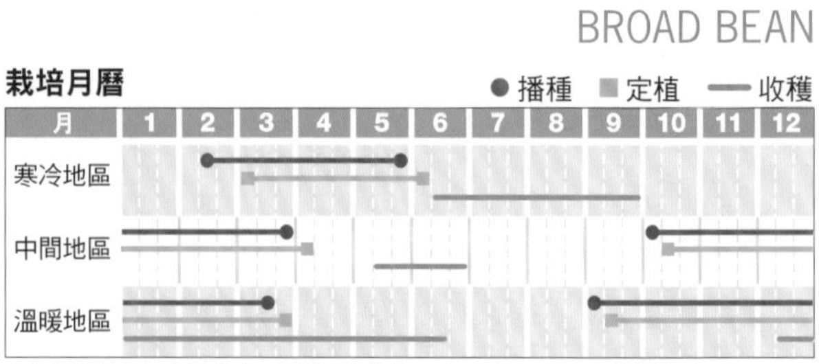

*若於適當的溫度下栽培，播種到定植約10天至2週，播種到收穫約3個月，若品種不同，所需時間也會略有差異。

BROAD BEAN
動手種種看！

播種的時候，種臍務必朝下。由於種苗不耐寒，長出苗之後必須將花盆移動至屋簷下等不會吹風降霜之處。

1 播種

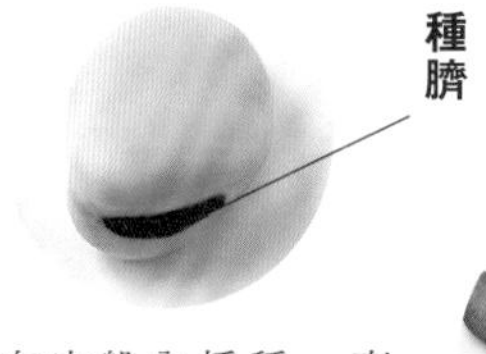

在穴盤內播種、育苗，參考P.28至P.29。根部和芽會從種臍長出，因此將種臍朝下，把種子一半壓進土中。

蠶豆的種子多半已經經過消毒。

2 製造栽培土

製作種類D的栽培土，參考P.24至P.25。

3 定植

植株長出4至5片本葉，開始與隔壁植株的葉子交錯時即可定植。

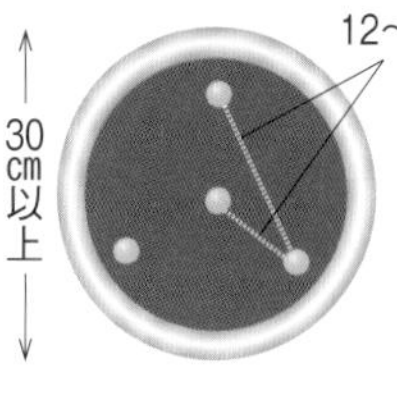

花盆中種植4顆種子，參考P.30，植株的間距為12 cm至15cm。

4 豎立臨時支架

以長度約50cm的支架豎立臨時支架以免植株傾倒，參考P.31。

5 豎立正式支架

等到植株長到30cm之後，以直立式豎立正式支架並以麻繩誘引（參考P.32）。

1 每一棵植株旁邊豎立一支長度120cm的支架，臨時支架可以保留也可以拆除。

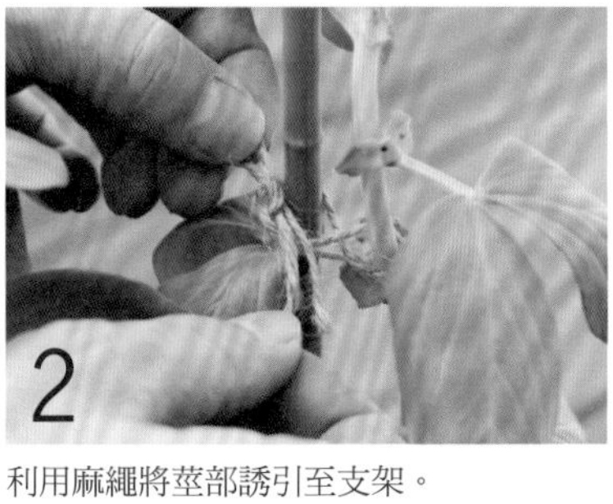

2 利用麻繩將莖部誘引至支架。

6 追肥

葉子顏色變差時（參考P.37），追加種類B的肥料。

7 收穫

果莢朝下，近乎迸裂代表可以收成。成熟過度的蠶豆並不好吃，要趕快採收。

1 可以採收的蠶豆。

2 以剪刀從果莢頂端剪下採收。

右側照片中是蠶豆花，受冬季低溫刺激就會長出花芽。

黃秋葵

營養價值高，可預防中暑的黏性蔬菜

黃秋葵富含維他命B、維他命C、鈣質和鐵質，可以防止中暑。食物纖維的果膠與糖蛋白質中的黏蛋白所造成的獨特黏液具備整腸與促進吸收蛋白質的功效，是夏季的滋補食品，用途廣泛。

原產於非洲，因此是非常耐熱的夏季蔬菜。發芽時需要一定的溫度。花謝之後出現果莢，由於果莢長大就會變硬，必須儘早收成。

五角黃秋葵

剖面為五角形的秋葵，也是最普遍的品種。食用時挑選長度7至8公分的新鮮果莢。

紅秋葵

果莢顏色為紫紅色的品種，加熱就會恢復綠色，建議生食以享受特殊的顏色。

圓黃秋葵

就算果莢長大也不容易變硬，是沖繩常見的品種，又稱為島秋葵。

黃秋葵小常識

早期收成的迷你黃秋葵

果莢長到3㎝時採收，可以當作迷你黃秋葵食用，建議可作成沙拉或醬菜享用。

OKRA

植物的基本資料

科　　名：錦葵科
食用部位：果實
病 蟲 害：蚜蟲、葉蟎等
生長適溫：20℃至30℃

尺寸大小

植　　株：寬50㎝至70㎝、高100㎝至120㎝
花　　盆：深圓形（容量約15ℓ）

栽培月曆

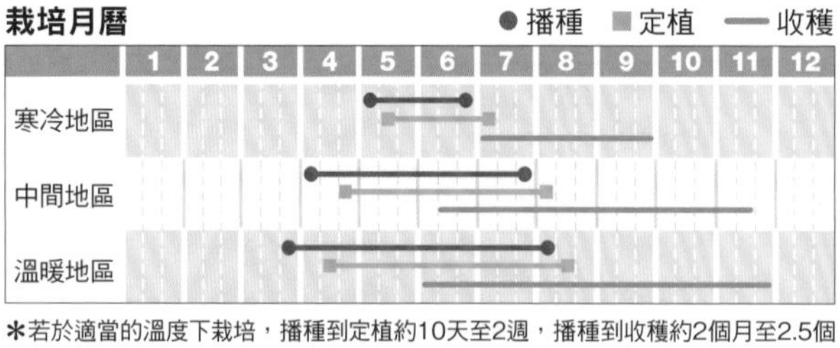

＊若於適當的溫度下栽培，播種到定植約10天至2週，播種到收穫約2個月至2.5個月，若品種不同，所需時間也會略有差異。

OKRA
動手種種看！

由於黃秋葵種子的外殼堅硬，必須注意播種到發芽之間的水分是否充足，果莢長到7cm即可採收，過大的果莢代表已經出現纖維質，導致果莢過硬而無法食用。

1 播種

在穴盤內播種、育苗，參考P.28至P.29。

2 製造栽培土

製作種類B的栽培土，參考P.24至P.25。

3 定植

植株長出3至4片本葉，開始與隔壁植株的葉子交錯時即可定植。

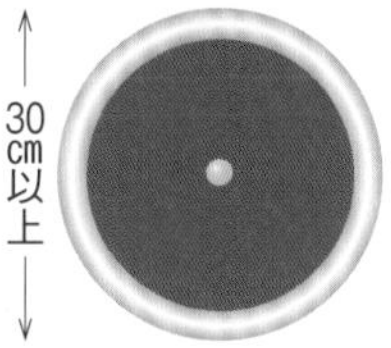

於花盆中央種植一株種苗，參考P.30。

4 豎立支架

等到長到一定高度之後，以直立式豎立長度約120cm的支架（參考P.32）。

5 追肥

葉子顏色變差時（參考P.37），追加種類B的肥料。

6 收穫

開花7至10天之後便可以採收，果莢長到7cm時開始收割，過大的果莢代表已經出現纖維質，導致果莢變硬而無法食用。

播種後2個月，植株便已成長至可以收成的狀態。

以剪刀從果莢頂端剪下收成。

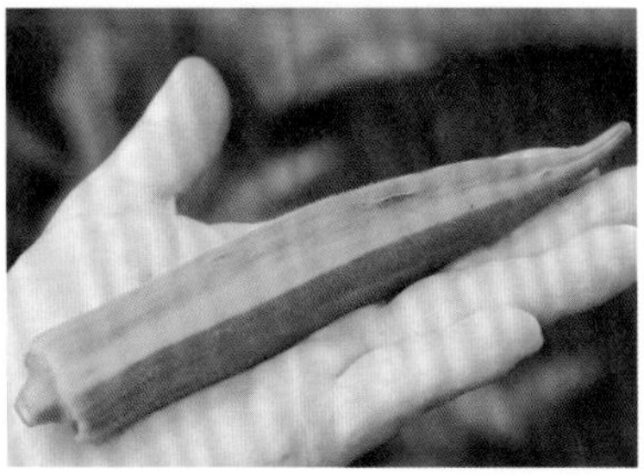

因為太晚採收而長到15cm的黃秋葵。這種長度的黃秋葵通常果莢已經變硬，無法食用。

黃秋葵小常識

活用花朵的方法

黃秋葵的花朵類似扶桑花與芙蓉花，呈現美麗的黃色，可供欣賞。由於僅開一天，馬上就會凋謝，花蕾採收之後可以油炸食用，非常美味。

另外，將已經綻放的花朵作成沙拉、三杯醋和油炸食用的是類似的品種「黃蜀葵」。黃蜀葵的花朵雖然可以食用，但是果莢不可食用。

黃秋葵的花（左）與黃蜀葵（右）。

草莓

挑選四季草莓的品種，從種苗開始栽種

　盆栽的好處在於可以就近觀賞，草莓的花朵與果實都非常可愛，正好適合觀賞。但是春天播種的話，必須耗費一年才能收穫，使用花盆栽種的話，建議選擇可以馬上收成的種苗，如果栽種四季草莓，從夏季開始一路到秋天都會一直結果，可以享受長期

四季草莓——夏姬

易栽耐病，產量多，美味可口，酸甜平衡恰到好處。

四季草莓

夏子之莓

生長快速，屬於四季草莓的特質明顯。果實略小，果肉厚實，結果狀況良好。夏季的果實美味清爽。

布里席拉

植株體型小，開花早，產量多的新品種，特徵是可愛的粉紅色花朵。

超好吃！草莓

味道甘甜濃郁，耐熱，花芽會持續地出現，因此可以採收許多果實。

大草莓

果實碩大的品種，一顆15g至20g，酸度低，酸甜平衡恰到好處，夏天收成也一樣好吃。

植物的基本資料

科　　名：薔薇科
食用部位：果實（花托）
病 蟲 害：白粉病、灰黴病、蚜蟲、葉蟎等
生長適溫：15℃至20℃

尺寸大小

植　　株：寬15cm至20cm、高10cm至15cm
花　　盆：標準型（容量15ℓ至20ℓ）

STRAWBERRY

栽培月曆

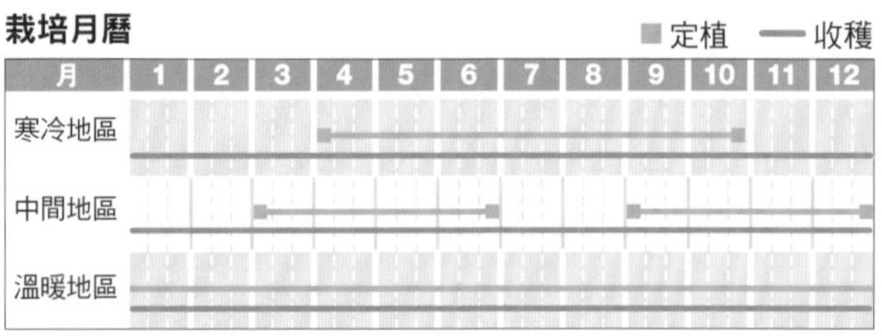

＊若於適當的溫度下栽培，定植到收穫大約2至4個月，若品種不同，所需時間也會略有差異。

收成的樂趣。

草莓除了四季草莓之外，還有一季草莓——秋季種植種苗之後，於5、6月（日本地區）結果，一年收穫一季的品種，一季草莓的特徵是比四季草莓的果實碩大，味道甘甜，也有許多適合盆栽的品種，種植方式和四季草莓相同。

盆栽必須注意寒冬和夏季的管理，盆栽的土壤於冬季比田間栽培容易結凍，因此必須搬入室內以免根部受傷。夏季則會因為高溫而導致植株衰弱，過度炎熱時也必須將花盆搬入室內或移動至陰涼處，避免高溫與強烈日照的影響。

草莓是多年生草本植物，同一棵植株可以採收兩、三年之久。利用母株所繁衍的走莖（匍匐莖）作為子株繁殖，也能享受更多栽種的樂趣（參考P.83）。

樂成草莓

耐病，生長能力強，栽種簡單，果實碩大，酸甜平衡恰到好處。

一季草莓

女峰

果肉厚實，酸味清爽，適合當作蛋糕的裝飾，果實略小，一粒約12g至13g，光亮美麗。

豐香

厚實的果肉香氣四溢，多汁甘甜，體型略大，為近年來西日本的草莓代表品種。

章姬

鮮紅的果實呈現細長的圓錐形，果肉柔軟。入口是濃厚的甜味，慢慢湧上清爽的酸味。

寶交早生

生長快速，屬於四季草酸度與甜度的平衡恰到好處，果肉柔軟，容易栽種，因此適合於家庭菜園栽種。

蜜香

如同蜂蜜一般的濃郁香甜，富含甜美果汁的多汁品種。

草莓小常識

何謂「四季草莓」？

日本大多數的草莓為「一季草莓」，也就是在5至6月收成的品種。草莓原本是在低溫短日（溫度低、日照短）的時候長出花芽，經過冬季的寒冷之後，於春天開花結果。

相對於「一季草莓」，「四季草莓」的特徵在於對季節變換並不敏感，因此是在春夏開花，夏天結果，可以一路收成到秋天甚至冬天。大部分的「四季草莓」都是一季草莓與具有四季特徵的野草莓交配之後所誕生的品種。

一季草莓的代表品種之一「TERRACE BERRY 房香」。

四季草莓的「Deco-Rouge」，外表雖然與左側照片中的草莓沒有太大的差別，可以收成的時間卻相距甚多。

STRAWBERRY
動手種種看！

使用花盆栽培時，建議栽種四季草莓，盆栽的土壤比田間栽種容易凍結，寒冬時必須將花盆搬入室內。此外，植株在夏季也會因為過熱而虛弱，因此必須移動至室內或陰涼處。

1 製造栽培土

製作種類B的栽培土，參考P.24至P.25。

2 挑選市售的種苗

挑選時注意葉柄是否過長，植株整體是否強壯，葉片顏色是否鮮豔，種苗是否生病。十月中旬開始栽種的話，挑選已經開花的種苗就能在聖誕節左右收成。

購買種苗的方法

春天和秋天可以買到草莓的種苗，春天販賣的是四季草莓，秋季販售的是一季草莓與部分的四季草莓。有些品種甚至只接受預約。總之想種植草莓，就別錯過春天和秋天的販售時期。

3 種植種苗

為了觀賞花朵與採收果實，朝向外側種植。結果時可垂在花盆外側。

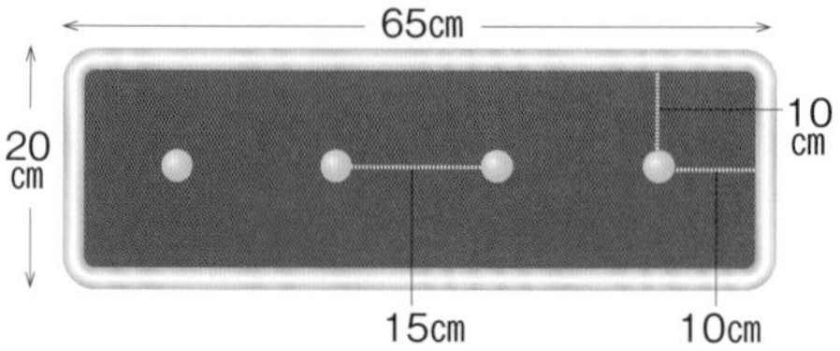

種植方式請參考P.30，避免將葉子底部的鋸齒狀部分（生長點）埋入土中。每一顆種苗的走莖都朝向同一個方向栽種（參考下方專欄）。

4 追肥

葉子顏色變差時（參考P.37），追加種類B的肥料。

5 人工授粉

為了確保花朵結果，進行人工授粉，將花粉塗抹於雌蕊上。

以毛筆或耳掏的棉花球沾取雄蕊的花粉，塗在雌蕊上。

草莓的花朵根據品種而各色各樣，可供欣賞，圖示中為「常開草莓」的花朵。

「粉花草莓」的花朵。

「桃香」的花朵。

草莓小常識

定植時需注意「根冠」和「走莖」！

種植草莓時要注意草莓的「根冠」和「走莖」，葉子底部鋸齒狀部分是葉子的「根冠」，也就是葉子的生長點，不能埋入土中。如果生長點埋入土中，會造成生長狀況不佳，容易生病。因此種植時不能將種苗埋入土中過深。另外，同時利用好幾條從母株剪下的走莖作為子株種植時，應當全部種向同一邊。草莓習慣在走莖的相反方向開花，因此種向同一邊可便於管理。

處理草莓走莖的方法

四季草莓的母株在成長過程中會與走莖一同生長，因此可以利用走莖作為子株栽種。母株的壽命為2至3年，可以製造新的子株以陸續更新。事先決定好保留多少子株，其他走莖全部摘除，如果長出太多走莖，過多的子株會造成養分分散，也會影響結果。

1 長出好幾根走莖的母株，只留下長得最長的走莖，其餘全部剪除。

2 附著於走莖的子株。剪下超出葉子的部分。

3 將子株放回花盆。

4 利用U形針固定放回的子株。

5 經過一個月，走莖就會長出根來，剪下走莖之後，接下來依照一般方式栽培。

6 收穫

草莓會持續地開花與結果，所以果實開始變紅就隨時可以收成了。

以剪刀從莖部頂端剪下成熟的果實。過晚收成會導致果實發霉或腐敗，致使植株生病，因此應當注意適時的採收。

受傷的果實和葉子

草莓的栽培壽命為2至3年，如果發現果實和葉子枯萎或受傷，應當立即清除。如此一來可以避免病害，延長植株的壽命。

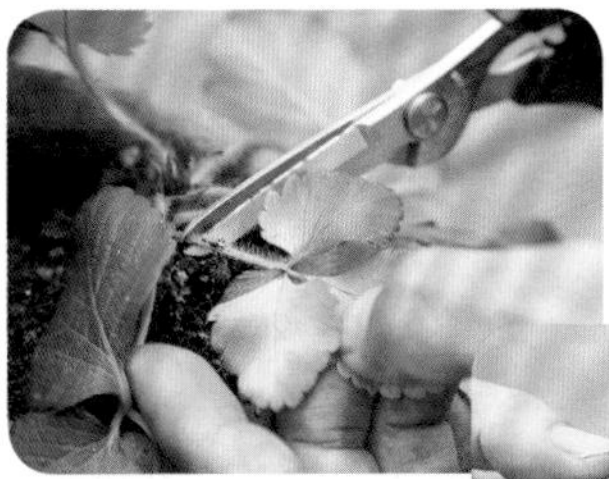

以剪刀從葉柄底部剪下泛黃枯萎的葉子，發現受傷的果實也應當早點清除。

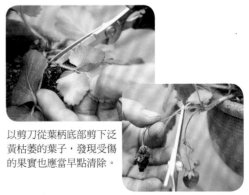

正確的澆水方式

盆栽菜園最重要的一項作業就是澆水。
基本上「只要一乾燥，
馬上給予大量水分」，
想要栽培健康的蔬菜，
就必須學會正確的澆水方式。

1 播種至發芽

所有蔬菜在發芽之前都不能乾燥，最重要的是澆水頻繁到彷彿過度潮濕。

播種之後，為了避免種子流失，以噴霧器噴濕土壤表面。

因為忙碌而無法經常澆水時，可將花盆或穴盤放置於注入大量水分的托盤中，使土壤可由底部吸水。

2 育苗

穴盤放置於觸目所即之處，隨時澆水。

以噴霧器噴濕土壤表面，接著待發芽後在托盤中裝水，讓土壤由底部吸水，托盤中的水不是加過一次就好，應當時時添加。

3 定植之後

為了避免植株枯萎，定植後馬上給予水分。

拆下澆花器的蓮蓬頭，以手指輕輕壓住澆花器的壺口於種苗四周給予大量水分。

4 植株成長之後

拆下澆花器的蓮蓬頭澆水，澆水的重點為「只要土壤乾燥，立即補充水分」。

拆下澆花器的蓮蓬頭，以手指輕輕壓住澆花器的壺口澆水可以調整水流量。

✕ 錯誤的澆水方式

直接澆水會沖失栽培土。

✕ 直接以蓮蓬頭澆水會造成泥土濺起，波及莖葉，可能造成病害。

澆水小常識

觸摸土壤，確認乾燥的狀況

澆水的基準為「只要土壤乾燥，立即補充水分」，但是光憑肉眼有時無法分變土壤乾燥或潮濕，因此建議以手指觸摸以確認土壤的狀況，只要土壤乾燥，就是該澆水的時候。

根據季節變換，改變澆水的時間

1 夏天要一早澆上大量水分

夏季由於氣溫升高，水分的蒸發也較其他季節快速，因此夏季最適合清晨澆灌大量水分，可以避免植物因為水分不足而垂頭喪氣。如果植株在白天因為水分不足而失去活力，請馬上澆水，雖然中午並不是澆水的好時機，但是總比等到傍晚植物完全凋萎才澆水好，因此就算是中午，也應該馬上給予大量水分。

2 冬天要趁氣溫上升的上午

冬天早晚氣溫下降，因此適合的澆水時間是氣溫開始上升的上午。早上或晚上澆水，會導致水分因為寒冷而凍結。土壤凍結會傷害根部，造成植株完全枯萎，因此澆水時務必要留心。

果菜類

Chapter 4

收穫的成就感令人著迷

根菜類

根菜類植物在土壤中成長，
不到收穫的時候就無法得知其成長狀況，
但是收穫時宛如挖寶的樂趣，
值得您親手體會。

馬鈴薯

容易栽種，品種豐富，栽種重點為「深埋」

馬鈴薯在薯類植物中，屬於生命力強韌、不需費心照顧的蔬菜，栽種方法也十分容易。相較於地瓜等其他薯類植物，馬鈴薯的莖葉也較不易橫向發展，可節省許多空間，很適合居家盆栽種植。

盆栽馬鈴薯有兩大重點：第一點為使用深度30cm、容量20ℓ以上的大

小金丸

具備抗馬鈴薯黃金線蟲的抗蟲性的新品種。中晚生種，產量多，適合油炸作成薯條。

印加的覺醒

擁有鮮豔的黃色果肉和栗子般綿密的口感。極早生種，適合的烹飪方式為油炸和烹煮，也可以微波爐簡單料理。

男爵

為日本最常見的食用品種，入口即化的柔軟口感，是大受歡迎的魅力之一。

十勝小金

口感綿密和鬆軟，不易煮爛，適合油炸或烹煮等多種料理。可長期保存。

北明

富含胡蘿蔔素和維他命C，營養價值極高。擁有栗子般的甜味和鬆軟的口感，為馬鈴薯的人氣品種。

北海小金

亮黃色的外皮，原本是為了製作薯條而研發的新品種，由於不易煮爛，作成馬鈴薯燉肉料理，也很美味。

東野

產量豐盛的大顆馬鈴薯，碩大的外型，略帶黏性的滑順口感，容易煮透，烹飪簡單，適合燉滷或作為馬鈴薯濃湯。

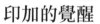

型花盆；第二點為種薯深埋在土壤深度20cm之處。如此一來，種薯便有足夠的空間生長，也能避免種薯生長時冒出地面而綠化。

若使用市售料理用馬鈴薯塊莖，在繁殖時容易發生病害，因此建議購買大賣場或園藝店販售的種植專用種薯。

另外，馬鈴薯不喜過度潮濕的環境，定植後須等到土壤表面完全乾燥再行澆水。

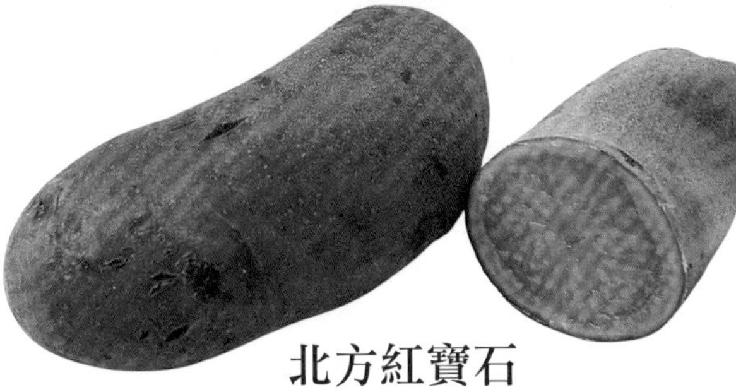

北方紅寶石

擁有粉紅色的果肉和美麗的紅色表皮，中早生種。容易栽培，很適合家庭栽種。以北方紅寶石製作沙拉時，可利用美麗的顏色作特殊擺盤。

安地斯紅

鮮豔的紅色表皮與淡黃色的果肉呈現美麗的對比。肉質鬆軟，口感滑嫩，適合煮、炸、蒸等各種烹調方式，此品種在秋天也能順利栽種。

契爾西

法國研發的品種，可以採收大量小顆的馬鈴薯。適合蒸煮和油炸料理。

愛之紅

特徵為表面平滑，大小適中，體型統一。味道清淡，不易煮爛，適合燉滷料理。

北紫

紫皮紫肉的馬鈴薯，口感綿密柔軟，甜味自然溫和，適合用來製作冰淇淋和蛋糕等點心。

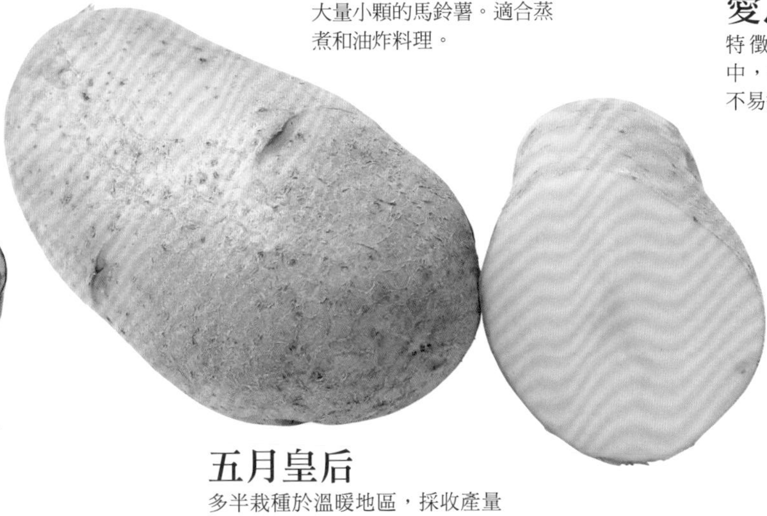

五月皇后

多半栽種於溫暖地區，採收產量多為其特色。外型細長，容易剝皮，不易煮爛，很適合製作咖哩等燉煮料理。

星芒紅寶石

休眠期長，便於儲存，擁有類似男爵的鬆軟口感。

影之后

紫色的馬鈴薯，鬆軟的口感和豐富的甜味為其魅力。除了可以製作深紫色果肉的可樂餅和沙拉之外，也是製作點心相當受歡迎的材料喔！

紫色小馬鈴薯

紫皮黃肉的稀有品種，肉質柔軟，很適合作為沙拉和洋芋片，較不適合燉滷。外型嬌小，通常直接使用整顆馬鈴薯烹調。

辛希雅

法國研發的品種，表面光滑好剝皮，不易煮爛。擁有濕潤滑嫩的口感和濃郁的味道，很適合搭配乳製品，大多用來烹飪白醬料理，放涼了口感一樣好吃，亦可用來製作沙拉。

POTATO

動手種種看！

種薯必須深埋於土壤下20cm處，在種植之前先準備足夠深度與寬度的大型花盆，以確保種薯成長的空間，維持良好的生長空間就是薯類植物種植的訣竅。

1 製造栽培土

製作種類C的栽培土，參考P.24至P.25。

2 種下種薯

請購買稍微發芽的種薯，大顆的種薯要切開後使用。

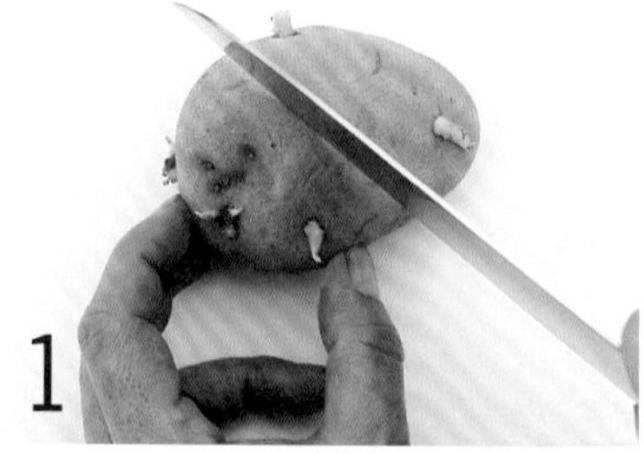

小顆的種薯不須切割，大顆種薯需切開後種植。切割時請注意每一片種薯的芽數要維持相同，每一塊種薯重量約為40g至50g。

為避免種薯從剖面處腐敗，在乾燥後於剖面處塗抹草木灰。

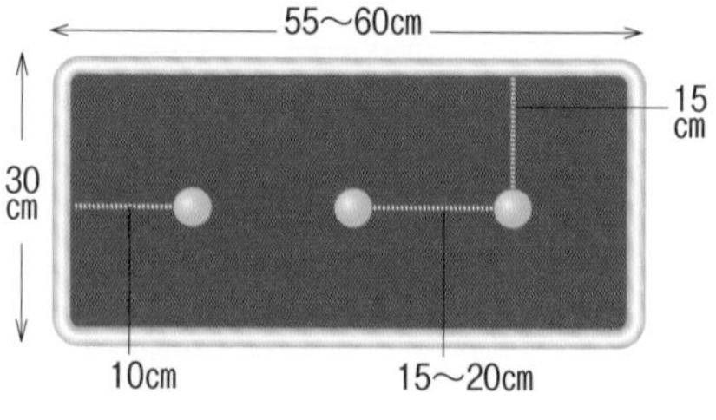

放入栽培土（參考P.30），土壤上放置種薯，間距約15cm，請將發芽的部分朝上。

暫時放置種薯的位置，以手或鏟子挖掘植穴，於深度大約20cm處壓入種薯。放入後覆土至表面平坦，最後澆水。

避免過度潮濕的環境

馬鈴薯原產於安地斯山脈，性喜乾燥的氣候，過度澆水反而會導致種薯腐爛，因此須等到土壤表面乾燥之後再進行澆水。

3 豎立支架

避免莖葉延伸而傾倒或莖葉往橫向發展佔據多餘空間和預防折斷，建議以長度150cm的支架豎立方形燈籠式支架（參考P.35）。

支架上綑綁間距15cm的2層繩子後的狀態。植株被圈植得筆挺成長。

觀賞自然生長的姿態！

如果有多餘的空間，則不需要豎立支架與綁繩子限制植株的生長，可盡情欣賞植株躍動的姿態。

4 追肥

使用富含氮素的發酵油粕和富含磷的草木灰，磷質可促進塊莖生長。

葉子顏色變差時即可進行追肥，相較於其他有機肥料，發酵油粕含有氮素且效果最快，因此使用油粕作為追肥。此外，為了加速塊莖生長，可添加草木灰。

土壤表面撒滿油粕和草木灰，但是肥料勿碰觸植株基部，請以手指均勻搓揉肥料與土壤。

馬鈴薯的成長過程

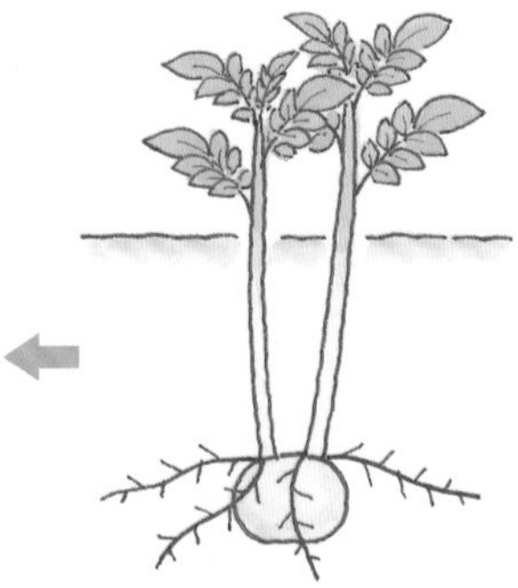

種薯長出根與芽，冒出葉子。

收穫與保存的訣竅

1 在收穫之前請控制澆水的份量

土壤過度潮濕的狀態下收穫，會導致細菌由馬鈴薯的表面入侵。收穫前後的馬鈴薯容易腐爛，因此收穫前必須控制澆水的份量，使土壤乾燥。

2 不要錯過收穫期

過慢收穫會導致馬鈴薯破裂易腐，建議即時收穫後再行保存。

3 收穫後不得水洗

收穫的馬鈴薯以手清除土壤後可直接保存，不須沖水清洗，水洗會導致馬鈴薯容易腐爛。

4 陰涼處乾燥後儲存

馬鈴薯接觸陽光後就會綠化，因此必須放置於通風良好、不受日曬雨淋之處，乾燥數日後再移動至陰涼處保存，可藉此延長保存期限。

5 收獲

定植3個月後，莖葉開始枯黃時，即可進行收成。

1 莖葉開始枯黃表示可以收成，若無法確定，不妨稍微挖開確認。

2 用力抓住植株基部往上拉，並且尋找土中是否還有其他馬鈴薯，以免遺漏。

POTATO

植物的基本資料

科　　名：茄科
食用部位：莖（塊莖）
病蟲害：茄二十八星瓢蟲、蚜蟲、夜盜蟲、麗金龜的幼蟲等
生長適溫：10℃至23℃

尺寸大小

植　　株：寬40cm至50cm、高60cm
花　　盆：深方形（容量20ℓ以上）

栽培月曆

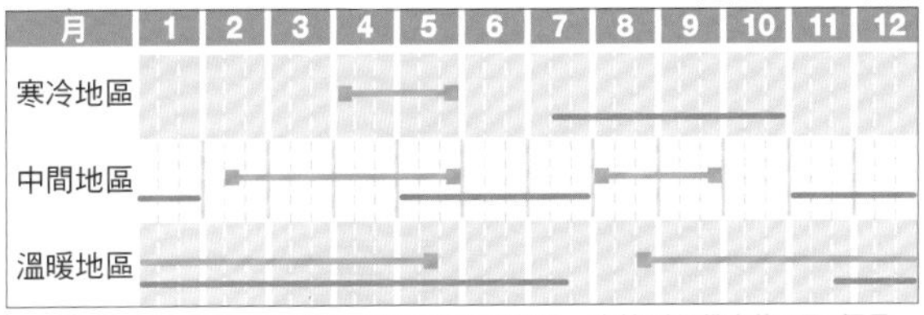

＊若於適當的溫度下栽培，定植到收穫大約2至4個月。

馬鈴薯小常識

味覺與視覺的雙重享受！

一般來說，摘去花朵可以促進養分運送到塊莖，但是此種方式所增加的養分僅是少許，塊莖不會有太大的差別。

馬鈴薯的花朵根據品種而有所不同，具有觀賞的價值，古代法國宮庭會栽種馬鈴薯以供觀賞，據說瑪莉皇后還曾將馬鈴薯花當作髮飾使用。以花盆種植馬鈴薯時，享受馬鈴薯的美味料理之餘，不妨也享受觀賞的樂趣吧！

難得栽培馬鈴薯，就順便欣賞馬鈴薯花吧！

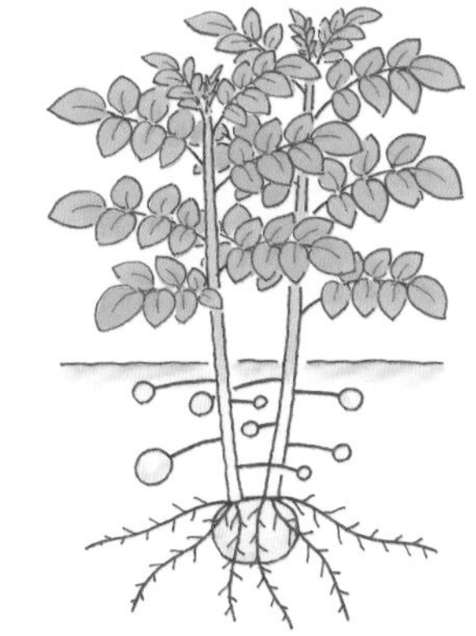

種薯上方的莖開始長出橫向的地下莖，地下莖的末端開始長出小薯。

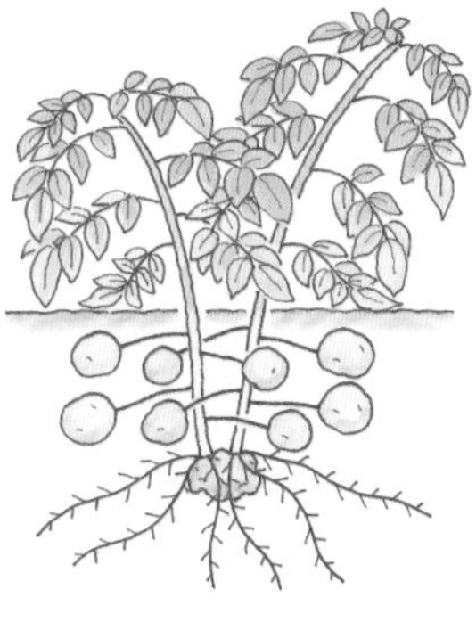

進入收穫期，地面上的莖葉開始枯黃，土壤中的塊莖也成長到成熟的大小。

芋頭

芋頭產量多，可以連收三代

芋頭原產於亞洲的熱帶地區，日文稱為「里芋」。里在日文意指平地鄉間，相較於必須上山採收的「山芋（山藥）」，「里芋」則是指在平地鄉間採收的塊莖芋類。

芋頭根據品種，可為分食用母芋、食用子芋和兩者皆可食用的品種。部分品種亦可食用葉柄。而葉柄又苦又澀，難以下嚥則屬於葉柄不能食用的品種，購買種芋時，請向店家詢問品種特性。

京芋

主要食用的部位為母芋，別名為「竹筍芋」，地下莖會如同竹筍般冒出地面而得名，其葉柄亦可食用。

石川早生

早生品種的代表，外型渾圓。早期採收子芋，可連皮蒸熟後剝去表皮食用。

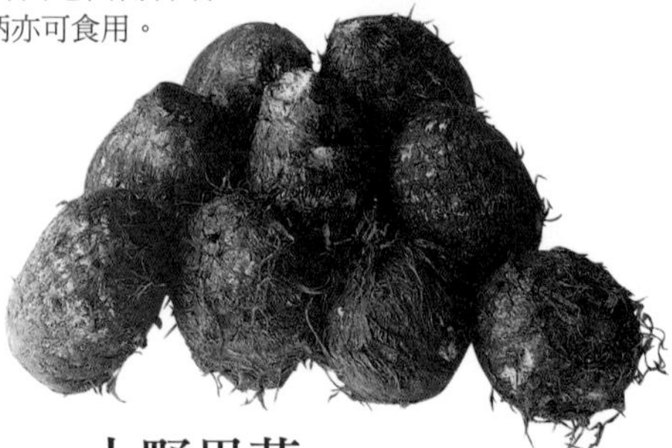

大野里芋

福井縣的在地品種，富有嚼勁，不易煮爛。

土垂

日本關東地區最普遍的品種，子芋產量大，芋肉綿密黏滑，不易煮爛，適合用來燉滷。

八頭

食用部位為母芋，經常用來製作日本年菜料理，母芋和子芋會連結成大型塊狀球根，其葉柄亦可食用。

女早生

日本愛媛縣的在地品種，因口感綿密而大受歡迎。

赤芽大吉

為西里伯斯種，葉芽呈紅色，肉質粉嫩細滑，適合栽培於溫暖地區。

TARO
動手種種看！

芋頭不耐冬寒，必須等到停止降霜後才能定植。夏季由於容易乾燥，必須注意補充水分。土壤一乾燥就立即補充大量水分。進入秋季之後，葉子因為寒冷而枯萎就表示可以開始收穫了。

1 製造栽培土

製作種類C的栽培土，參考P.24至P.25。

2 種植種芋

挑選渾圓飽滿的種芋，市售的食用芋頭如果帶土且狀況良好，也可以當作種芋，參考P.30放入栽培土。

1
挖掘深約15cm的植穴，種芋的芽朝上，於花盆中央放置一棵種芋。

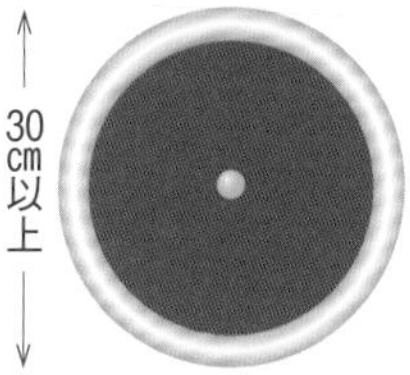

2
覆土至完全覆蓋種芋，並以手壓實，最後澆灌大量的水分。

3 追肥

葉子顏色變差時（參考P.37），追加種類C的肥料。若種芋冒出地面，將四周土壤重新覆蓋於種芋上。

4 收穫

到了秋天，葉子開始泛黃即可收成。

1
從花盆中連根拔起，一邊挖掘土球一邊收穫芋頭。

2
食用部位為子芋的品種，在收成後的3天之內，其母芋也非常柔軟又不苦澀，亦可食用。

芋頭小常識
如何分辨好種芋！

食用的芋頭如果帶土且狀態良好，也能當作種芋使用，如果希望確定種植的品種，最好購買專用的種芋。

良好的種芋具備以下三項條件：①健康狀態良好，沒有發霉或腐敗。②形狀渾圓飽滿。③芽部健康，避免挑選乾癟的種芋。

挑選已經發芽的種芋，可以縮短定植到葉子展開的時間。

TARO

植物的基本資料
科　　名：天南星科
食用部位：莖（塊莖）、葉柄
病 蟲 害：葉蟎等
生長適溫：25℃至30℃

尺寸大小
植株：寬60cm至100cm、高70cm至100cm
花盆：深圓形（容量約15ℓ）

栽培月曆　■定植　━收穫

月	1	2	3	4	5	6	7	8	9	10	11	12
寒冷地區					■					━	━	
中間地區				■	■					━	━	
溫暖地區				■	■				━	━	━	

＊若於適當的溫度下栽培，種植到收穫大約5個月。

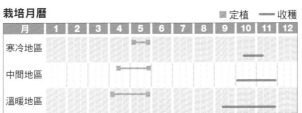

甘薯

富含食物纖維與維他命C的健康蔬菜

原產於中南美洲，據說是經由中國與沖繩傳入日本九州南部的鹿兒島（日本古名：薩摩），因此甘薯的日文又稱「薩摩芋」。

田間栽培時施予過多氮肥會導致莖葉過於茂盛，塊根卻無法肥大；盆栽則不須擔心這個問題。田間種植甘薯時，會透過在地下伸展的莖節長出根部，吸收土壤中的養分，但是盆栽的土壤與空間有限，比照一般方式施肥即可。

紫色的甜蜜阡陌

紫色地瓜的代表品種，薯肉呈現紫色是因為富含抗氧化的花青素。味道甜美， 薯肉粉質鬆軟。

鳴門金時「里娘」

表皮呈現美麗的紫紅色，薯肉則為金黃色。味道甜美豐潤，薯肉粉質鬆軟，耐病易栽。

紅東

容易栽培，適合自家栽種。日本的種植地點以關東地區為中心，產地主要集中於東日本。表皮呈現深紫紅色，薯肉鮮黃，粉質鬆軟。

甘薯小常識

嫩莖嫩葉也可以食用！

甘薯的嫩莖與嫩葉非常柔軟可食用，甘薯葉為日本高知縣的傳統料理，當地人喜歡食用甘薯莖葉更勝於塊根。料理時去除硬絲，以水川燙後，進行炒、煮都十分美味爽口。甘薯的莖葉生長快速且茂盛，因此切除少許製作料理，也不會破壞植株生長。

剪下約20cm的嫩葉和嫩莖食用。

SWEET POTATO

植物的基本資料

科　　名：旋花科
食用部位：根（塊根）、莖葉
病 蟲 害：瘡痂病、麗金龜的幼蟲等
生長適溫：20℃至30℃

尺寸大小

植　　株：寬100cm至150cm、高20cm左右
花　　盆：深方形（容量20ℓ以上）

栽培月曆　■定植　━收穫

月	1	2	3	4	5	6	7	8	9	10	11	12
寒冷地區					定植	定植				收穫	收穫	
中間地區					定植	定植			收穫	收穫	收穫	
溫暖地區				定植	定植	定植			收穫	收穫	收穫	收穫

＊若於適當的溫度下栽培，定植到收穫大約4至6個月。

SWEET POTATO

動手種種看！

盆栽栽培不須擔心莖葉過於茂盛而造成塊根瘦弱的問題，可以大量施肥，地瓜雖然是根菜類，塊根開始肥大是在栽培的後半時期，在基肥中不需添加磷肥，可利用追肥時再行補充。

1 製造栽培土

製作種類A的栽培土，參考P.24至P.25。

種植之前的準備

購買市售的扦插苗。受到強烈日照的種苗無法順利長根，可先放置在陰涼處風乾1至2天（園藝術語稱為「健化」）。即可提升定植後的吸水性，促進植株發根，種苗如圖般看起來奄奄一息，就表示可以種植了。

2 種植

放入栽培土（參考P.30）至距離花盆邊緣10cm的高度之後，添加3cm厚度的赤玉土（中粒）以促進長根。

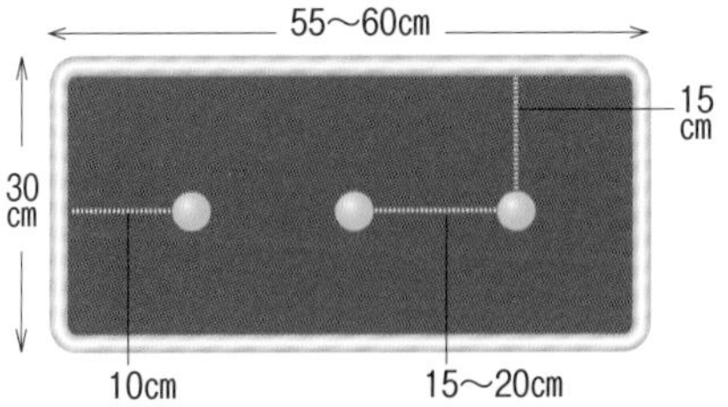

參考右下圖，於花盆中央斜放3根苗，植株間距15cm。

添加厚度3cm的赤玉土覆蓋種苗的根部，澆灌大量水分。

3 追肥

為了促進塊根肥大，生長後期需要補充磷肥。葉子顏色變差時（參考P.37），追加種類C的肥料以補充磷。

4 甘薯莖的處理方式

甘薯莖會生長擴散至花盆外，放置不管會導致莖節長出新的根部。把甘薯莖拉回花盆上方即可。

拉起下垂的甘薯莖，一起放回花盆。

5 收穫

莖葉稍微開始泛黃就表示可以收成了。

從距離地面2cm至3cm的高度剪下莖葉。

抓住底部，連根拔起，收成之後陰乾4至5天，可以增加甜度，讓地瓜變得更加美味。

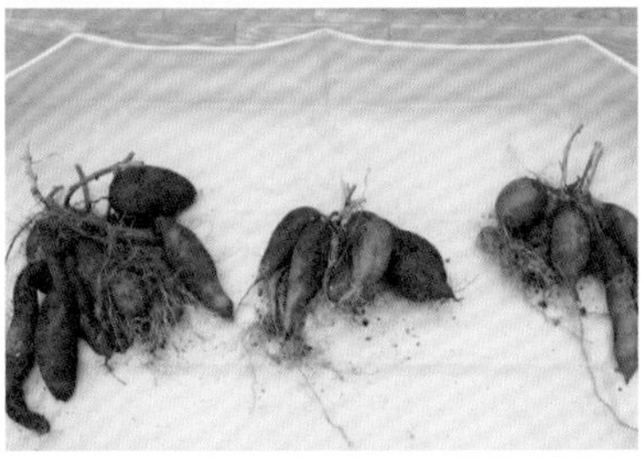

由左向右為「紫色的甜蜜阡陌」、「鳴門金時」、「紅東」，這三種品種的產量都很多。

山藥

建議栽種根部長度有限的品種

原產於中國，十七世紀前傳入日本。主要的品種有長芋、銀杏山藥和佛掌芋。

山藥的近親——薄葉野山藥原產於日本，生於日本山野。不管哪一種品種，都能食用位於地底的根部（塊根）。

銀杏山藥和佛掌山藥的根部長度有限，較適合深度受限的盆栽。不過長芋和薄葉野山藥亦可以相同方式栽培。

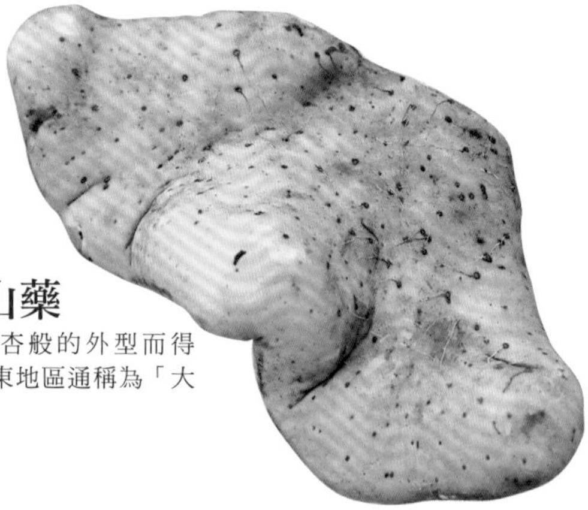

銀杏山藥

因如同銀杏般的外型而得名，在關東地區通稱為「大和芋」。

佛掌芋

（又稱揉芋）

在關西地區通稱為「大和芋」，球根形狀，表皮凹凸，芋肉具有黏性，味道濃郁，屬於遠近馳名的日本在地品種，黑色表皮為「加賀丸芋」和「丹波芋」（如圖所示），白色表皮的是「伊勢芋」。

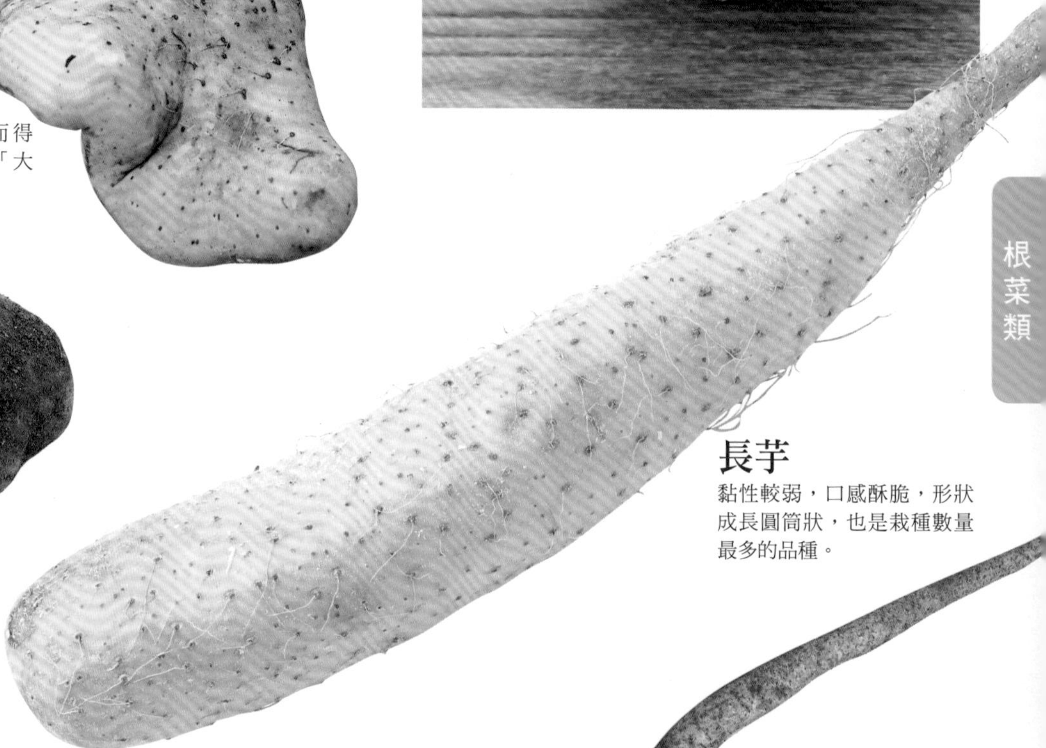

長芋

黏性較弱，口感酥脆，形狀成長圓筒狀，也是栽種數量最多的品種。

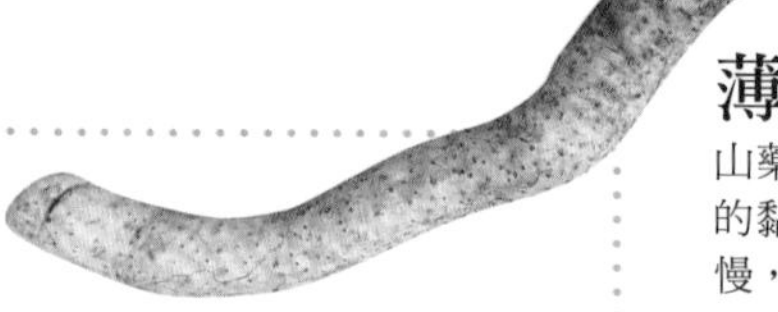

薄葉野山藥

山藥的近親，芋肉具備強韌的黏性，味道鮮美。成長緩慢，形狀扭曲碩長。

CHINESE YAM/JAPANESE YAM

植物的基本資料

科　　名：薯蕷科
食用部位：根（塊根）、珠芽（零餘子）
病 蟲 害：擬變色細頸金花蟲、葉蟎等
生長適溫：17℃至30℃

尺寸大小

植　　株：寬40cm至50cm、高150cm至200cm
花　　盆：深圓形（容量約15ℓ）

栽培月曆

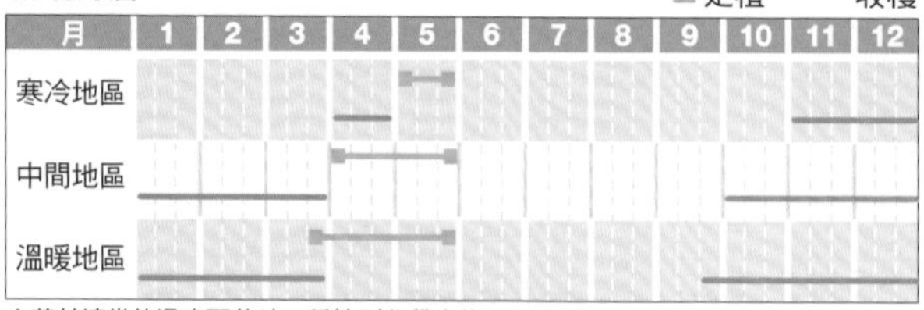

*若於適當的溫度下栽培，種植到收穫大約5至6個月。

CHINESE YAM
JAPANESE YAM
動手種種看！

定植後必須頻繁地澆水，以免乾燥。若栽種品種為長芋和薄葉野山藥，根部無法筆直延伸，但是比起栽種於田間，收割時比較輕鬆。

1 製造栽培土

製作種類C的栽培土，參考P.24至P.25。

2 種植種薯

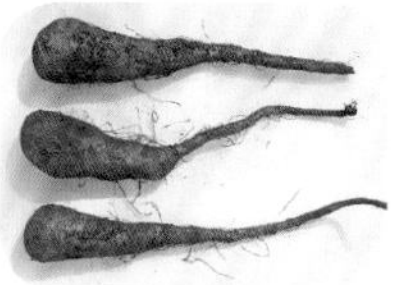

薄葉野山藥的種薯

佛掌芋的種薯

放入栽培土（參考P.30）到花盆一半的高度。長芋、銀杏山藥和佛掌芋是從細長的部分開始發芽，因此細長的部分向上。圓形的種薯則是將略尖的部分向上。

種植完畢後，覆土至距離花盆邊緣2cm至3cm之處，澆灌大量水分。

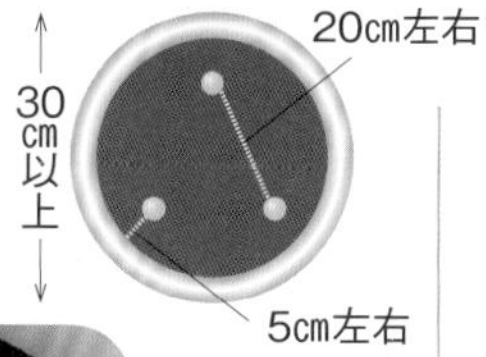

薄葉野山藥的種薯橫放於三處，預留間距勿使種薯重疊。

3 豎立支架

種植後一個月，藤蔓會開始蔓延出花盆，須豎立塔式支架（參考P.33），以繩索纏繞支架成螺旋狀。

沒有支架的藤蔓蔓延出花盆的樣子。

將長出的藤蔓纏繞於塔式支架的繩索，藤蔓自然會攀爬支架與繩索，一路往上長。

4 追肥

葉子顏色變差時（參考P.37），追加種類C的肥料。

5 收穫

莖葉開始泛黃就表示可以收成了。

從貼近地面的位置剪下莖部，以鏟子挖開周圍土壤，拉住根部拔出。

山藥小常識

零餘子為山藥的側芽

零餘子可與白米一起炊煮或以鹽水川燙過後享用。所謂的「零餘子」指的是山藥葉子基部的側芽（珠芽），形狀約5㎜至1㎝大小，質地與口感與山藥相似，熟落於土壤中，會形成新的山藥。植株的每一片葉子的底部都有珠芽，如果莖葉茂盛，一棵山藥上大約會出現一百個以上的珠芽。

家庭盆栽難以將零餘子栽培成山藥，因此建議仍購買種薯栽種，種植期間就採收的零餘子好好享用吧！

美國圞土兒

美國原住民日常食用的蔬菜，營養價值高

日文別名為「美洲薯」，屬於藤蔓型的豆類蔬菜。原產於北美，號稱是「美國原住民的營養食品」，富含蛋白質、脂質、鐵質和鈣質，營養非常豐富，因此以健康蔬菜而受人矚目。

據傳美國圞土兒（香芋）是在明治時代傳入日本，當時由北美進口蘋果果苗至青森時，發現子芋覆著於蘋果苗根部。也許是進口的地緣關係，日本的美國圞土兒的栽種地多半集中於東北地區，被認為是養病與產後的營養

動手種種看！

1 製造栽培土

製作種類A的栽培土，參考P.24至P.25。

2 種植種薯

挑選大小3cm至4cm的種薯，種植於三處，間距為20cm左右。

放入栽培土（參考P.30），挖掘3個深度3cm至5cm的植穴，間隔為平均的20cm。

1個植穴放入1個種薯。

3個植穴都放入種薯之後覆土。

定植完畢後以附有蓮蓬蓬的澆花器進行大量澆灌。

3 豎立支架

美國圞土兒（香芋）的藤蔓生長旺盛，須豎立塔式支架（參考P.34），並以雪吊的方式垂掛麻繩。

種植1個月後長出的藤蔓。

將藤蔓纏繞於雪吊的麻繩上，藤蔓就會自行沿麻繩往上生長。

4 追肥

葉子顏色變差時（參考P.37），追加種類A的肥料。

食品。

外型特徵為3cm至4cm的塊根串連如念珠，耐病耐蟲，幾乎不會受到病蟲害影響，容易栽培。料理方式如同其他薯類，可以鹽水川燙、燉滷、油炸或放入味噌湯。

美國土兒小常識

如何處理不停盛開的花朵？

美國圞土兒的花朵到了夏天就會持續地盛開，可愛的紫色花朵香氣四溢，花朵乾燥後能作為茶飲。

經科學研究發現美國圞土兒的花朵具有抑止血糖上升的效果，今後應該會更常為人所活用。

花朵放置不管會造成大部養分被花朵吸收，早點採收才能促進塊根肥大。

食用花朵也有益健康，可以摘下活用，不須丟棄。

5 收穫

莖葉枯萎就表示可以收成了。

莖葉會因為天氣寒冷而先行枯萎，停止生長。枯萎之後一直到初春都能採收。

從靠近地面處剪下藤蔓。

用力拉起就能看到如同成串念珠的美國圞土兒。

保存方法

地上的莖葉部分枯萎之後再來收成也不遲。由於塊根部分耐寒，因此清除地上枯萎的部分後可以將塊根一直保留於土中。莖葉枯萎一直至3月中旬（日本地區），隨時都可以收成。3月下旬開始，塊根就會再度冒出新芽，進入下一個生長季。

營養價值高，需當心食用過量，一天食用1至3顆營養就已足夠。

植物的基本資料

科　　名：豆科
食用部位：根（塊根）、花
病 蟲 害：無
生長適溫：20℃左右

尺寸大小

植　　株：寬30cm至40cm、高100cm至150cm
花　　盆：深圓形（容量約15ℓ）

APIOS

栽培月曆

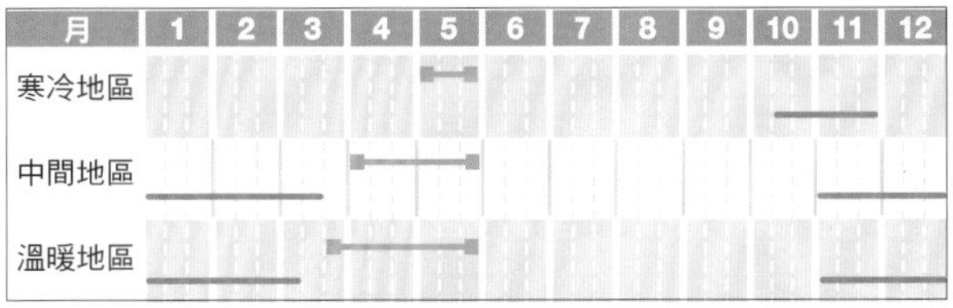

＊若於適當的溫度下栽培，種植到收穫大約6個月。

薑

用途廣泛，為日、西、中式料理及民族料理都不可或缺的香料

原產於亞洲熱帶地區，適合高溫多雨的環境，但是日照不甚良好之處也能種植。

在日本依據根莖的大小，分為食用根莖的大薑、連同葉子一同食用的小薑和兩者皆可食用的中薑。

中薑在夏季採收是嫩薑，等到秋季進行採收就成了老薑，可以同時享受兩種不同食用方式的樂趣。

動手種種看！

1 製造栽培土

製作種類C的栽培土，參考P.24至P.25。

2 種植種薑

以10cm間距放入種薑。

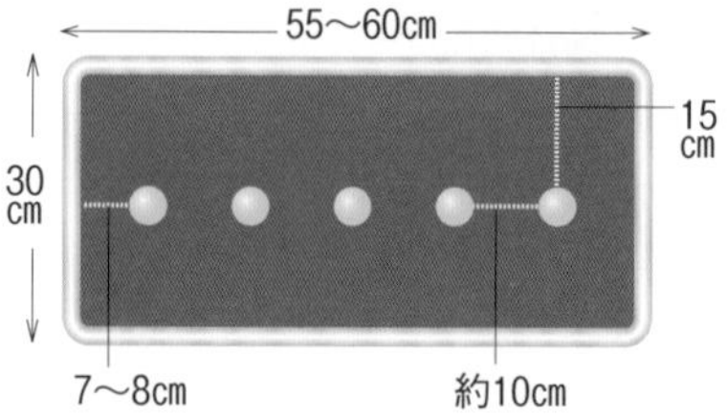

種薑過大時可以菜刀切割，於切割面塗抹草木灰防止腐敗。

放入栽培土（參考P.30）至花盆2/3的高度，發芽部位朝上，覆蓋5cm後的培土之後澆水。

3 追肥

葉子顏色變差時（參考P.37），追加種類C的肥料。

4 收穫

莖葉枯萎之後就表示可以收成，抓住莖葉，拔出根莖。

收成之後的根莖。根薑可作為第2年的種薑使用。

種薑也可當作「老薑」食用，香味與辣味強勁，纖維質多。

植物的基本資料

科　　名：薑科
食用部位：莖（根莖）
病 蟲 害：無
生長適溫：25℃至30℃

尺寸大小

植　　株：寬20cm至30cm、高70cm至100cm
花　　盆：深方形（容量約20ℓ）

GINGER

栽培月曆

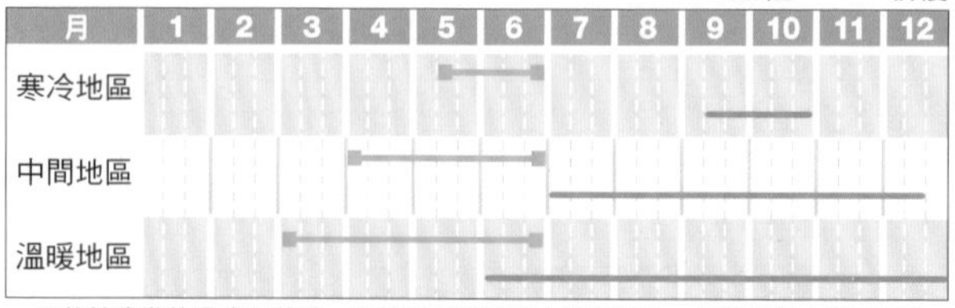

＊若於適當的溫度下栽培，種植到採收葉薑大約3個月， 採收根薑大約5個月。

薑黃

咖哩或醃蘿蔔等黃色香料食材

薑黃英文為TURMERIC，常用來製作咖哩和醃蘿蔔，同時也是一種天然藥物。富含強化肝功能的薑黃素，可以磨碎生吃或乾燥後食用。

原產於亞洲熱帶地區，日本栽種地主要於沖繩或九州南部等溫暖地區。春天與秋天若採取有效的防寒措施，在寒冷地區也能栽培。

家庭栽培推薦種植藥用成分較多且容易種植的秋薑黃。

動手種種看！

1 製造培土

製作種類C的栽培土，參考P.24至P.25。

2 種植種薑

放入培土（參考P.30），挖掘3個植穴放入3顆種薑黃，間距20cm。

3 追肥

葉子顏色變差時（參考P.37），追加種類C的肥料。

種植1個月之後的薑黃，葉子開始茂密。葉子顏色變差表示應當追肥。

4 收穫

莖葉枯萎後就表示可以收成，用力抓住莖葉，拔出塊莖。

收成之後的塊莖。根薑可作為第2年的種薑使用。

薑黃小常識

春薑黃和秋薑黃不一樣嗎？

夏天到秋天開白花的是秋薑黃，薑肉呈現濃郁的黃色，含有大量的薑黃素，可以提升肝功能。春天開粉紅色花的春金，富含精油成分與礦物質，具有抗氧化的作用。薑肉呈現淡紫色的莪朮有益腸胃健康，會在初夏綻開粉紅色的花朵。

TURMERIC

植物的基本資料

科　　名：薑科
食用部位：莖（塊莖）
病 蟲 害：無
生長適溫：25℃至30℃

尺寸大小

植　　株：寬20cm至30cm、高70至100cm
花　　盆：深圓形（容量約15ℓ）

栽培月曆

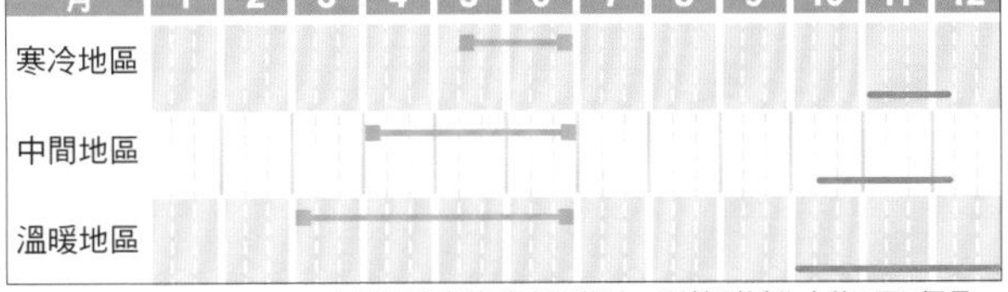

＊若於適當的溫度下栽培，種植到採收大約5至7個月。

蘿蔔

花盆深度足夠就能栽種青肩蘿蔔！

蘿蔔的特徵是根部伸入地底之後肥大。據傳蘿蔔是由中國傳入日本，至今日本的蘿蔔產量與消費量皆為世界第一，由此可見日本人非常喜愛以蘿蔔製作料理。

日本的蘿蔔種類也因此非常豐富，可挑選春天不易抽苔（長出花芽

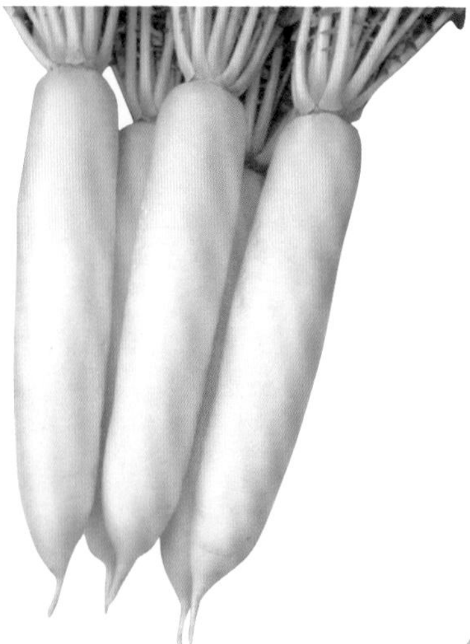

耐病總太
根部頂端綠色的品種代表，根部平均肥大。不易出現空洞現象，因此提早或延後收成都美味。食用方式廣泛，可燉滷、醃漬或磨泥。

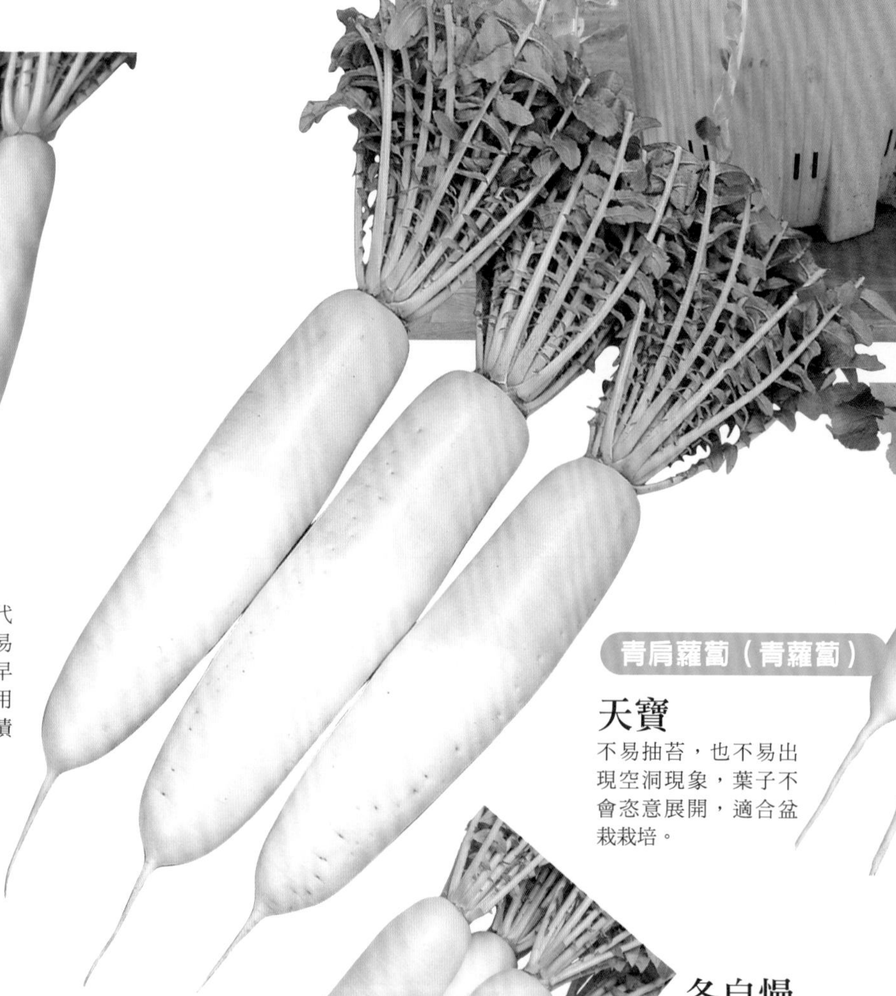

青肩蘿蔔（青蘿蔔）

天寶
不易抽苔，也不易出現空洞現象，葉子不會恣意展開，適合盆栽栽培。

YR彩太郎
容易栽種，食用方便。根部頂端綠色的品種當中，屬於美味的品種。耐萎黃病。

D-51
日本秋田腔稱白蘿蔔為「DEGO」，取日文諧音D-51命名。此品種不易出現空心現象，葉子小，容易在限制空間種植。

大師
葉子短小，因此適合狹小的空間。肉質細緻美味。

冬自慢
細長的葉子直立，可密集種植，適合盆栽。不易出現空洞現象，生食或燉滷都非常美味。

與花莖，導致蘿蔔的根部無法肥大）的品種或夏季耐熱的品種，或者中間地區和溫暖地區一整年都能播種和收成的品種。

田間栽培時為了避免部分岔根，必須深掘土壤，每次都重新製造栽培土的盆栽就不須多費工夫挖土，只要準備深度30cm的花盆，就能輕鬆種植根部頂端呈現綠色的長形蘿蔔。

超市很少見到彩色品種和來自中國的蘿蔔，因為根部不長，最適合盆栽。

葉用蘿蔔

初鳥君
葉子顏色鮮綠，柔軟不苦澀。容易分蘗，一整年都可以栽種。

葉太郎
生長能力強，容易栽種。葉子呈深綠色，毛少柔軟，料理方式簡單。

葉美人
生長期短，容易種植，可以長時間栽種。適合各種烹調方式，如炒奶油、醃漬或沙拉。

中國蘿蔔

江都青長
根部頂端綠色的部分長，肉質細緻甘甜，磨成泥狀也很美麗。

天安紅心
皮白肉紅，爽脆的口感適合作成沙拉或短時間醃漬品嚐。

辣味蘿蔔

辛之助
直徑約8cm的小型圓蘿蔔，辣味強勁，適合調味與磨泥；體型嬌小，適合盆栽。

雪美人
根部長度約10cm，播種到收穫為30至45天，整年都可栽種。早春到初秋栽種的果肉辛辣，秋季至冬季之間栽種則是溫和的辣味。

彩色蘿蔔

紅粧
紅色表皮，口感甘甜水嫩。作成沙拉可以欣賞表皮美麗的顏色。

赤大根
富含花青素，以醋調味會使得顏色更加鮮豔。葉子生長旺盛，炒過食用亦佳。

迷你蘿蔔

葉根子
根部長度20cm至22cm，根部與葉子皆柔軟美味，整株都可食用。

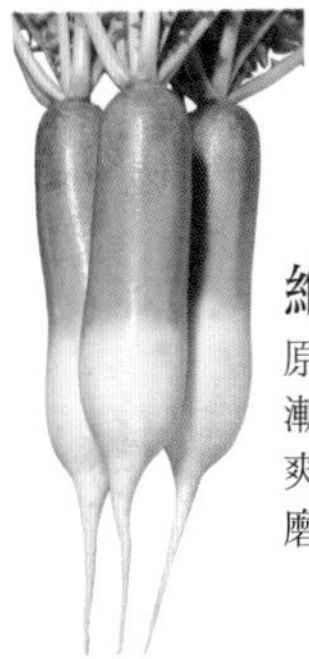

維他命大根
原產於中國，鮮綠的漸層非常美麗。口感爽脆，很適合生食、磨泥或醃漬。

歐姆斯巴修
外觀特殊，呈飯糰形狀。根部長度約14至16cm，重量800g，正好可以一手掌握，適合磨成蘿蔔泥、沙拉和炒菜。

JAPANESE RADISH
動手種種看！

播種時以間苗為前提，多撒一些種子。由於蘿蔔是食用根部的直根類蔬菜，植苗後移植或以間苗的植株移植都會傷害根部，造成部分叉根，因為切勿移植。

1 製造栽培土

製作種類C的栽培土，參考P.24至P.25。

2 播種

撒播於20處，每處3粒種子（參考P.26至P.27）。蘿蔔是食用根部的直根類蔬菜，一定要直種。

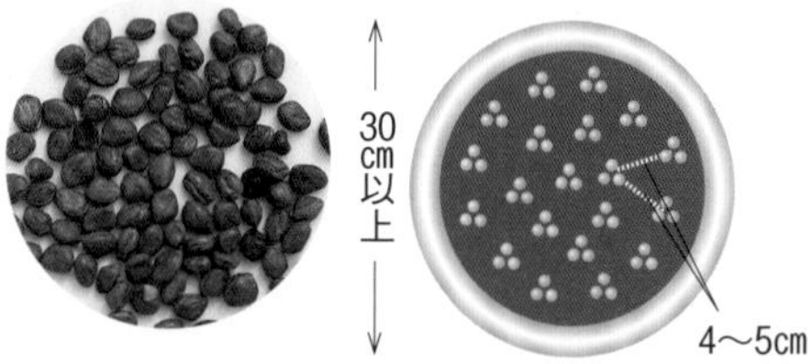

3 間苗＆收穫（第一次）

長出本葉，開始與其他植株葉子交錯就會出現陰影，造成生長狀態不佳，必須進行間苗。

長出兩片本葉之後，拔去或剪下生長狀態不佳和遲緩的植株，一處留下兩棵植株。

間苗之後的狀態。

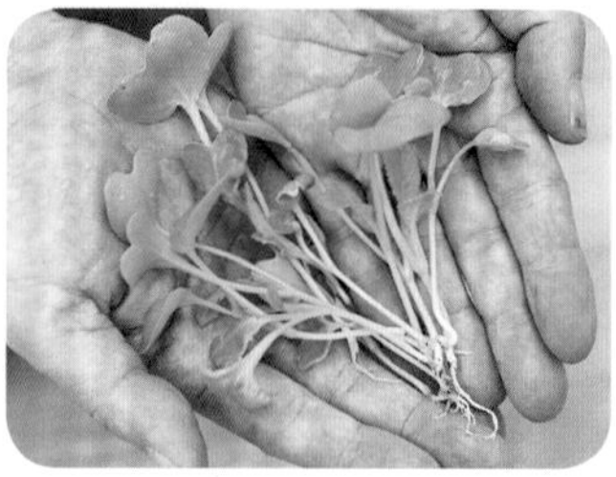

蘿蔔的嫩葉，適合生食。

4 間苗＆收穫（第二次）

長出3至4片本葉時，拔去生長狀態不佳的植株，一處留下一棵。

間苗時可以拔去整棵植株，或剪去植株密集的莖葉，請不要剪傷根部。

第二次間苗之後，整體清爽了許多。

5 追肥

葉子顏色變差時（參考P.37），追加種類C的肥料。

白蘿蔔小常識

蘿蔔嬰是蘿蔔的近親嗎？

蘿蔔嬰不是蘿蔔的近親，蘿蔔嬰就是蘿蔔，是蘿蔔的嫩芽，是一種芽菜類蔬菜。蘿蔔播種之後，在無光處栽培一星期所長出的胚軸就是蘿蔔嬰，最後一天移到有陽光處接受日照，雙子葉變為綠色之後就可收成。

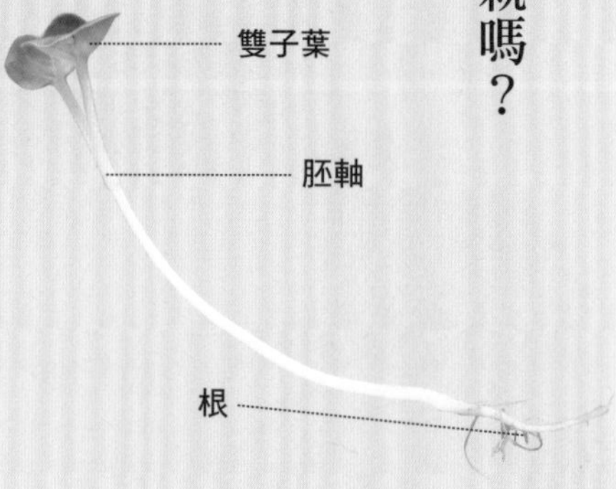

JAPANESE RADISH

植物的基本資料

科　　名：十字花科
食用部位：根、胚軸、葉
病 蟲 害：軟腐病、蚜蟲、青蟲、小菜蛾的幼蟲、夜盜蟲等
生長適溫：17℃至20℃

尺寸大小

植　　株：寬30cm至40cm、高約30cm、根長約20cm（根部頂端綠色的品種）
花　　盆：深圓型（容量約15ℓ）

栽培月曆　●播種　━收穫

月	1	2	3	4	5	6	7	8	9	10	11	12
寒冷地區（播種）			●	━	━	━	━	━	●			
寒冷地區（收穫）					━	━	━	━	━	━	━	━
中間地區（播種）	━	━	━	━	━	━	━	━	━	━	━	━
中間地區（收穫）	━	━	━	━	━	━	━	━	━	━	━	━
溫暖地區（播種）	━	━	━	━	━	━	━	━	━	━	━	━
溫暖地區（收穫）	━	━	━	━	━	━	━	━	━	━	━	━

＊若於適當的溫度下栽培，播種到採收大約2至4個月，若品種不同，所需時間也會略有差異。

6 間苗＆收穫（第三次）

長出5至6片本葉時進行第三次（最後一次）的間苗，只留下三根健康的植株。

長出5至6片本葉時進行最後一次間苗，只留下3根植株。

間苗之後的狀態，在收穫前不需再次間苗。

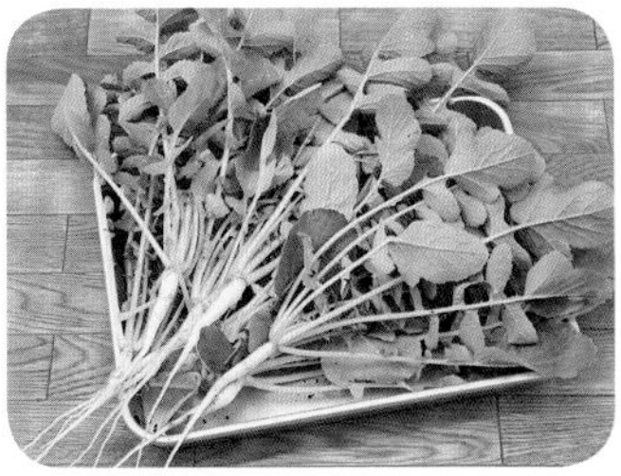

間苗後的葉子的用途廣泛，可以炒菜或煮湯。

7 收穫

觀察根部的狀況，足夠肥大就能採收，根部頂端綠色的品種只要太晚收成，葉子就會開始枯黃，根部也會出現空心，因此收成期必須特別留心照顧。

抓住葉子基部，用力連根拔起。

展開的葉子開始泛黃表示可以收成，收成前必須先確認根部的狀況，例如根部頂端為綠色的品種在根部長到直徑5cm至6cm時可以收穫。

蘿蔔小常識

蘿蔔的味道根據部位而有所不同

蘿蔔的味道根據部位而略有不同，頂部甘甜、中段柔軟、底部辛辣。烹飪時根據需求截取不同部位，吃起來更美味。

頂端
水分多口感爽脆，適合作成沙拉或磨成泥食用。

中段
肉質柔軟甘甜，適合燉滷烹調，例如關東煮或川燙後沾味噌食用。

底部
水分少辣味重。適合作為味噌湯的湯料或磨成泥當沾料。

保存方式
若保留葉子容易造成水分蒸發與根部空心，收成後應立即切除葉片，建議作成蘿蔔乾或醃漬保存。

西洋蘿蔔

短期間就能採收的小型蘿蔔

西洋蘿蔔是小型蘿蔔的一種，由於栽種期間短暫，在日本又稱為「20天蘿蔔」。夏季從播種到採收約30天，寒冬則為60天。

近年來越來越容易買到來自國外的種子，種類多樣、色彩鮮豔，栽培西洋蘿蔔也變得越來越有趣。

西洋蘿蔔屬於直根類，不須移植。春季至秋季之間栽種容易遭到蟲害，建議使用防蟲網覆蓋花盆。

國民蘿蔔 2

比日本在地品種稍大，渾圓飽滿。紅色與白色構成的漸層非常可愛，且不易裂根。

紅白

長度4cm至5cm，屬於稍長的西洋蘿蔔，外型紅白相稱非常美麗，適合生食或醃漬。

白雪姬20日

長度約8cm，直徑2公分左右的純白品種，帶有透明感。風味遠勝蘿蔔。

五彩繽紛

一袋種子裡可以栽種白色、紅色、粉紅色、淡紫色和紫色共5種顏色的西洋蘿蔔，建議作成沙拉或醃漬邊觀賞邊享用此品種美麗的顏色。

彗星

根部直徑2cm左右的渾圓品種，表皮鮮紅，肉質純白可口。適合作成沙拉、醋漬和鹽漬。葉子富含維他命，可以涼拌或以奶油炒過食用。

蘿蔔花園

日本少見的黃色西洋蘿蔔，為波蘭自古以來栽種的品種，甘甜爽脆有咬勁。

雪小町

長度8cm到10cm，直徑1.5cm的白色西洋蘿蔔。肉質水嫩柔軟。

動手種種看！

西洋蘿蔔可以反覆間苗，播種時不妨多撒一些種子。採收一晚就會嚴重影響根部的品質，必須留意於適當的收成期間採收。

1 製造栽培土

製作種類C的栽培土，參考P.24至P.25。

2 播種

盆中以5㎜為間隔進行撒播（參考P.26至P.27），西洋蘿蔔是食用根部的直根類蔬菜，一定要直種。

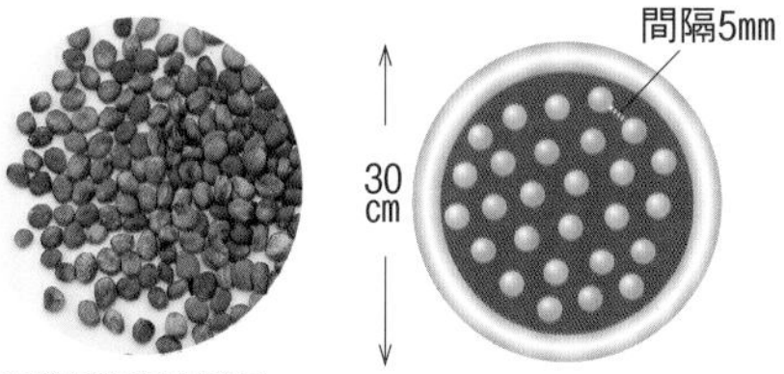

西洋蘿蔔的種子

3 間苗＆收穫

長出雙子葉後，進行第一次間苗，拉開植株的間距到1㎝，接著只要植株密集就可以進行間苗。

長出3至4片本葉，植株開始密集時就可以進行第二次間苗。

植株密集處從中間的植株開始間苗，保持葉片稍微交疊。間距過小則根部無法肥大。

間苗之後的狀態。間苗之後的嫩葉可以添加於各種料理。

4 追肥

葉子顏色變差時（參考P.37），追加種類C的肥料。

5 正式收穫

根部直徑達到2㎝至3㎝代表可以收成。超過收割時期，根部會出現空心，甚至裂根。因此必須留意，以免錯過採收期。

徒手依序拔起可以採收的植株。

櫻桃蘿蔔小常？
使用長形花盆的栽種方法

沒有圓形花盆時，也可以利用長形花盆栽種。播種改以5㎜為間隔進行條播（參考P.26至P.27），雙子葉展開之後間苗至間距1㎝，長出3至4片本葉之後間苗至間距3㎝至4㎝。條播兩列以上的話，列與列的間距為10㎝。

RADISH

植物的基本資料
- 科　　名：十字花科
- 食用部位：根、胚軸、葉
- 病 蟲 害：蚜蟲、青蟲、小菜蛾的幼蟲等
- 生長適溫：17℃至20℃

尺寸大小
- 植　　株：寬5㎝至6㎝、高約15㎝、根長約10㎝
- 花　　盆：小的圓形（容量7ℓ至8ℓ）

栽培月曆

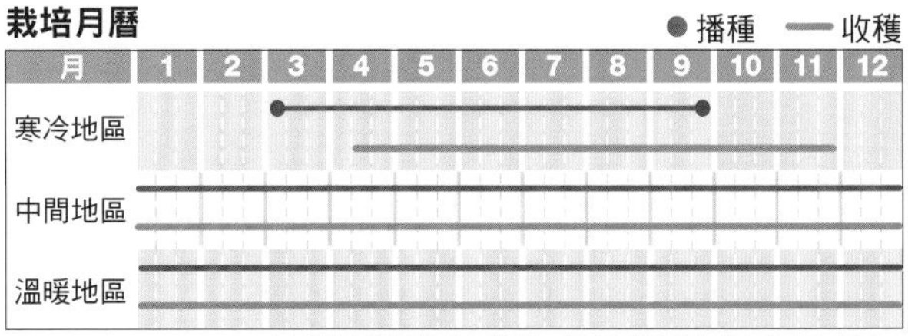

*若於適當的溫度下栽培，播種到採收大約30天至40天。

蕪菁

使用花盆栽種，一整年都可以收成

蕪菁的魅力在於渾圓的胚軸、葉片與葉柄皆可食用。小蕪菁的栽培期間短，能輕鬆控制植株大小，而且能一邊間苗一邊收成，最適合盆栽。

播種到收成的時間根據品種與栽培季節不同，但是一般從播種至收成約莫1.5至3月，短期間就能成長，也

金町小蕪菁

小型蕪菁的代表，栽種中心為東京都葛飾區一帶。直徑5cm至8cm，渾圓高腰，近乎球狀。肉質細密，帶有甜味與獨特的風味，其葉子也很美味，可用於燉滷、醃漬或油炒。

寄居蕪菁

日本新潟市寄居町的傳統蔬菜。外型扁平呈白色，體型中等。長葉和抽苔後的莖部也非常美味，適合醃漬或燉滷。

溫海蕪菁

據說從四百年前開始以火耕法種植於日本山形縣溫海町一帶的山坡上，外觀為深紫紅色的橢圓形，葉片短，多往橫向擴長，毛多肉硬，適合以甜醋醃漬食用。

日野菜蕪菁

源自日本近江國浦生郡的蕪菁，頂端為紫紅色，土中的部分為白色，直徑2.5cm，長度約20cm，屬於長形蕪菁。葉子直立無毛。

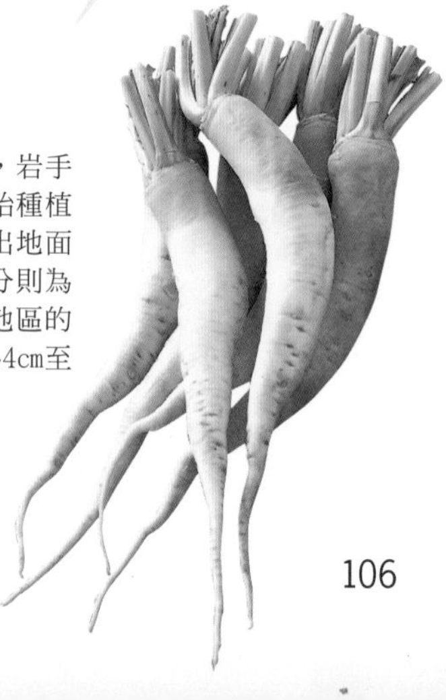

暮評蕪菁

遠從日本戰國時代開始，岩手縣遠野市暮評地區就開始種植暮評蕪菁。暮評蕪菁露出地面的胚軸為綠色，地下部分則為白色，辣度會因為栽種地區的氣候寒冷而增強，直徑為4cm至5cm，長度約20cm。

不需要費心照顧。如果是盆栽的話，管理方便且能避免季節性的極端寒冷與炎熱。如此一來，即使是中間地區（參考P.201）也能收成一整年。

蕪菁的大小取決於間苗後的間隔，狹窄的間隔可以收成大量的小蕪菁。若不在意數量多寡也要收成大蕪菁，請確實地拉開間隔。此外，收成要趁早。如果來不及收成，胚軸會出現空心，甚至裂根。

日本有許多蕪菁的在地品種，形狀與顏色各具特徵，挑選自己喜歡的品種種植也是一種樂趣。

菖浦雪

胚軸頂端呈紫色，下方雪白，胚軸成橢圓形。除了生食之外，可以醋醃漬，使果肉完全變成紫色。

斯萬

植株生長至中型或大型即可收穫，但此品種的小型蕪菁亦可進行採收。肉質柔軟甜美，除了醃漬食用之外，也能作成沙拉生食。

飛驒紅蕪菁

紅色蕪菁的代表品種，種植地以日本岐阜縣高山市為中心。表皮鮮紅，內部白嫩，醃漬時表皮的顏色會使整顆變紅。

津田蕪菁

島根縣出雲地區的傳統品種，根部尖端會自行於土中彎曲，形成上弦月的形狀。適合以甜醋或米糠醃漬。

黃金球

西洋蕪菁中的古老品種，適合秋天播種，表皮呈現淡黃色。胚軸渾圓，肉質結實，適合製作沙拉、燉菜或湯品。

夜蕪菁

栽種簡單，圓形的胚軸上方紅色，下方白色。適合燉菜或製作湯品，葉子也很美味。

美德蕪菁

外表雪白，形狀類似粗大的氣缸。肉質柔軟甜美，葉子較短，適合製作燉菜或煮成湯品。

TURNIP

植物的基本資料

科　　名：十字花科
食用部位：胚軸、葉
病 蟲 害：蚜蟲、青蟲、小菜蛾的幼蟲、夜盜蟲等
生長適溫：15℃至20℃

尺寸大小

植　　株：寬20cm至30cm、高30cm、根長約15cm
花　　盆：標準型（容量約15ℓ至20ℓ）

栽培月曆

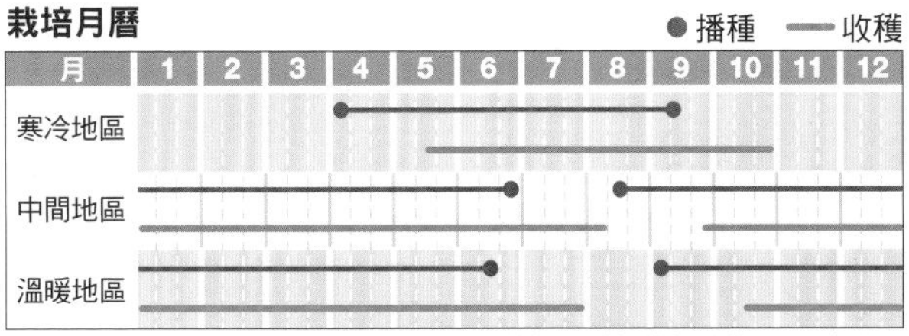

＊若於適當的溫度下栽培，小蕪菁從種植到採收大約1.5至2個月；大蕪菁為2至3個月，若品種不同，所需時間也會略有差異。

以間苗為前提，播種時可以多撒一些種子。最後的植株間隔決定蕪菁的大小。如果間距小，就能採收許多小蕪菁。

1 製造栽培土

製作種類C的栽培土，參考P.24至P.25。

2 播種

盆中以5㎜為間隔進行條播（參考P.26至P.27），條播2列以上時，列與列之間相隔10cm。

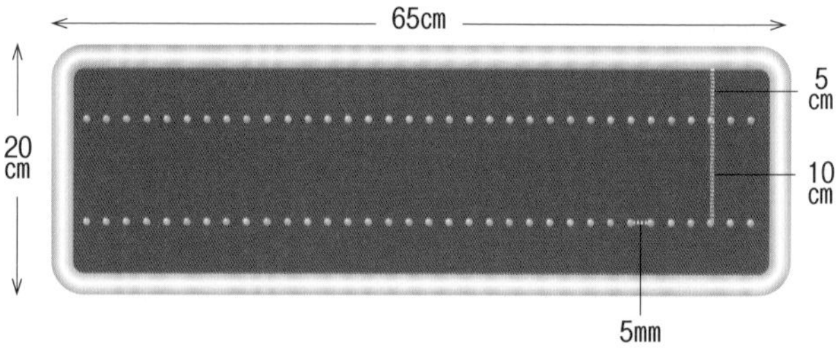

使用圓形花盆栽種的方法

撒播的方式（參考P.26至P.27），每處放置2至3顆種子，因應生長狀態而反覆間苗，最後一處留下一棵植株即可。

3 間苗&收穫

從密集的部分和生長不佳的植株開始間苗。

播種之後兩星期，本葉的數量增加，整體密集。

進行第一次間苗，拔出生長情況不佳的植株或從根部剪下，維持植株的間距為2cm至3cm。

完成間苗之後的狀態。接下來還會繼續成長，看起來空空蕩蕩也無所謂。

2週後進行第2次間苗。長出5至6片本葉，植株開始直立時進行間苗。間苗方式與第一次相同，植株的間距擴張為5cm至7cm。

根菜類

蕪菁小常識

蕪菁需要追肥嗎？！

小蕪菁的生長期間短暫，在混和栽培土時使用足夠的堆肥，即不須追肥。如果想栽種大蕪菁，根部開始肥大時可參考P.37，追加種類C的肥料。追肥します。

植株的間距決定蕪菁的大小！

間苗時保留多餘植株，維持植株密集的狀態就能採收許多小蕪菁。另一方面，想要收成大蕪菁就必須在最後一次間苗時擴大植株的距離。

間苗時調整的間距較小所栽培而成的蕪菁。

體形較小，但是數量較多。

拉開植株間距的收成結果，雖然數量較少，收成的體形較大。

根部開始肥大，進行最後一次的間苗。植株間距為10cm時，根部較易肥大。

根部長到這個程度就不需要使用剪刀，直接連根拔起。

4 收穫

發現胚軸已經長成足夠大小表示可以收成。

發現胚軸已經長成足夠大小表示可以收成。抓住接近底部的葉柄，就能連根拔起。蕪菁必須在適當的時期收成，不得過晚。

胡蘿蔔

播種至發芽，嚴禁乾燥必須頻繁澆水

胡蘿蔔是黃綠色蔬菜的代表，富含胡蘿蔔素。由於保存期限長，是重要常見的蔬菜。胡蘿蔔發芽困難，因此「胡蘿蔔發芽了就成功一半」。為了促進發芽，必須保持環境潮濕，並時時澆水。盆栽蘿蔔較田間栽培的根部瘦小，因此建議不妨挑選根部較長的五寸系列品種，長到三寸程度大小時即可進行收割。

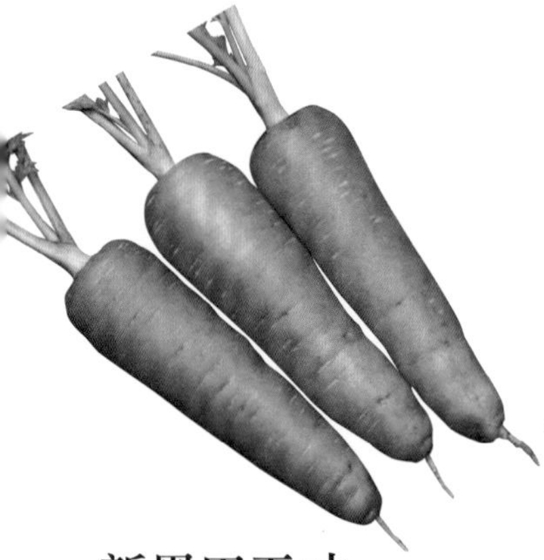

新黑田五寸

長度18cm，顏色與形狀大小俱佳，為「黑田五寸」的改良品種。成長快速，外型肥大，專供夏季播種，播種後約100天就能收成。

向陽二號

生長能力強，適合初學者栽種。特徵是根部肥大平均，形狀佳。

戀心

特徵是長度約18cm，根部成圓筒狀，肥大平均。鮮豔的橘色為各種料理增添色彩。

β312

適合春天或秋天播種，初學者也能輕鬆栽種。長度18cm，形狀也大多相同，不易裂根，採收期長。

平安三寸

成長快速，外型肥大，收成的形狀大小相同。表皮呈現油亮的深橘紅色，肉質細緻良好，不易抽苔。極早生種。

瞳五寸

肉質柔軟甜美，長度約18cm。夏季播種，冬季收成。低溫下也能肥大，延後播種而過冬栽培也不成問題。

紫之靄

香味濃厚，味道清淡，適合作為條狀沙拉品嚐。紫皮肉橘，不易抽苔，性質耐寒。

迷你蘿蔔

因為是迷你尺寸，不需菜刀，即可料理。栽培期間無需培土，很適合盆栽。

CARROT
動手種種看！

播種到發芽為止要一直保持土壤濕潤，經常澆水。發芽之後就不需多費心照顧。

1 製造栽培土

製作種類C的栽培土，參考P.24至P.25。

2 播種

盆中以5㎜為間隔進行條播（參考P.26至P.27），條播2列以上時，列與列之間相隔15cm。

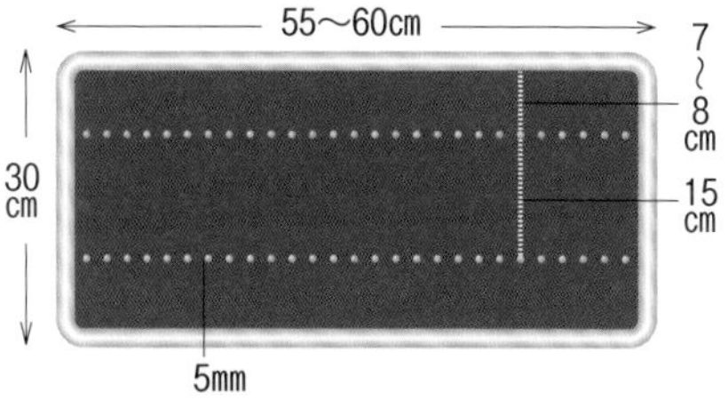

3 間苗＆收穫

配合成長狀態進行間苗兼收穫，拉開植株的距離。

1 植株長出2片本葉時，進行第一次間苗。

2 間苗時以手拔除或以剪刀剪下不健康和生長情況不佳的植株，植株的距離拉開至3cm。長出4至5片本葉時，植株的距離拉開至5cm至6cm。長出7至8片本葉時，植株的距離拉開至10cm。

3 最後間苗的業片柔軟美味，可別丟掉了。

4 追肥

葉子的顏色開始泛黃表示肥料耗盡。

葉子顏色變差時（參考P.37），追加種類A的肥料。

5 收穫

胡蘿蔔頭的直徑長到3cm至4cm時表示可以收穫。

1 葉子向左右展開，表示快要可以收成了。

2 稍微挖開土壤，確認根部是否足夠肥大。從合適的植株開始依序收成，連根拔起。

胡蘿蔔小常識

太晚收穫導致內部空心

太晚收穫會導致內部空心，品質不佳。繼續置之不理，則會出現如同圖一般的裂根狀態，因此請避免過晚收成。

植物的基本資料

科　　名：傘形科
食用部位：根、葉
病 蟲 害：白粉病、蚜蟲、鳳蝶的幼蟲等
生長適溫：18℃至21℃

尺寸大小

植　　株：寬30cm至40cm、高30cm、根長12cm至20cm
花　　盆：深方形（容量20ℓ以上）

CARROT

栽培月曆

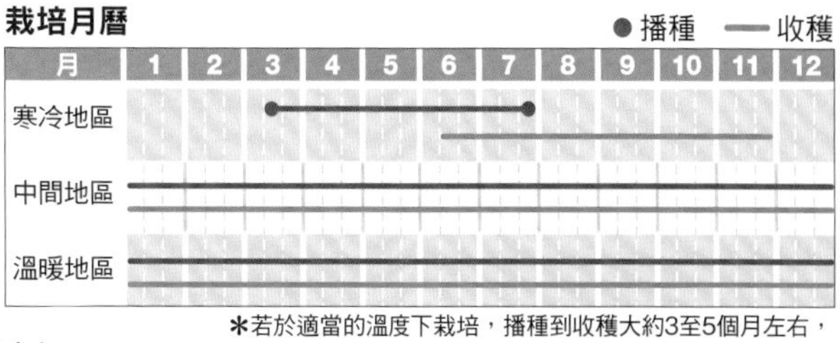

＊若於適當的溫度下栽培，播種到收穫大約3至5個月左右，若品種不同，所需時間也會略有差異。

牛蒡（迷你種）

低卡又富含食物纖維，迷你品種可作成沙拉

牛蒡近來視為有益健康的蔬菜，經常添加於沙拉中食用。如果想要品嚐未經調理的牛蒡，迷你品種比一般的長牛蒡更加合適。迷你牛蒡長度適中，肉質柔軟，口味鮮甜又可在自家菜園輕鬆栽培，因此逐漸受到歡迎。

根部長到30cm即可收成的迷你牛蒡只要準備深的花盆就能栽種，播種到收穫為75天至100天。間苗之後的葉片也美味可口，推薦大家品嚐。

牛蒡小常識

日本人很喜歡牛蒡？

牛蒡起源自歐亞大陸，但是幾乎只有日本人才會食用根部，中國則是將牛蒡的葉子和果實視為中藥。一般牛蒡的根部長度為50cm至120cm，播種到收穫約莫是一百到兩百天。根部短小的牛蒡是因為關西地區可以栽培的土層過淺所致。除此之外，秋天播種、春天就收成的葉牛蒡可以品嚐根部和葉柄，也視為春天的時蔬而為人所喜愛。

沙拉牛蒡

植株尚在直徑1.5cm之內時採收就不會苦澀，可以生吃。纖維豐富，充滿香氣。

葉牛蒡

主要食用部位為葉柄，低溫的狀態下也能栽培。莖葉白皙碩長，生長快速，植株柔軟。

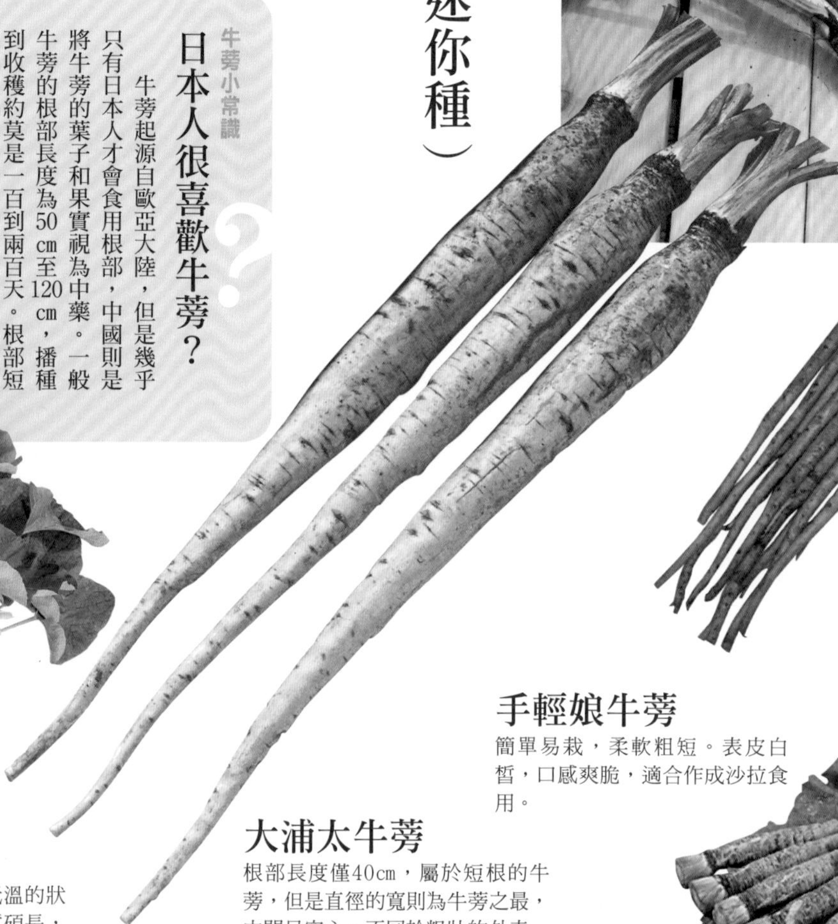

大浦太牛蒡

根部長度僅40cm，屬於短根的牛蒡，但是直徑的寬則為牛蒡之最，中間呈空心。不同於粗壯的外表，所含的纖維質非常少，口感非常柔軟。

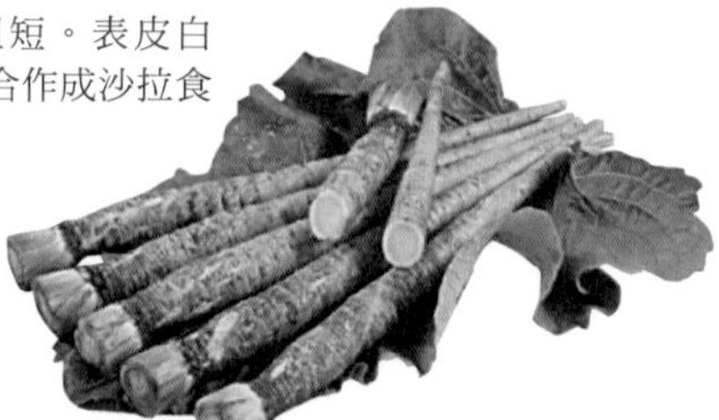

手輕娘牛蒡

簡單易栽，柔軟粗短。表皮白皙，口感爽脆，適合作成沙拉食用。

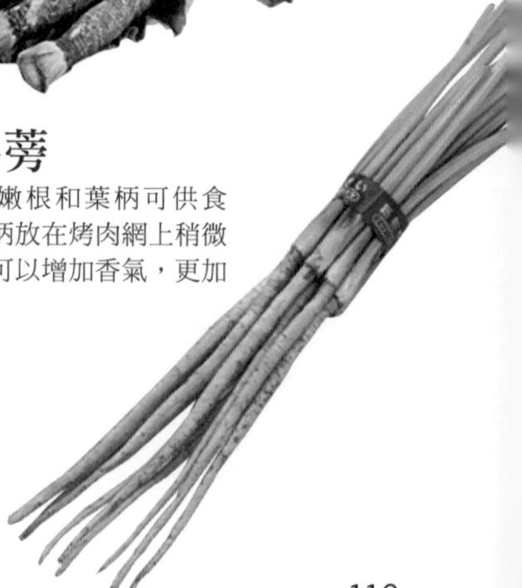

新牛蒡

柔軟的嫩根和葉柄可供食用。葉柄放在烤肉網上稍微烤過，可以增加香氣，更加美味。

根菜類

EDIBLE BURDOCK

植物的基本資料

科　名：菊科
食用部位：根、葉柄
病蟲害：黑斑病、蚜蟲等
生長適溫：25℃至30℃

尺寸大小

植　株：寬20cm至30cm、高30cm至50cm、根長30cm
花　盆：深圓形（容量約15ℓ）

栽培月曆

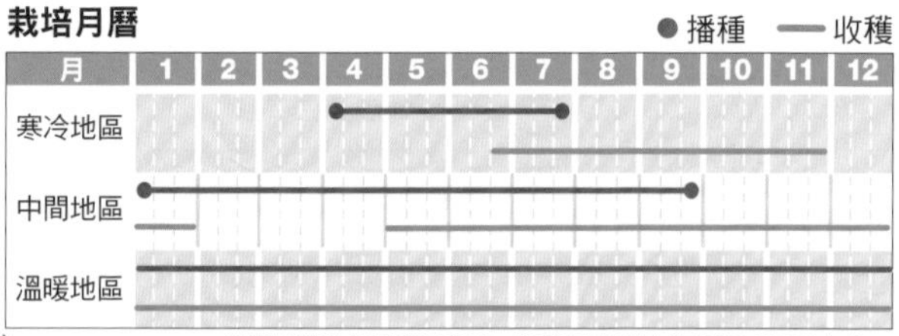

＊若於適當的溫度下栽培，種植到收穫大約75至100天左右。

EDIBLE BURDOCK
動手種種看！

牛蒡種子具有堅硬的外殼，不易發芽。因此播種到發芽為止必須澆灌足夠的水分，避免水分不足，但發芽之後就不需多費心思照顧，迷你牛蒡從播種到收穫也不用花費太長時間。

1 製造栽培土

製作種類C的栽培土，參考P.24至P.25。

2 播種

於播種的7處各放入3顆種子，參考P.26至P.27。食用根部的直根蔬菜，一定要直種。

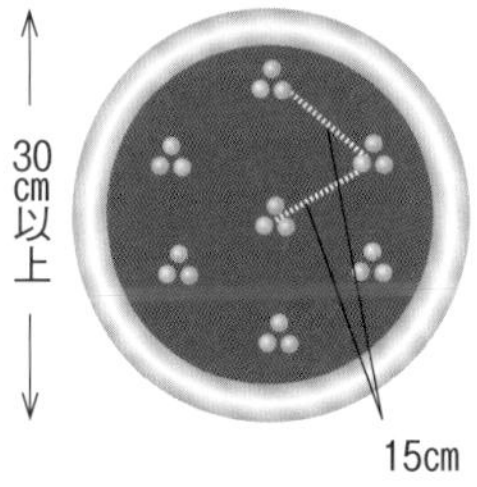

3 間苗&收穫（第一次）

植株長出2至3片本葉，開始與隔壁植株的葉子交錯時，進行第一次間苗。

以剪刀剪下成長遲緩的植株，一處留下2株植株。

間苗後的牛蒡可烹調食用，雖然還很柔軟，但是已經具備牛蒡的香氣。

4 追肥

葉子顏色變差時（參考P.37），追加種類A的肥料。

5 間苗&收穫（第二次）

再過1個月，植株的葉子已經長大到交錯重疊。

從成長遲緩的植株開始間苗，一處留下一根牛蒡。

6 收穫

生長適溫下，播種後75至100天就能收穫。

用力抓住根部，拔出牛蒡。

牛蒡小常識

牛蒡的間苗是人間美味

間苗後的植株雖然嬌小，卻也具備牛蒡的香氣與味道。同時比一般牛蒡更加柔軟，是超乎想像的人間美味，根部與莖葉相同，炒過就能享用。

實驗！移植根菜類會發生什麼狀況？

俗話常說「根菜類不可移植」或「一定要直種」，
但是移植會發生什麼問題呢？我們播種於育苗箱與穴盤，
實際確認移植的結果。

【直根類的栽培方式】

直種

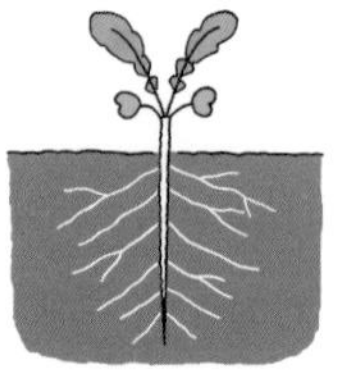

主根會先伸入土壤，之後長出側根。

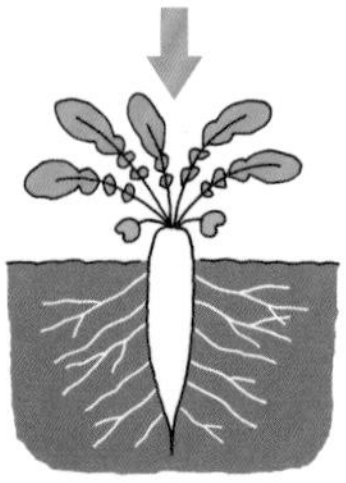

主根開始肥大。

以育苗箱栽培

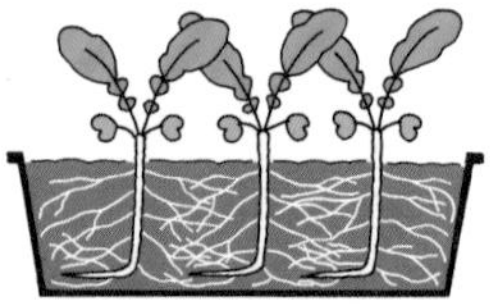

主根的頂部抵到育苗箱的底部，造成主根彎折為直角或受傷。移植之後的主根容易斷落或分岔，側根又與其他植株交錯，造成根部損傷。

以穴盤栽培

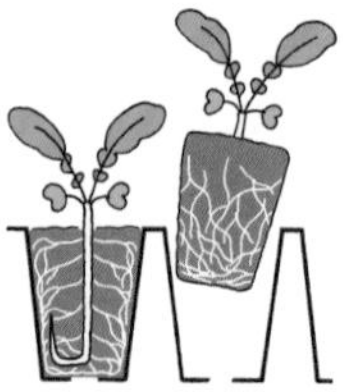

主根抵到穴盤底部，形成直角彎曲或因為無處可去而蜷縮，側根也在抵到穴盤側面之後向下生長。取出之後可以發現側根繞著土團生長。

胡蘿蔔 播種後95天

蘿蔔 播種後70天

實驗的材料

直接栽培

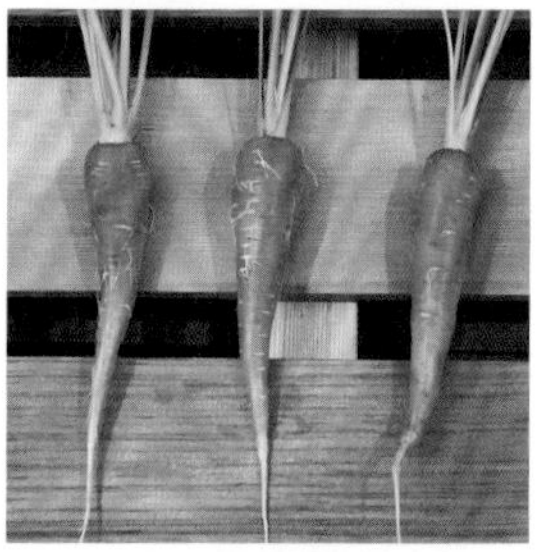

主根與側根都筆直地生長。

主根與側根都筆直地生長。

實驗用花盆
直徑25cm，深度30cm（花盆內徑）的花盆，中間播種一顆種子。

移植到實驗用花盆

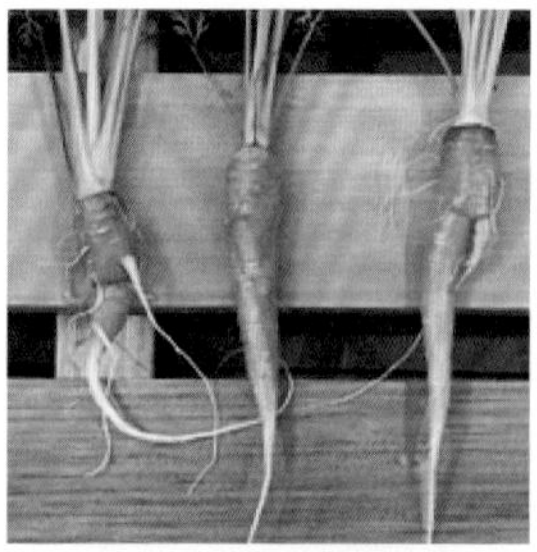

主根碰撞育苗箱的底部，出現分岔根現象。

主根碰撞育苗箱的底部，出現分岔根現象。

育苗箱
深度約6cm，內部沒有任何隔間。以免洗筷於土壤劃出溝槽，進行條播。溝槽間距為5cm至6cm，植株間距為5cm。

移植到實驗用花盆

與蘿蔔相同，主根尖端捲起或出現分岔根現象。

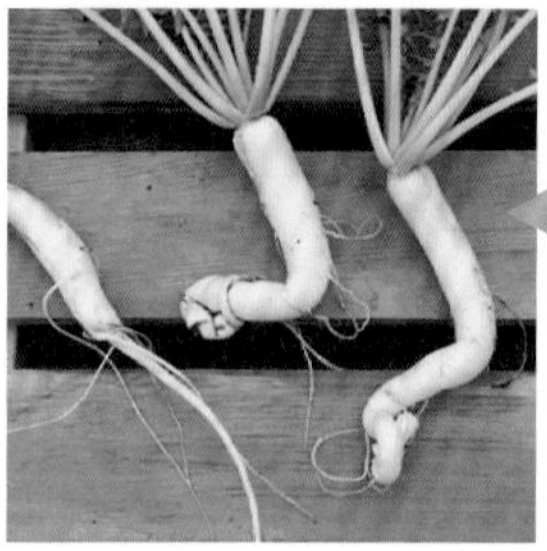

主根的生長受到穴盤限制，尖端捲起。

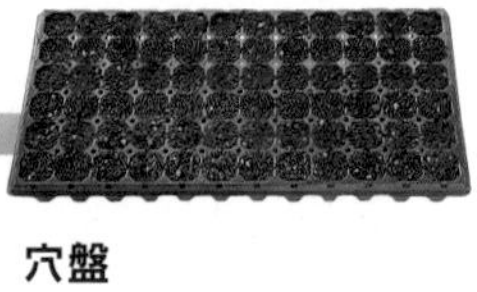

穴盤
每個開口的直徑為4cm至5cm，深度約6cm。每個開口中播種一顆種子。

育苗箱中的主根會出現歧根現象，穴盤中的根部呈螺旋狀

根菜類當中除了馬鈴薯等薯類蔬菜之外，還有蘿蔔、胡蘿蔔和牛蒡等蔬菜屬於直根類的蔬菜。所謂「移植就會長不好」的根菜類是指根部深入土壤的直根類蔬菜。因此本次實驗使用蘿蔔和胡蘿蔔的種子，分別播種於實驗用花盆、育苗箱和穴盤。後兩者是等待長出2、3片本葉之後，再移植到實驗用的花盆。

直種的成果都非常筆直，但是移植自育苗箱的植株主根出現分岔根現象，移植自穴盤的植株主根呈現螺旋狀。

除此之外，十字花科、繖形科、藜科和菊科的蔬菜也都是直根類，葉菜類的甘藍菜和菠菜以前也都視為切斷根部容易受傷，所以不適合移植。但是我們並非食用高麗菜與菠菜的根部，只要根部不受傷，變形也無所謂。隨著可以單獨育苗的穴盤普及，移植時不再會傷害根部，因此目前甘藍菜的栽培主流轉變為移植栽培。

下次挖出移植的甘藍菜看看，也許根部也變形了呢！

Chapter 5

種類眾多豐富

葉菜類

葉菜類是指食用葉片、莖部、花蕾和花朵的蔬菜總稱。
因此種類眾多，往往不知該挑選何種作物，
建議初學者先從不會結球的葉菜類開始著手。

甘藍菜（迷你種）

風靡歐洲的結球蔬菜代表

原產於地中海沿岸，據說古希臘羅馬時代就開始栽種。

甘藍菜除了富含維他命C、礦物質之外，還有促進腸胃消化的成分「維他命U」。甘藍菜當中含有豐富「維他命U」，因此「維他命U」還是從甘藍菜發現的。

由於氣溫超過25℃就會發育不良，因此最好的栽種方式為夏季播種，從秋季收成至冬季。使用花盆栽種，建議挑選可以一次吃完的迷你品種。

迷你甘藍

壘球大小，重量為500g至800g，極早生種。口感爽脆，甘甜可口，耐病易種。

美咲

成熟後重量為1.2kg至1.5kg，尖頭的竹筍狀甘藍菜。葉片柔軟，適合作為沙拉生食。

好姬

葉子鮮綠柔軟，重量為600g至800g的渾圓結球品種。極早生種，定植後40天即可收成。

葉菜類

甘乙女

極早生種，定植後50天即可採收。甘甜可口，生食也十分美味。重量為500g左右，若於家庭料理，甘乙女的份量剛剛好。

爽月2號

中間地區可於早春與夏季播種。極早生種，定植後80天即可採收。植株間距為20cm時可以採收重量約600g的球狀甘藍菜，收藏簡單。

Minix 40

春秋兩季皆可播種。極早生種，定植至收穫只需40天。重量為500g至800g，葉片柔軟甘甜。

CABBAGE
動手種種看！

栽培重點在於結球前，必須增加葉片數量和增大本葉。若秋季太晚開始栽培，必須放置於室內日照充足的溫暖處育苗，以縮短定植前的時間。開始結球後，請儘早採收。

1 播種

在穴盤內播種、育苗，參考P.28至P.29。

2 製造栽培土

製作種類A的栽培土，參考P.24至P.25。

3 種植種苗

長出3片至4片本葉，穴盤底部可以看到白色根部時即可進行定植。

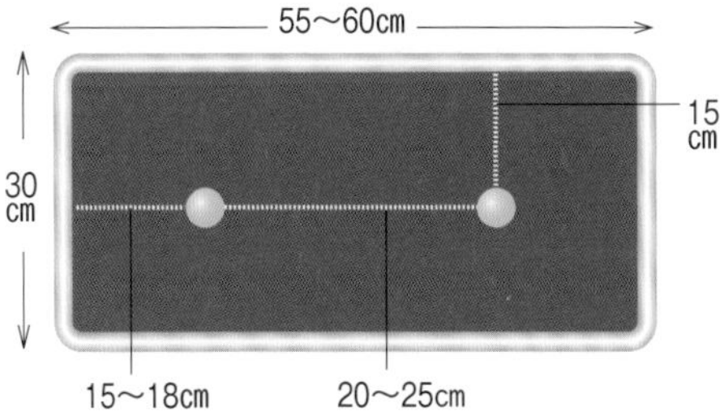

在花盆中央以20cm至25cm的間距種植兩棵種苗，參考P.30。

4 追肥

葉子顏色變差時（參考P.37），追加種類A的肥料。

5 開始結球

長出20片本葉之後，內部的葉子會開始直立蜷縮，進行結球。

6 收穫

結球直徑達至12cm至15cm，觸感結實即可進行收穫。

以剪刀或菜刀連同1、2片外葉，從結球底部採收。

甘藍菜小常識

當心裂球！

如果錯過收成期，好不容易養得漂漂亮亮的甘藍菜也會裂開。這種現象叫作「裂球」。兩種原因會導致裂球：第一項是長期乾燥之後突然給予大量水分，甘藍菜無法適應水分含量急速變化而破裂；第二項是過了初春的收成期，冒出花莖（抽苔）。裂球的甘藍菜還是可以食用，但是纖維會變硬，還會影響味道，請務必儘速收割。

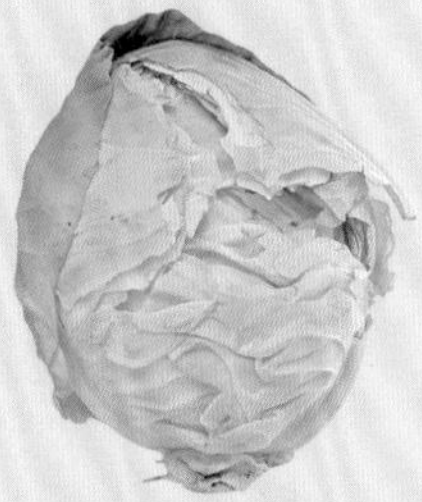

春天容易抽苔，過度急促的澆水也會造成裂球。

植物的基本資料

CABBAGE

科　　名：十字花科
食用部位：葉子
病 蟲 害：青蟲、小菜蛾的幼蟲、夜盜蟲、蚜蟲等
生長適溫：15℃至20℃

尺寸大小

植　　株：寬30cm、高20cm左右
花　　盆：深方形（容量約20ℓ以上）

栽培月曆

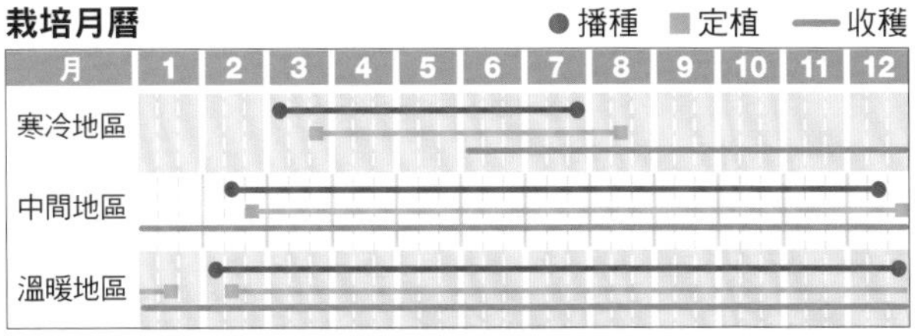

＊若於適當的溫度下栽培，播種至定植約10天至2週，播種至收穫約3個月。

抱子甘藍&小綠甘藍

只要種苗狀態良好，接下來就不需費心照顧！

抱子甘藍是甘藍菜的變種，成長之後葉片的底部會長出許多側芽，進而結球，結球的側芽便是食用部位。

側芽要等到長出20片以上的本葉才會出現，因此生長初期必須特別留心病蟲害。此外，趁側芽尚小時摘取葉子，結球的形狀才會漂亮。栽種方法與抱子甘藍相同的還有小綠甘藍。

KD49

球芽底部柔軟，便於收割。早生種，定植後90天即可收成。進入收成期後期，球芽形狀也不會變差。

子持甘藍

耐寒健壯，栽培簡單的早生種。深綠色的球芽緊實，作成生菜沙拉也非常可口美味。

家庭7號

植株不易傾倒，易栽好種的早生種。球芽從下方成長，肥大飽滿，結球也十分整齊。

早生子持

耐熱的早生種，播種後90天即可收成。球芽緊實，內側色澤美麗，因此在日本以外的國家也大受歡迎。

栽種方法與抱子甘藍相同的小綠甘藍

PETIT VERT是抱子甘藍與芥藍菜配種後的日本新品種，以法文的「小型的綠意」之意為名，收成時葉片會呈現花朵般的形狀。雖然形狀可愛，卻是營養價值勝於芥藍菜的優秀蔬菜。由於種子並不對外販售，必須以種苗栽培。

小綠甘藍

甘甜可口，一口就能咬下，大小恰好，可以添加於各種料理。

挑選沒有病蟲害的健康苗種

小綠甘藍的種苗
販售期間為6月至8月，錯過就買不到了。

小綠甘藍——胭脂的種苗

小綠甘藍——白的種苗

小綠甘藍—白

葉片的顏色會由淡紫色轉變為白色和綠色，植株宛如小型的葉牡丹，亦可供觀賞。

小綠甘藍—胭脂

粉紅色葉片從中心綻放，如花般的華麗品種。

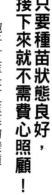

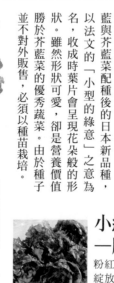

BRUSSELS SPROUTS
PETIT VERT

動手種種看！

長出側芽之後從下方開始摘取葉子，不僅可以促進側芽生長，還能使球芽形狀更加美麗，但是一口氣摘掉所有葉子會使植株停止生長，請保留十片以上的葉子。

1 播種

在穴盤內播種、育苗，參考P.28至P.29。

2 製造栽培土

製作種類A的栽培土，參考P.24至P.25。

3 種植種苗

長出3至4片真葉，穴盤底部可以看到白色根部時即可進行定植。

在花盆中央種植一棵種苗，參考P.30。

4 追肥

葉子顏色變差時（參考P.37），追加種類A的肥料。

5 摘取葉子

球芽直徑達6至10mm時（小綠甘藍則是葉片長至2cm至3cm時），以剪刀剪下球芽下方的葉片，以調整球芽的形狀。

剪下的葉片，可以榨汁飲用或燉滷食用。

6 豎立支架

豎立三點式支架 (參考P.32)，避免成長的植株傾倒。

7 收穫

球芽直徑達2.5cm至3cm時（小綠甘藍則是葉片長至5cm時），即可進行收成。以剪刀從球芽底部剪下，一個一個收成。

抱子甘藍小常識

英文名字的由來

抱子甘藍的英文名字是「BRUSSELS SPOURTS」。這是因為抱子甘藍原產於比利時的布魯塞爾近郊，所以球芽甘藍的法文名稱為「布魯塞爾的甘藍」。

植物的基本資料

科　　名：十字花科
食用部位：葉子、芽
病 蟲 害：青蟲、小菜蛾的幼蟲、夜盜蟲、蚜蟲等
生長適溫：18℃至20℃

尺寸大小

植　　株：寬30cm、高60cm至100cm
花　　盆：深圓形（容量約15ℓ）

BRUSSELS SPROUTS
PETIT VERT

栽培月曆

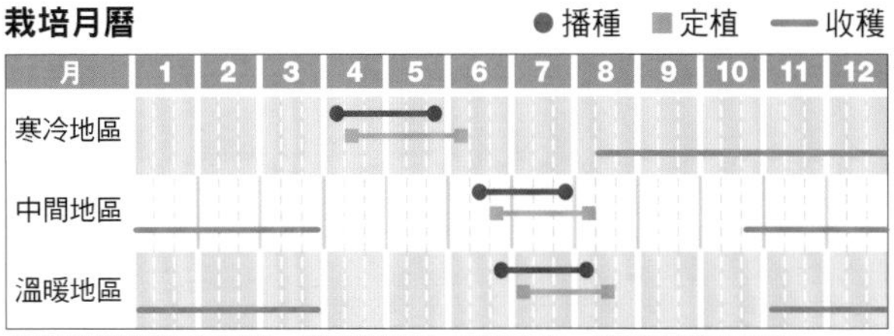

＊若於適當的溫度下栽培，播種至定植約10天至2週，播種至收穫約4個月。

青花菜&長莖青花菜

品嚐花蕾和清脆的莖部

青花菜是甘藍菜的變種，食用部位為花蕾，維他命C的含量是檸檬的12倍，營養價值高。莖部的營養成分比花蕾更加豐富，富含胡蘿蔔素和維他命，不要輕易丟棄。

長莖青花菜則為專門食用莖部的青花菜，不停生長的側花蕾與莖部皆為可食用部位，是一種口感如同蘆筍的人氣萬用蔬菜。

夏絲塔

對於溫度變化遲鈍，耐熱，可於春夏栽種的極早生種。深綠色的花蕾厚實，收穫之後可長期保存。

綠嶺

中早生種，定植之後75天左右可以收成。不分季節，花蕾都能形成美麗的形狀，為家庭菜園經常種植的品種。

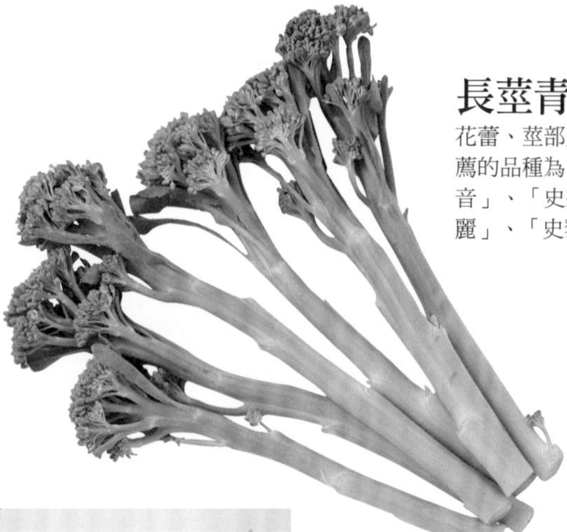

長莖青花菜

花蕾、莖部及嫩葉皆可食用。推薦的品種為「棒子先生」、「綠音」、「史迪克歐麗」、「阿斯麗」、「史黎姆」等。

迷你青花菜

花蕾形狀如同巨蛋屋頂，重量約250g，為一頓餐可以吃完的分量。定植之後65天可以收成。

長莖青花菜小常識

原產於日本，卻從美國紅回日本的長莖青花菜

「坂田種子」種苗公司培育，為了抵擋日本炎熱的夏季，以耐寒的青花菜和耐熱的中國蔬菜芥藍菜配種，成功誕生了長莖青花菜「棒子先生」。但是當時的日本國內對於長莖青花菜的需求量小，改以「Broccolini」為名出口至美國後反而大受歡迎，又重新輸入回日本，現在長莖青花菜已經是紅遍歐美與日本的人氣蔬菜了。

BROCCOLI
STICK BROCCOLI

動手種種看！

青花菜和長莖青花菜從播種至追肥的栽種過程都相同。雖然收穫方式大異其趣，但是兩者的花朵都會在短時間內盛開，請務必抓緊收穫的時機。

1 播種

在穴盤內播種、育苗，參考P.28至P.29。

青花菜的種子

花椰菜的種子

2 製造栽培土

製作種類A的栽培土，參考P.24至P.25。

3 種植種苗

長出3至4片本葉，穴盤底部可以看到白色根部時即可進行定植。

30cm以上

在花盆中央種植一棵種苗，參考P.30。

4 追肥

葉子顏色變差時（參考P.37），追加種類A的肥料。

5 收穫主花蕾

花蕾直徑達10cm以上時，趁開花之前採收。

從花莖15cm處以剪刀剪下採收。

6 收穫側花蕾

收穫主花蕾之後，就會從側邊長出名為側花蕾的側芽，可以藉此享受長期採收的樂趣。有些品種不易長出側芽，栽種時必須確認包裝上的說明。

花蕾成長至一定程度，就可以利用剪刀收割。

收穫長莖青花菜

長莖青花菜的種植方式和青花菜相同，但是為了長期採收側花蕾，長莖青花菜必須摘心。長莖青花菜雖然比一般青花菜耐熱，但是不耐寒。因此在寒冷地區和中間地區種植長莖青花菜，必須在寒冬之前結束收成。

1 摘心兼收穫

主花蕾長至直徑2.5cm至3cm時即可進行摘心。

以剪刀收成兼摘心，促進側花蕾生長。

2 正式收穫

側花蕾的莖部長至20cm時，即可進行正式收成。

開花之前，以剪刀一根根從莖部底部收割。左邊的照片是錯過收成期而開花的花蕾，務必在開花之前收成。

植物的基本資料

BROCCOLI/STICK BROCCOLI

科　　名：十字花科
食用部位：花蕾、莖部、嫩葉
病 蟲 害：青蟲、小菜蛾的幼蟲、夜盜蟲、蚜蟲等
生長適溫：20℃左右

尺寸大小

植　　株：寬40至50cm、高40至60cm左右
花　　盆：深圓形（容量約15ℓ）

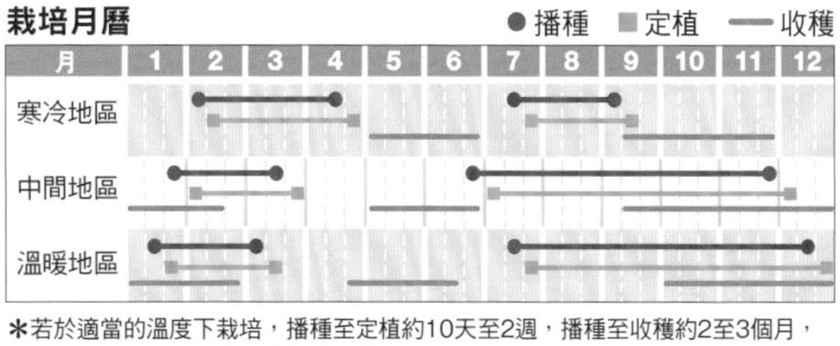

＊若於適當的溫度下栽培，播種至定植約10天至2週，播種至收穫約2至3個月，若品種不同，所需時間也會略有差異。

花椰菜

顏色與形狀如花般美麗，可為餐桌增加色彩

花椰菜為甘藍菜的變種。

十六世紀於歐洲進行品種改良之後，成為我們日常所見的花椰菜，花椰菜的特徵在於所含有的維他命C非常耐熱，就算烹調之後也不易流失。

近年來出現橘色、紫色和綠色等色彩繽紛、形狀奇特的花椰菜，不僅能為餐桌添加色彩，也逐漸成為家庭菜園想要種植的品種。

紫之花

深紫色的花蕾緊實，經過烹調後依然可以維持美麗的顏色，為餐桌添加色彩。

小尖塔

明豔的鮮綠色花蕾呈尖端突起的漩渦狀，外型有別於一般花椰菜。耐寒，生長能力強。

美星

早生種，定植65至75天即可收成的純白花椰菜。重量約350g，手掌大小，適合生食。

橘色花椰菜

鮮豔的橘色花蕾緊實，中早生種，定植後80天即可收成。

白雪裙擺

葉子不似一般的花椰菜大幅度往左右展開，適合栽種於有限的空間。中生種，1至2個月即可收成。

CAULIFLOWER

動手種種看！

生長初期若是遭至蟲害，會影響花蕾的成長。溫暖的季節栽種時，必須採取鋪設防蟲網等防蟲對策。

1 播種

在穴盤內播種、育苗，參考P.28至P.29。

2 製造栽培土

製作種類A的栽培土，參考P.24至P.25。

3 種植種苗

長出3至4片本葉，穴盤底部可以看到白色根部時即可進行定植。

在花盆中央種植一棵種苗，參考P.30。

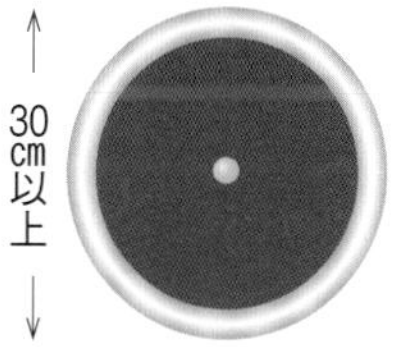

4 追肥

葉子顏色變差時（參考P.37），追加種類A的肥料。

5 遮光

花蕾為白色的品種會因為照射日光而變成淡黃色，因此當花蕾長至直徑5cm至6cm時，則必須遮光。

彎折花蕾周圍的葉子，覆蓋花蕾，並以繩子將外側的葉子固定於花蕾上方，阻擋日照。

白色以外的品種會因為日照使本身的顏色更加鮮豔，則不需進行遮光。

6 收穫

花蕾長至直徑10cm以上即可進行收成。

從花蕾根部以剪刀或菜刀收割。為了避免傷害花蕾，請連同幾片外葉一同採收。

花椰菜小常識

為何植株生長初期會出現花蕾呢？

花椰菜和青花菜在生長初期遇至低溫，會提早長出花蕾，此時花蕾也不會繼續長大，這種情形稱為「早期抽苔」，因此生長初期，請將花盆放置於溫暖處。

植物的基本資料

CAULIFLOWER

科　　名：十字花科
食用部位：花蕾
病 蟲 害：青蟲、小菜蛾的幼蟲、夜盜蟲、蚜蟲等等
生長適溫：20℃左右

尺寸大小

植　　株：寬40cm至50cm 高40cm至50cm
花　　盆：深圓形（容量約15ℓ）

栽培月曆

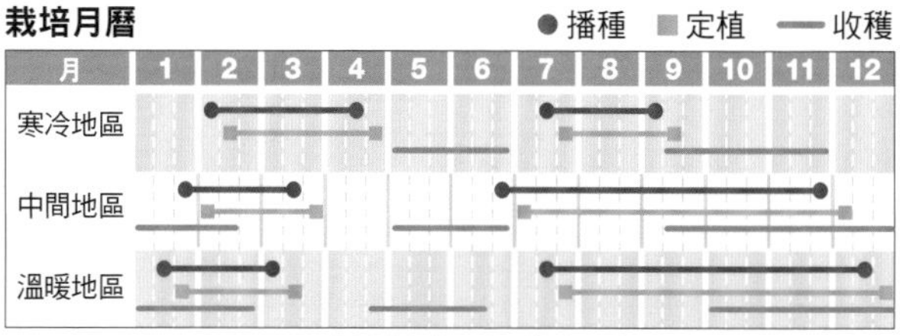

＊若於適當的溫度下栽培，播種至定植約10天至2週，播種至收穫約2至3個月，若品種不同，所需時間也會略有差異。

芥藍菜

大家所熟悉的青汁原料，為充滿營養的健康蔬菜

芥藍菜與甘藍菜的起源相近，原產於地中海沿岸。葉片不會結球，一直維持展開的狀態，富含維他命與礦物質，味道苦，一般多採榨汁飲用，作為「青汁」，亦可製成沙拉或燉滷食用。芥藍菜的部分品種會出現裂葉的情況。

栽培方式基本上與甘藍菜相同，但是生長能力強，成長快速。收成時從長大的外葉開始採收。

動手種種看！

1 播種

在穴盤內播種、育苗，參考P.28至P.29。

2 製造栽培土

製作種類A的栽培土，參考P.24至P.25。

3 種植種苗

長出3至4片本葉，穴盤底部可以看到白色根部時即可進行定植。

在花盆中央種植一棵種苗，參考P.30。

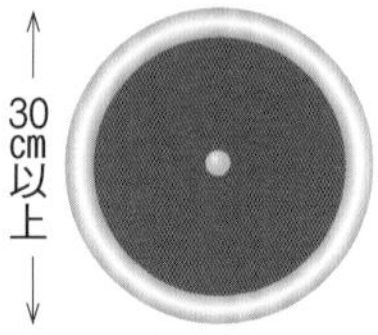

4 追肥

葉子顏色變差時（參考P.37），追加種類A的肥料。

5 收穫

植株長至50cm至60cm，本葉20片以上時，可以開始收成。

葉子長至30cm時，從葉柄底部剪下，開始收成。

芥藍菜小常識

芥藍菜有益健康？

芥藍菜營養價值高，食物纖維為甘藍菜的兩倍；維他命C為橘子的2.5倍；鈣質是牛奶的2倍。同時富含維他命B群、維他命E和胡蘿蔔素等養分，因此芥藍菜被視為有益健康的蔬菜，從古羅馬時代開始登上餐桌。抱子甘藍下方的葉子、青花菜和花椰菜的葉子也和芥藍菜一樣，可以榨汁飲用。

KALE

植物的基本資料

科　　名：十字花科
食用部位：葉子
病 蟲 害：蚜蟲、青蟲、小菜蛾的幼蟲等
生長適溫：15℃至20℃

尺寸大小

植　　株：寬40cm至50cm、高30cm至40cm左右
花　　盆：深圓形（容量約15ℓ）

栽培月曆

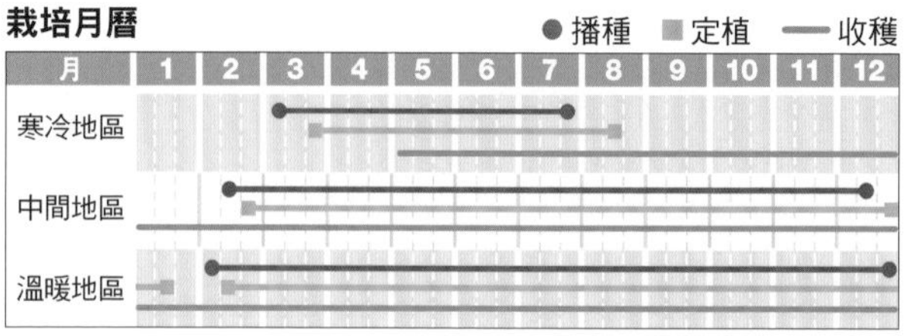

＊若於適當的溫度下栽培，播種至定植約10天至2週，播種至收穫約2至3個月。

球莖甘藍

渾圓的球莖和延伸的莖部構成有趣的外表！

球莖甘藍是甘藍菜的近親，食用部位為肥大的球莖。球莖甘藍的英文名字直譯是「甘藍蕪菁」，日文名為「蕪菁甘藍」，俗名為結頭菜、大頭菜。

維他命C的含量比甘藍菜更加豐富，加熱後也不易流失。口感爽脆，柔軟甘甜，適合作成沙拉、煎烤或醃漬食用，由於不易煮爛，也很適合燉滷。

收成之後，葉片與莖部的水分容易蒸發，因此須切除莖葉，並以報紙包裹後，放入塑膠袋保存。

動手種種看！

1 播種

在穴盤內播種、育苗，參考P.28至P.29。

2 製造栽培土

製作種類A的栽培土，參考P.24至P.25。

3 種植種苗

長出3至4片本葉，穴盤底部可以看到白色根部時即可進行定植。

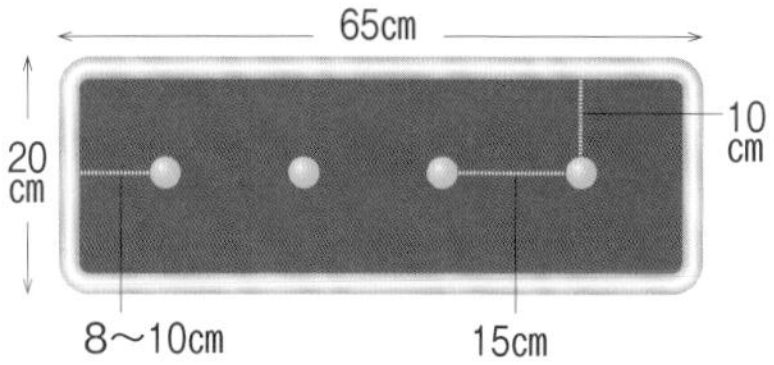

在花盆中央以15cm的間距種植4棵種苗（參考P.30），紫色與綠色的品種互相種植，色彩更加豐富。

4 追肥

葉子顏色變差時（參考P.37），追加種類A的肥料。

5 豎立支架

球莖開始膨脹時，植株也會隨之傾斜，可參考P.32豎立三點式支架以支撐植株。

6 收穫

球莖長至直徑4cm至5cm時即可進行收成，以剪刀從球莖的底部剪下收割。球莖過大代表纖維質過多，口感變硬，味道也不佳，因此須留意採收的時期。

植物的基本資料 KOHLRABI

科　　名：十字花科
食用部位：球莖
病 蟲 害：青蟲、夜盜蟲、小菜蛾的幼蟲、蚜蟲等
生長適溫：15℃至20℃

尺寸大小

植　　株：寬35cm至40cm、高25cm至30cm左右
花　　盆：標準型（容量約15ℓ至20ℓ）

栽培月曆

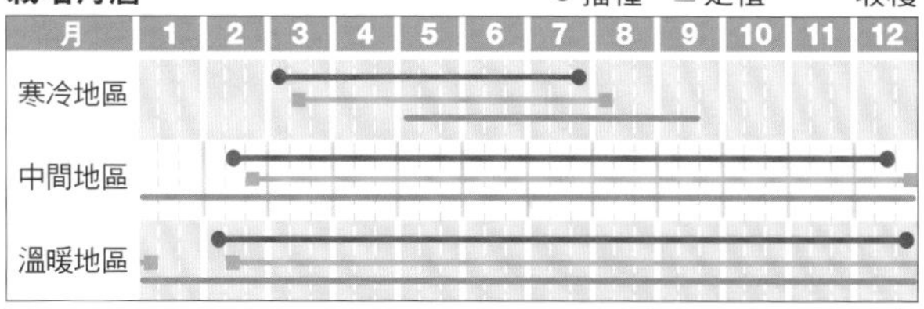

＊若於適當的溫度下栽培，播種至定植約10天至2週，播種至收穫約65至75天。

包心白菜（迷你）

中國原產的結球蔬菜，適用於各種料理

原產於中國，常作為火鍋配菜、醃漬、炒菜、涼拌……多種料理，也是日本相當流行的蔬菜。於日本明治初期傳入日本，很快便傳遍日本各地，並在日本落地生根。近年來培育出許多品種，例如菜心呈現黃色或橘色或細長如香菇的品種。

性喜涼爽，適合的生長溫度為18℃至20℃，適合的結球溫度為15℃至18℃，但不耐高溫，難以在夏季栽培。一般品種的植株成長後外型碩大，盆栽時建議挑選品種較為袖珍的迷你種。

娃娃菜

比迷你尺寸更加袖珍的超小白菜，植株重量300g至500g。由外葉至菜心都柔軟可口。

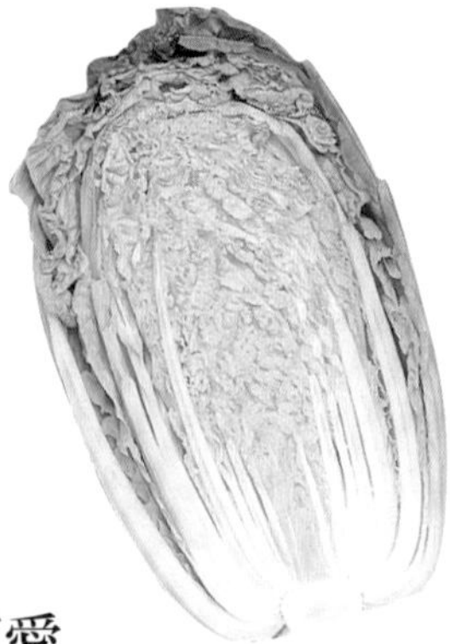

可愛

不易抽苔，春天也能播種。定植後60天可生長至800g。葉片柔軟，適合作成沙拉食用。

黃金之心

極早生種，播種、定植後約40天即可收成。重量約600g，恰至好處。

普契里

外表似縱長的香菇。極早生種，定植後45天即可採收，略硬的清脆口感，適合炒菜或作為火鍋配菜。

舞之海

播種後約60天可長至1至1.5公斤，內側的葉片呈現美麗的深綠色，結球緊實，好種易栽。

黃芯彩

葉片柔軟，適合醃漬。一般重量為1至1.5公斤，空間足夠甚至會長至2kg以上。

黃味小町

重量約800g，極早生種。內側的葉片整體略帶黃色，作成生菜沙拉也十分可口美味。

CHINESE CABBAGE

動手種種看！

包心白菜的葉子必須長出20片以上才會結球，所以種植初期須小心避免葉子遭受蟲害。選擇適合盆栽的迷你品種，播種後兩個月就能收穫。

1 播種

在穴盤內播種、育苗，參考P.26至P.27。

2 製造栽培土

製作種類A的栽培土，參考P.24至P.25。

3 種植種苗

長出3至4片本葉，穴盤底部可以看到白色根部時即可進行定植。

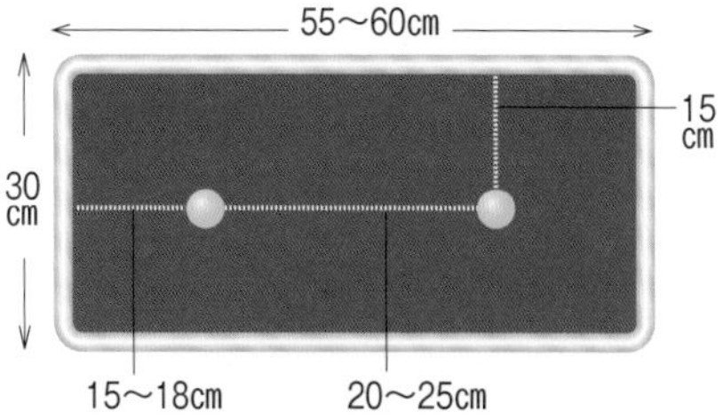

在花盆中央以20cm至25cm的間距種植2棵種苗（參考P.30）。

4 追肥

葉子顏色變差時（參考P.37），追加種類A的肥料。

5 開始結球

長出20片本葉之後，內部的葉子就會開始直立蜷縮，進行結球。

6 收穫

結球直徑達至15cm，觸感堅硬即可進行收穫。

以剪刀或菜刀從結球底部收割。

包心白菜小常識

結球失敗了怎麼辦？

有時候也會發生「明明長了很多葉子，卻不結球」的狀況。結球失敗的包心白菜雖然不會再重新結球，卻不需要因為結球失敗就放棄植株！可直接保留植株至春天長出花莖後，採收帶有白菜獨特甘甜味的花菜。在日本以秋田縣為首的東北地區稱白菜的花菜為「福立菜」，在當地市場可是代表春天來臨的蔬菜喔！

植物的基本資料　　CHINESE CABBAGE

科　　名：十字花科
食用部位：菜葉
病 蟲 害：青蟲、小菜蛾的幼蟲、夜盜蟲、蚜蟲、軟腐病等
生長適溫：18℃至20℃

尺寸大小

植　　株：寬30cm、高25至30cm
花　　盆：深方形（容量20ℓ以上）

栽培月曆

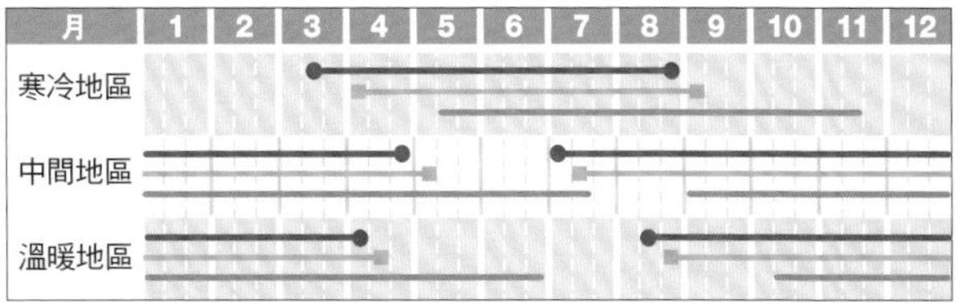

＊若於適當的溫度下栽培，播種至定植約10天至2週，播種至收穫約2個月。

白菜類

各式各樣的顏色與形狀，帶來視覺與味覺的雙重享受

十字花科的葉菜類植物當中，屬於無菁和白菜的近親卻不會結球的蔬菜，在日本統稱為「醬菜類」蔬菜。正如其名，這些蔬菜大多都是用來製作醬菜。

白菜類蔬菜多半為深植於日本各地的在地品種（傳統蔬菜），例如京都的代表蔬菜「水菜（京菜）」、東京江戶川的小松川一帶所栽培的小松

動手種種看！

1 製造栽培土

製作種類A的栽培土，參考P.24至P.25。

2 播種

在花盆中央以1cm的間距撒播，參考P.26至P.27。

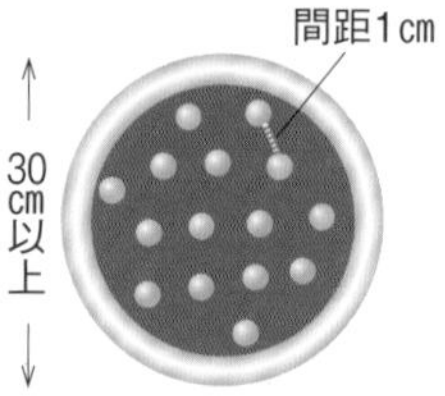

3 間苗＆收穫

本葉開始交錯，可以開始間苗兼收穫。

分開交錯的葉片，以剪刀從根部剪下密集的植株。

間苗後的植株可供食用。雖然葉片較小，但是柔軟的口感可以活用於沙拉等各種料理。

白菜類小常識
利用穴盤栽種抵禦低溫期

低溫時期栽種的重點在於維持15℃至25℃的發芽適溫。晚秋至早春之間，播種於放置於室內溫暖處的穴盤，確保發芽，種苗以間距5cm至6cm定植。

長出2至3片本葉即可進行定植。

植物的基本資料 TSUKENA

科　　名：十字花科
食用部位：葉子
病 蟲 害：蚜蟲、青蟲、小菜蛾的幼蟲等
生長適溫：20℃左右

尺寸大小

植　　株：寬20cm至30cm、葉子的高度20cm至60cm
花　　盆：淺圓形（容量12ℓ至13ℓ）

栽培月曆

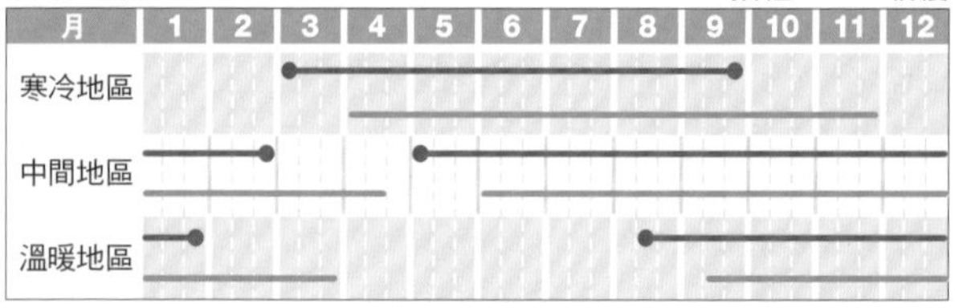

＊若於適當的溫度下栽培，播種至收穫約1個月。

菜和日本三大白菜類之中的野澤菜、廣島菜等，種類相當豐富。

除了味道和口感，葉子的顏色、形狀和大小也各有千秋，對於兼具觀賞價值的盆栽菜園而言是最適合栽種的品種。聚集各地的白菜類蔬菜，混植於一個花盆中也是一種樂趣（參考左邊專欄）。

雖然栽種期間依照品種而有所不同，但是白菜類蔬菜的栽種期間普遍較短，種植也簡單。只要採取簡單的防寒對策，就能抵禦寒冬，寒冷的天氣還能讓白菜類蔬菜變得更加甘甜可口。

但是春天播種容易抽苔（長出花芽，發展成花莖），可挑選不易抽苔的品種。此外，溫暖的時期容易受至蟲害，必須採取覆蓋防蟲網等防蟲對策。

4 追肥

葉子顏色變差時（參考P.37），追加種類A的肥料。

5 收穫

間苗兼收穫之後，隨時都可以收穫。植株長至20cm至25cm時，可以採收整棵植株。然而配合植株的成長，從外側一片片地採收，才能長期收成。

植株長20至25cm時，即可進行正式收成。

配合植株的成長，從外側一片片地採收（左圖），可以享受長期收成的樂趣。最後以剪刀從植株根部收割。（上圖）

嘗試混植各種白菜類蔬菜！

混植各類葉子顏色與形狀不同的醬菜類蔬菜，可供觀賞。如果希望菜園能兼具觀賞目的，應當播種於穴盤育苗，代替直種於花盆。如此一來，可以依照喜好定植。

由左至右為小松菜、水菜和赤高菜。照片中為長出2至3片本葉的狀態。

為了觀賞葉子的顏色與形狀，在對角線上以5cm至6cm的間距，交錯定植不同品種的醬菜類蔬菜。

照片中為醬菜類蔬菜的莖葉長滿花盆，可以採收的狀態。

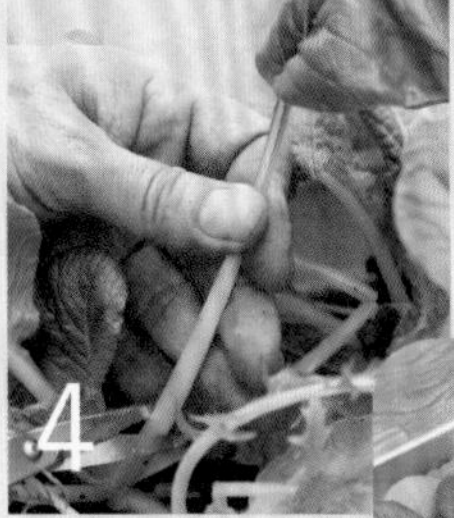

除了採收整棵植株之外，從外側的葉片一片片地採收就能長期採收。

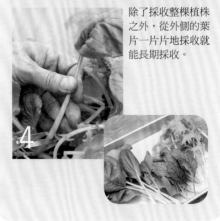

白菜類的主要品種

推薦的小松菜品種

樂天
耐低溫，適合秋冬播種。植株大，產量豐。

沙拉小松菜
深綠色的葉片油亮柔軟，適合作成沙拉等料理。耐熱耐寒，一整年都可栽種。

清澄
深綠色的葉片非常柔軟，成長速度緩慢，因此可以長期採收。

裕次郎
對萎黃病具有抵抗性，全年都可穩定收成。葉片呈濃綠色，口感柔軟美味。

小松菜

東京江戶川區小松川一帶所栽種的蔬菜，耐熱耐寒，盆栽也能輕鬆栽種。

野良坊菜

油菜的一種，種植地區以東京為中心，江戶時代即開始栽種。生長能力強，主要食用花莖部位。

水菜

日本古來便是醃菜的原料，最近則開始流行生食或作為火鍋配菜，成為日常生活不可缺少的食材。

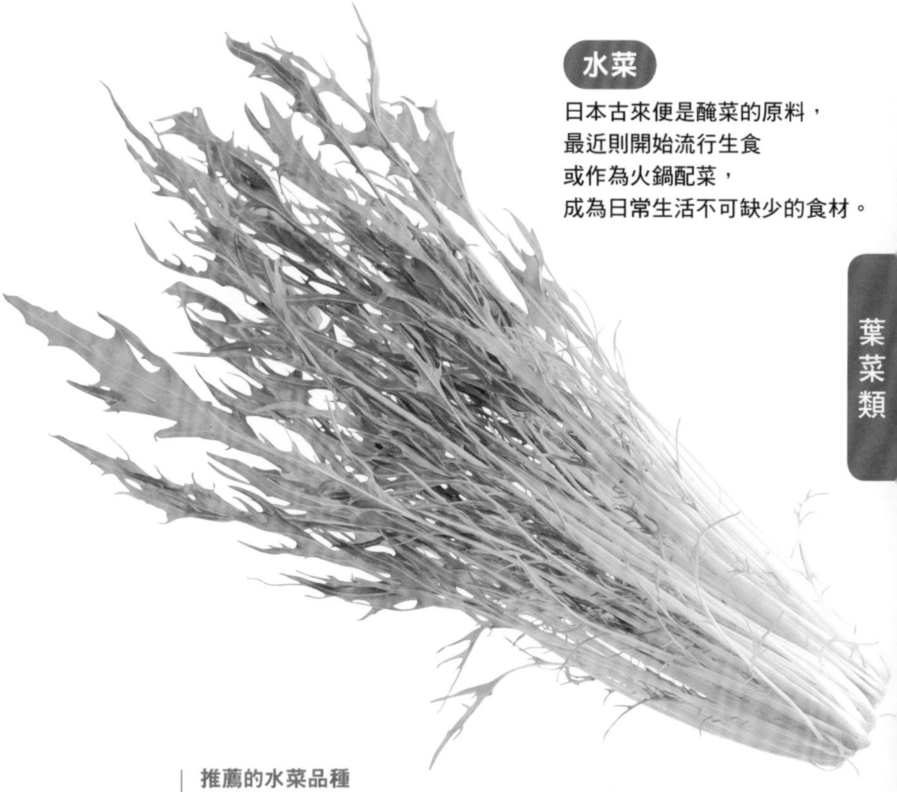

推薦的水菜品種

京雯水菜
植株尚小時即可採收，全年皆可收成，生長能力強。葉片細長鮮綠，莖部細長白淨。苦味淡，適合作成沙拉、炒菜、醃漬。

沙拉用京水菜
早生種，不分植株大小皆可採收。小型植株可全年栽種，特別是高溫期間栽種小型植株，播種後30天即可採收。

壬生菜
京都醃菜中常見的食材，圖示的品種為「京錦壬生菜」。無論植株大小皆可收成，生吃爽脆，醃漬則水嫩。

野澤菜
日本的主要栽種地在長野縣野澤溫泉村，因此得名，為白菜類蔬菜的代表之一。口感爽脆，味略苦。

山東白菜
和小松菜並列為東京都的白菜類蔬菜代表，淡綠色的葉片非常柔軟，是半結球型山東白菜的選擇種。

畑菜
畑菜以菜籽油的原料聞名，可採收春天的嫩葉製作醬菜。主要栽種於日本京都區伏見市的久我地區，因此又稱為「久我菜」。

雪白體菜
小白菜的近親，日文又稱「湯匙菜」。白色的葉柄肥厚，葉片甘甜柔軟。抗寒耐熱，全年皆可栽種，十分方便。

大阪白菜
大阪的白菜類蔬菜代表，據傳是白菜或山東白菜和烏塌菜配種而成，味道清淡，易食好入口。

其他推薦品種

宮內菜
日本昭和四十七年（西元1972年）發表的群馬縣在地品種，以育種者的姓氏「宮內」為名。葉子甘甜，味道清淡。

仙台雪菜
類似小松菜，為仙台地區的傳統蔬菜之一。具有獨特的苦味，降霜之後更加甘甜美味。

中島菜
主要栽種於日本石川縣七尾市中島町，葉片如蘿蔔葉般的辛辣，多作為醃菜食用。

廣島菜
主要種植於日本廣島，與野澤菜、三池高菜並列為日本三大白菜類蔬菜。

芥菜類

獨特的辣味作成醬菜或涼拌更加明顯

芥菜類蔬菜是葉片具備獨特辣味的十字花科蔬菜，可分為芥菜、高菜和大葉芥菜的三大種類。

芥菜類的日本在地品種以九州地區居多，因為九州地區製作醃菜的時候不是使用白菜類蔬菜，而是芥菜或高菜。

由於芥菜類耐寒，只要採取防寒對策，寒冬時也能種植。溫暖時期容易遭受蟲害，播種後必須採取防蟲對策，覆蓋防蟲網。

葉用芥菜

中國高菜的近親，適應能力強，耐寒易栽。適合製成鹽漬或米糠漬的醬菜和燉滷時食用。

榨菜芥

為芥菜的變種，特徵是肥大的莖部。塊莖經日曬後，以鹽醃漬製成傳統榨菜。除此之外，葉片可短時間醃漬或煎炒食用皆很美味。

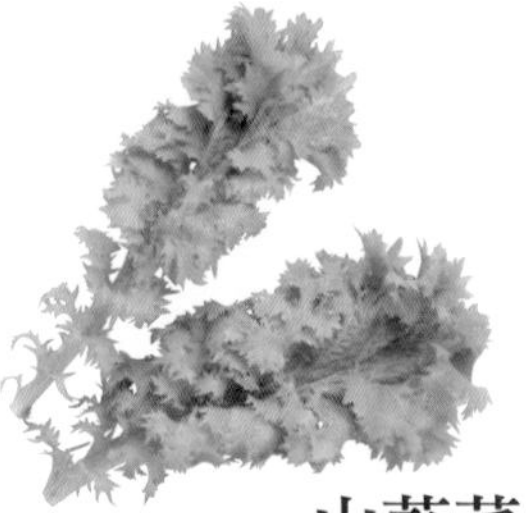

山葵菜

葉片上有許多細小的裂痕，皺摺多而柔軟，辣味和香氣類似山葵。

芥菜

雪裡紅

中國原產的芥菜，耐寒耐熱，栽種容易，葉片成長之後依舊柔軟。具備獨特的辣味和風味，適合作成醬菜食用。

大葉芥菜

大葉芥菜

又分綠葉種（如圖示）與紅葉種，葉子的味道好似山葵般清爽，並略帶苦味。除了可食用葉片之外，栽種至春天開花後，可採收種子加工製作芥茉醬。

勝男菜

博多的年糕湯中不可或缺的食材，為芥菜的一種，葉片柔軟，擁有芥菜中少見的苦味淡。

山形青菜

日本山形縣的芥菜品種，又稱為「清國青菜」。耐寒，生長能力強。葉片厚實，口感爽脆，適合作為醬菜食用。

其他推薦品種

山汐菜

日本福岡縣筑後平野地區的在地品種，易栽好種。口感爽脆，具備獨特的風味與辣味，美味可口。

大山菜

由日本江戶時代開始栽種於神奈川縣大山的山腳，屬於在地品種。特徵為大片的葉子。以鹽搓過再行醃漬，可增加辣度。

高菜

三池高菜

高菜的代表品種，也是日本三大高菜之一。種植於福岡，辣味重，以加工品「高菜醬菜」聞名。

赤大葉高菜

特徵是紫紅色的大葉子和四溢的香氣。皺葉厚實，辣味與香氣引人食指大動。

MUSTARD

動手種種看！

除了長方形的花盆之外，也能以5mm的間隔播種於容量12ℓ至13ℓ的圓盆型花盆中。無論是哪種播種方式，若於溫暖的時期進行播種，請務必在播種後採取防蟲對策，立即覆蓋防蟲網。

1 製造栽培土

製作種類A的栽培土，參考P.24至P.25。

2 播種

盆中以5㎜為間隔進行條播。條播兩列以上時，列與列之間相隔10cm，參考P.26至P.27。

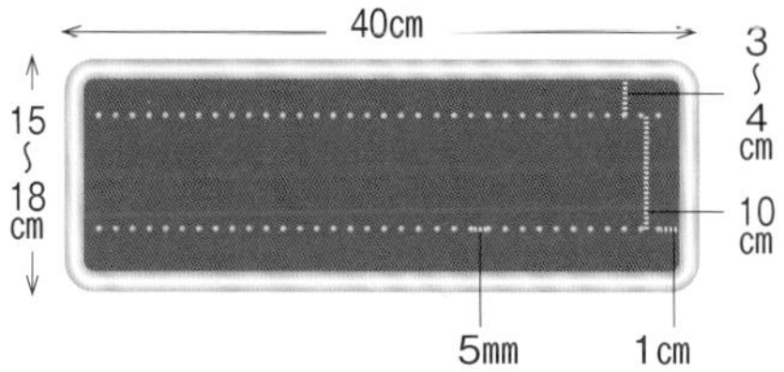

3 間苗＆收穫

播種後10天至2週，雙子葉完全展開之後進行間苗，拉開植株的間距為3cm。播種後植株生長密集，可隨時進行間苗兼收穫。

葉片交錯密集的部分，可以拔除整棵植株或以剪刀從根部剪下，進行間苗。

圖示為間苗後的狀態。植株之間看似空隙過大，但是沒多久就會枝繁葉茂起來。

間苗後的葉片柔軟，帶有刺激的辣味，適合作成沙拉或湯品食用。

4 追肥

葉子顏色變差時（參考P.37），追加種類A的肥料。

5 收穫

植株長至20cm即可進行正式收成。

以剪刀從外側的葉片開始收割，或從地面剪下整棵植株。

植物的基本資料

MUSTARD

科　名：十字花科
食用部位：葉子、莖部、種子
病蟲害：蚜蟲、青蟲、小菜蛾的幼蟲等
生長適溫：20℃左右

尺寸大小

植　株：寬20cm至30cm
高20cm至30cm
花　盆：小的方形（容量7ℓ至8ℓ）

栽培月曆

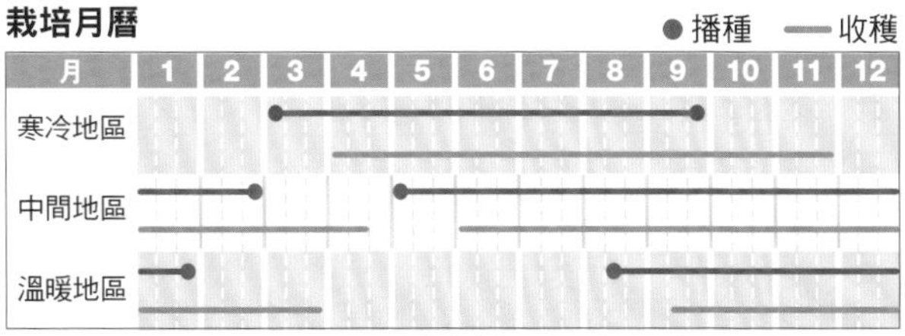

＊若於適當的溫度下栽培，播種至收穫約1個月。

芥菜類小常識

芥菜、高菜和大葉芥菜的差別？

芥菜和高菜是所謂「褐芥菜」的近親，指的是食用葉片的品種。芥菜在關東以北的地區是食用葉片與活用種子製成的香料；高菜在關西以西的地區則作成醃菜食用。

另一方面，大葉芥菜是指白芥和黑芥的葉片，以其種子加工而成的「黃色芥菜醬」為人所知。

青江菜

葉柄美味肥厚，好種易栽的中國蔬菜

中國蔬菜的代表，和白菜類蔬菜是近親。味道清爽多汁，葉柄肥厚甜美，口感爽脆，富含維他命和礦物質。適合各種烹調方式，如中國式的炒青菜、燉滷或湯品都是絕妙組合。

耐熱耐病，因此溫暖地區以外的夏季也能按照一般方式栽種。早春播種容易抽苔，建議儘速收成。

動手種種看！

1 製造栽培土

製作種類A的栽培土，參考P.24至P.25。

2 播種

盆中以1cm為間隔進行條播。條播兩列以上時，列與列之間相隔10cm，參考P.26至P.27。

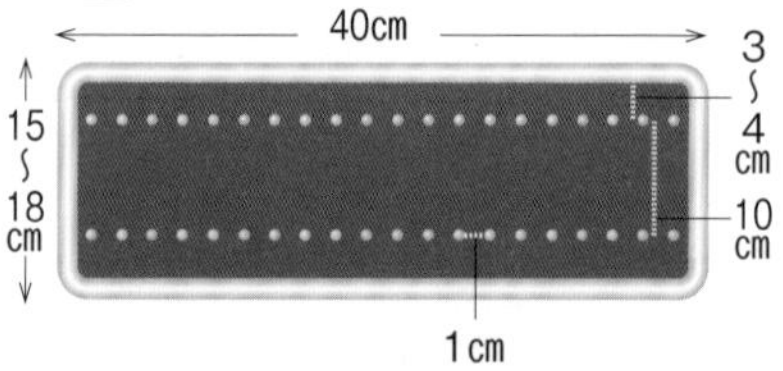

3 第一次間苗

播種7至10天之後，雙子葉展開，間苗至植株間距為2cm至3cm。

4 第二次間苗

長出2至3片本葉時，間苗至植株間距為10cm以上。間苗之後的植株也可以食用。

間苗之後的葉片可作為沙拉或湯品的材料。

5 追肥

葉子顏色變差時（參考P.37），追加種類A的肥料。

6 收穫

植株長至15cm至20cm時，以剪刀從根部剪下收割。

青江菜小常識

小白菜的栽種方式與青江菜相同

白色葉柄的青江菜就是小白菜，栽種方式與青江菜相同。小白菜也是中國的代表蔬菜，白色的葉柄和綠色的葉片形成美麗的對比。

PAK-CHOI

植物的基本資料

科　名：十字花科
食用部位：葉子
病 蟲 害：蚜蟲、小菜蛾的幼蟲、青蟲等
生長適溫：20℃左右

尺寸大小

植　株：寬10cm至15cm 高15cm至20cm
花　盆：小的方形（容量7ℓ至8ℓ）

栽培月曆

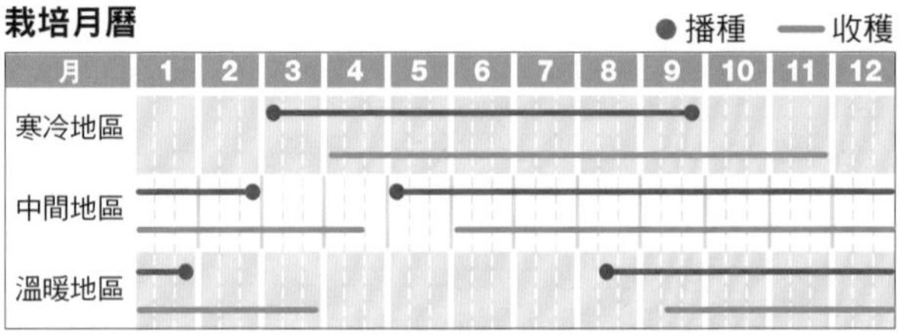

＊於適當的溫度下栽培，播種至收穫約1個月。

葉菜類

西洋菜

刺激的辣味適合搭配肉類

西洋菜又名豆瓣菜、水蔊菜和水芥等。原產於歐洲至中亞，於明治時代傳入日本，有時在水邊可見到野生的西洋菜。刺激的辣味具有抗菌效果，一抹香氣適合搭配肉類料理。

由於不耐熱和乾燥，夏天栽種時必須放置於陰涼處，並不斷補充水分。葉子成長後從根部剪下，依序收成。

動手種種看！

1 製造栽培土

製作種類A的栽培土，參考P.24至P.25。

2 播種

在花盆中以5㎜的間距撒播，參考P.26至P.27。

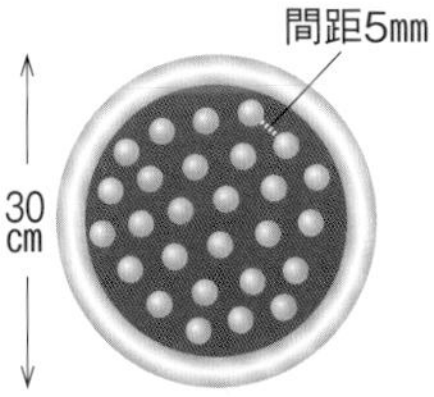

3 間苗&收穫

播種後1個月，植株開始密集時進行間苗及採收，以拉開植株的間距至1㎝。

照片中為間苗後的狀態。只要注意補充水分，生長能力強的西洋菜會自然枝繁葉茂。為了避免土壤乾燥，必須時常補充水分。

4 追肥

葉子顏色變差時（參考P.37），追加種類A的肥料。

5 收穫

由於是間苗兼收穫，因此可時時採收。

植株長至15㎝至16㎝時即可進行正式收成。

以剪刀從根部剪下長長的莖葉。

WATERCRESS

植物的基本資料

科　　名：十字花科
食用部位：葉子
病 蟲 害：蚜蟲、小菜蛾的幼蟲、青蟲等
生長適溫：15℃至20℃

尺寸大小

植　　株：寬20cm至30cm、高20cm至30cm
花　　盆：小的圓形（容量7ℓ至8ℓ）

栽培月曆

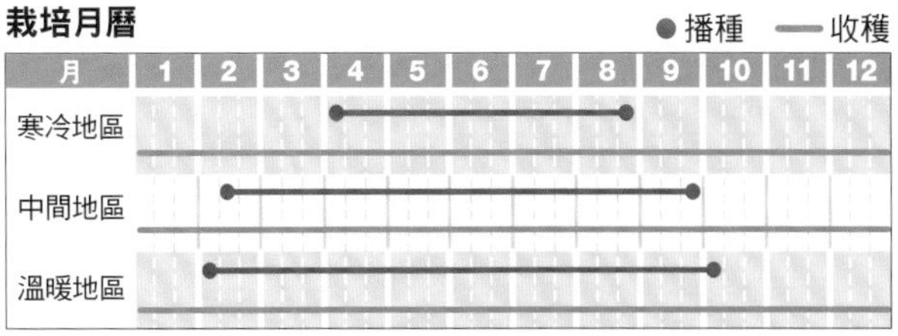

＊若於適當的溫度下栽培，播種至收穫約1個月。

菠菜

包含胡蘿蔔素等各種營養，間苗的葉子也很美味

菠菜包含胡蘿蔔素、維他命和鐵質等多種營養素，是有益健康的蔬菜。

栽種簡單，播種至收成只需30至40天。長出本葉，就可以開始間苗兼收成。如果在正式收成之前遇至冬天的寒風，就會變得更加甘甜。

根據季節，挑選適合栽種的品種。菠菜在春夏兩季特別容易抽苔，必須小心挑選品種。

動手種種看！

1 製造栽培土

製作種類A的栽培土，參考P.24至P.25。

2 播種

在花盆中以5㎜的間距撒播（參考P.26至P.27），菠菜的種子外殼堅硬，所以不易發芽，播種至發芽之前必須多多澆水。

西洋品種的種子（右圖）和東洋品種的種子（左圖）。東洋品種容易抽苔，不適宜春天栽種。

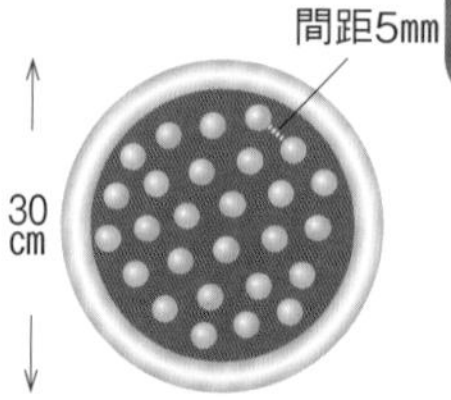

3 第一次間苗

播種後1個月，植株開始密集時進行間苗兼採收，拉開植株的間距至1cm，間苗後的葉子可以食用。

4 間苗&收穫

植株開始密集之後可以隨時間苗兼收成。長至一定大小之後，直接拉扯植株會造成根部受傷，建議使用剪刀從根部剪下葉子。

5 追肥

葉子顏色變差時（參考P.37），追加種類A的肥料。

6 收穫

由於是間苗兼收穫，因此可時時採收。

以剪刀從地面收割。葉片過大代表變老，因此必須在植株尚為20cm至25cm時收成。

植物的基本資料

科　　名：藜科
食用部位：葉子
病 蟲 害：霉腐病、蚜蟲、夜盜蟲等
生長適溫：15℃至20℃

尺寸大小

植　　株：寬20cm至30cm、高20cm至30cm
花　　盆：淺圓形（容量12ℓ至13ℓ）

SPINACH

栽培月曆

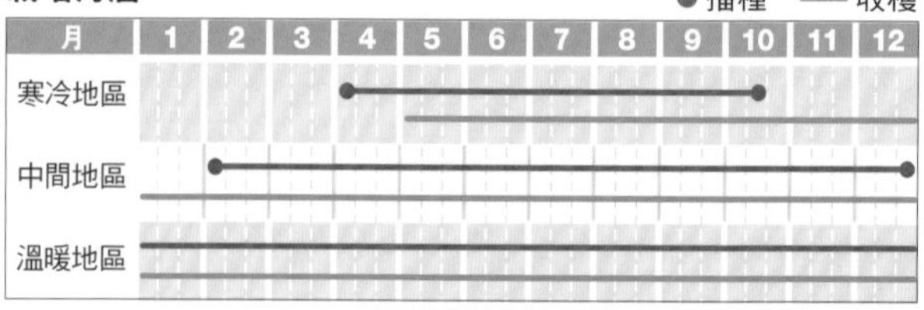

＊若於適當的溫度下栽培，播種至收穫約1個月。

葉菜類

菾菜

鮮豔的顏色為料理增添色彩

菾菜的日文名字是「不斷草」。因為菾菜的生長能力強，盛夏也能生長良好，可以不斷地收穫，因而得名。葉子至葉柄的部分色彩繽紛，呈現白色、黃色、橘色、紅色等各種色彩。利用盆栽可以就近栽種，觀賞葉子的顏色。

如果想利用菾菜點綴餐桌，可以早期收割，作成沙拉食用。等到植株長大，葉片變老之後，適合作成炒青菜或涼拌。

動手種種看！

1 製造栽培土

製作種類A的栽培土，參考P.24至P.25。

2 播種

在花盆中以1cm的間距撒播，參考P.26至P.27。

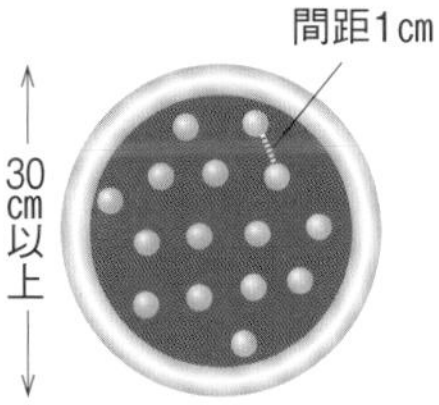

3 間苗&收穫

播種1至2周，本葉展開之後，進行間苗使植株間距拉開至2cm至3cm。之後只要植株開始密集，可以隨時間苗收成。

4 追肥

葉子顏色變差時（參考P.37），追加種類A的肥料。

5 收穫

由於是間苗兼收穫，因此可時時採收。植株長至15cm時收成，可以作成沙拉或配菜，品嚐嫩葉。

植株長大之後，以剪刀從根部剪下收成。

植株長至15cm時採收嫩葉，可直接生吃。

SWISS CHARD

植物的基本資料

科　　名：藜科
食用部位：嫩葉
病 蟲 害：葉蟎等
生長適溫：20℃左右

尺寸大小

植　　株：寬10cm至20cm、高20cm至30cm
花　　盆：淺圓形（容量12ℓ至13ℓ）

栽培月曆

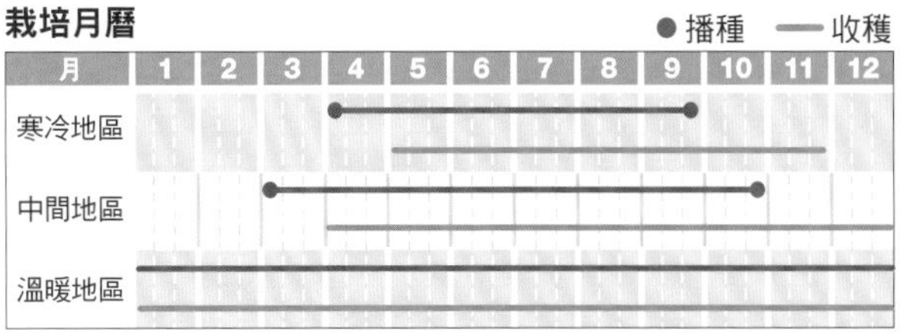

＊若於適當的溫度下栽培，播種至收穫約1個月。

萵苣

間苗兼收穫，品嚐嫩葉

使用不結球的混合種子，就能觀賞色彩繽紛的葉子。希望栽種大一點的植株，可選擇在穴盤播種育苗。倘若想品嚐嫩葉，不妨採用直種方式，在花盆中多撒一點種子，一邊間苗一邊培育。

萵苣栽種容易，全年都能種植，正適合初學者栽種。但是夏季的萵苣容易發苦變硬，建議避開夏季。

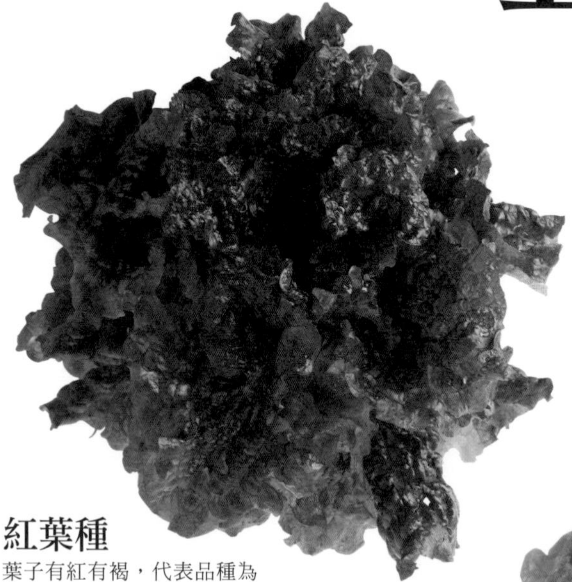

紅葉種

葉子有紅有褐，代表品種為「紅波」和「雙色（紅火）」等。

綠葉種

鮮綠色品種，代表品種為「綠波」和「綠色斯潘」等等。

刈菜萵苣

日文名為「包菜」，韓國人則作為包烤肉的生菜食用。為萵苣的變種，亦有紅色葉子的品種。

MIX

混合葉子顏色與形狀各異的品種播種，可以享用各類嫩葉，混合種子的代表商品有「GARDEN LETTUCE MIX」和「GARDEN BABY」等。

LEAF LETTUCE

植物的基本資料

科　　名：菊科
食用部位：葉子
病 蟲 害：蚜蟲、葉蟎、軟腐病等
生長適溫：18℃至23℃

尺寸大小

植　　株：寬10cm至20cm、高20cm至30cm
花　　盆：小的圓形（容量7ℓ至8ℓ）

栽培月曆

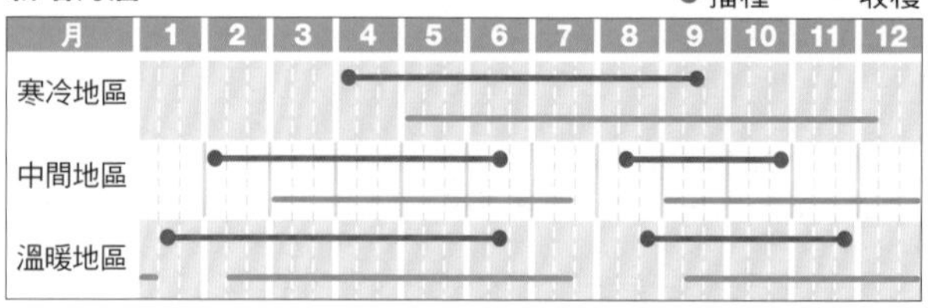

＊若於適當的溫度下栽培，播種至收穫約3星期。

LEAF LETTUCE

動手種種看！

間苗之後的嫩葉可作成沙拉或添加於湯品享用，所以播種時可以多撒一些。栽培期間不妨常常間苗。

1 製造栽培土

製作種類A的栽培土，參考P.24至P.25。

2 播種

以5㎜的間距撒播，參考P.26至P.27。

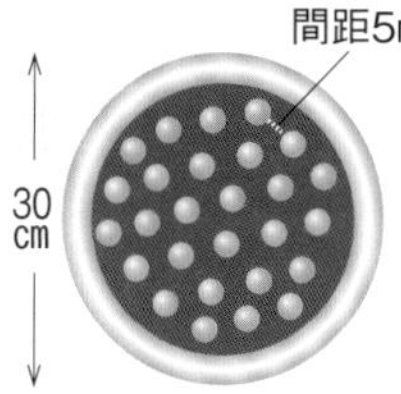

3 間苗＆收穫

本葉開始生長密集時進行間苗，間苗後的葉片可以食用。

本葉枝繁葉茂的狀態，葉片繼續交錯會影響生長，必須間苗以拉開間距。

分開植株，從植株密集處開始間苗，由較大的植株開始間苗，較晚發芽的植株就會逐漸成長，可以隨時間苗食用。

4 追肥

葉子顏色變差時（參考P.37），追加種類A的肥料。

5 最後的間苗

植株長至20cm時，間苗拉開植株間距為5cm。由於已經根深蒂固，以剪刀從根部收割。

6 收穫

除了拔除整棵植株之外，從外側葉片開始採收，就能長期收成。

植株成長之後，葉子的顏色和外型也逐漸明顯，發揮各自的特性。

以剪刀從外側成長的葉子開始採收，最終從根部收割所有植株。

萵苣小常識

如何採收大型植株？

製造栽培土後（參考P.24至P.25），於穴盤播種與育苗（參考P.28至P.29）。植株長出3至4片葉片時，以20cm的間距定植種苗（參考P.30）。栽種期間不從外葉收割，等到植株直徑長至20cm以上時，再一片片收割或直接收成整棵植株。

葉萵苣小常識

左邊的蔬菜也可以相同方式栽種！

左邊的蔬菜的栽種方式和萵苣相同，可以直種於盆栽，享用嫩葉；也可以播種於穴盤育苗後培育，享受與萵苣相同的種植樂趣。

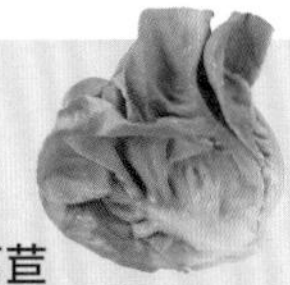

沙拉萵苣
半結球型的萵苣近親，栽種容易，全年都可以栽種。

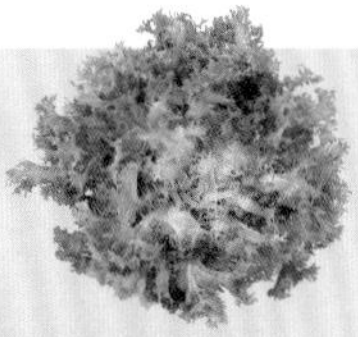

苦苣
充滿皺摺的纖細葉子，特徵為略帶苦味，適合作沙拉的點綴。

菊苣
與萵苣同屬於菊科的沙拉用生菜，鮮豔的顏色可點綴沙拉的色彩，味道略苦。

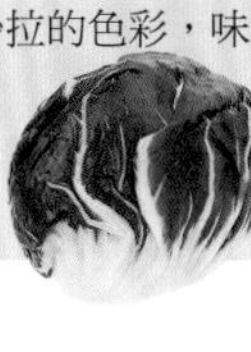

立葉萵苣
別名為蘿蔓萵苣，植株可達20cm至30cm。屬於半結球型的萵苣。

茼蒿

香氣獨特，煮火鍋時不可或缺的配角

冬天火鍋時的必備綠色食材。不過剛採收的新鮮茼蒿也適合作成沙拉或涼拌，可以享受柔軟的豐富滋味。東日本的居民喜歡品嚐帶莖的小型或中型葉片，西日本的居民多半種植柔軟的大型葉子品種。

小型和中型葉片的品種是以剪刀剪下莖部，大型葉片的品種是收割整棵植株。由於花朵也很美麗，建議收成至一個程度讓花朵綻放。

動手種種看！

1 製造栽培土

製作種類A的栽培土，參考P.24至P.25。

2 播種

以1cm的間距撒播，參考P.26至P.27。

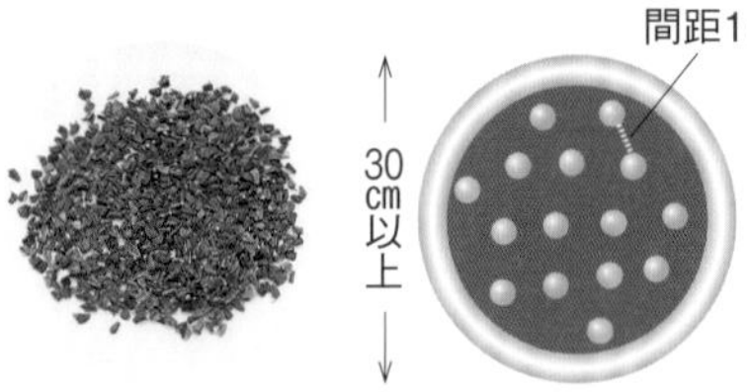

3 間苗&收穫

播種3星期後，長出3至4片本葉即可進行間苗。

植株的葉子彼此稍為交錯時（間距4cm至5cm），以剪刀間苗。

照片中為間苗之後的狀態。

4 追肥

葉子顏色變差時（參考P.37），追加種類A的肥料。

5 收穫

植株長至15cm至20cm時，收成時順便為主枝摘心，促進側芽生長，並持續為側芽摘心，持續收成。

長至15cm至20cm的植株。

以剪刀從植株頂端10cm處收割，順便摘心。留下4至5片葉子，促進側芽成長就能長期收成。

植物的基本資料

科　　名：菊科
食用部位：莖部、葉子
病 蟲 害：潛蠅、蚜蟲等
生長適溫：15℃至20℃

尺寸大小

植　　株：寬15cm至20cm、高20cm左右
花　　盆：淺圓盆形（容量12ℓ至13ℓ）

GARLAND CHRYSANTHEMUM

栽培月曆

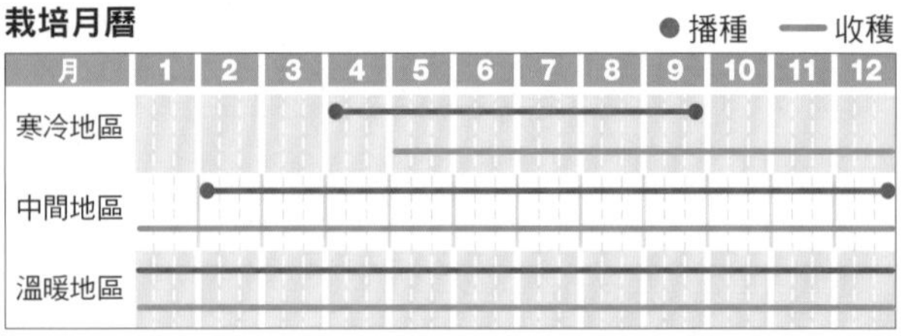

*若於適當的溫度下栽培，播種至收穫約1個月。

韭菜

中國菜常見的營養香料蔬菜

韭菜具備獨特的香氣，營養價值也高，富含胡蘿蔔素、維他命E和鉀。除了搭配肉類與蛋類料理，也適合搭配水餃和火鍋。

收成時從距離地面3cm至4cm處剪下，追肥之後就能再生。剛開始植株不大，葉片也不多；但是隨著再生的次數增加，植株就會越來越大。此外，長出花蕾必須儘早切除，不讓植株開花就能越長越大，可以採收好幾年。

動手種種看！

1 播種

在穴盤內播種、育苗，參考P.28至P.29。

2 製造栽培土

製作種類A的栽培土，參考P.24至P.25。

3 定植

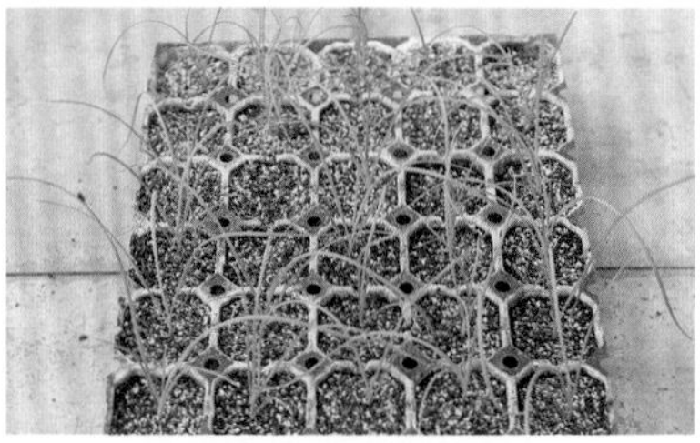

植株長至10cm時代表隨時可以定植。

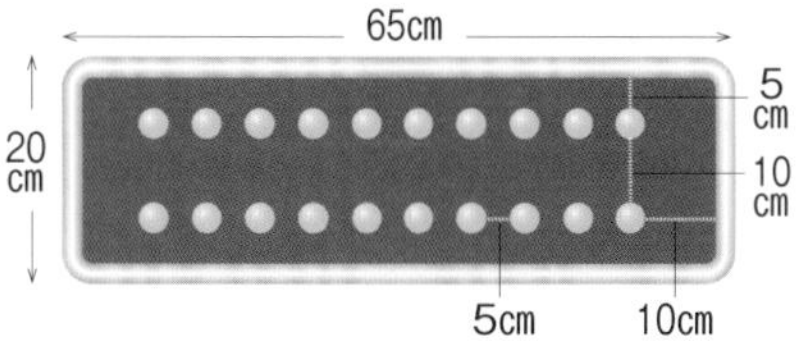

以5cm的間距種植兩列種苗（參考P.30），兩列間隔10cm。定植之後澆水。

4 第一次收穫

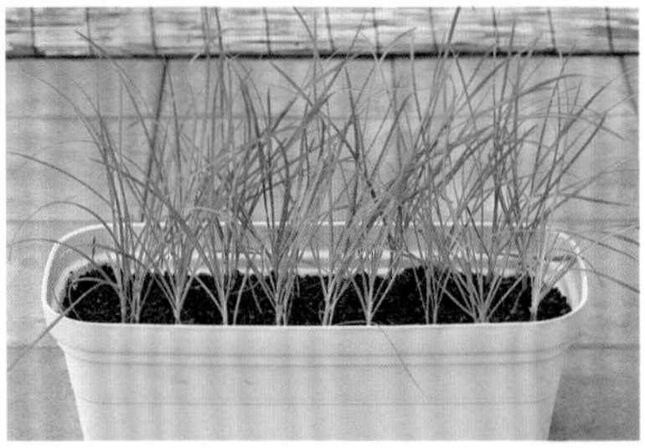

定植2個月之後，植株長至20cm以上時，從距離地面3cm至4cm處收割。

5 收穫後的追肥

在植株周圍以發酵油粕進行追肥，與土壤仔細攪拌。

6 收穫再生植株

收成1個月之後就會再度長出葉子，可以進行下一次收成。持續反覆從距離地面3cm至4cm處收割和追肥，可連續收成好幾年。

植物的基本資料

CHINESE CHIVE

科　　名：百合科
食用部位：葉子
病 蟲 害：銹病、薊馬、葉蟎等
生長適溫：20°C左右

尺寸大小

植　　株：寬10cm、高20cm至30cm
花　　盆：標準形（容量15ℓ至20ℓ）

栽培月曆

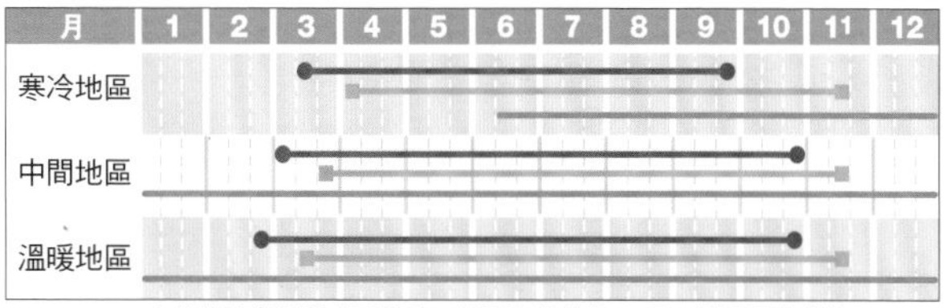

＊若於適當的溫度下栽培，播種至定植約20天，播種至收穫約80天。

白蔥

利用報紙種出碩長美味的白蔥

白蔥是指藉由栽培土，促進葉鞘變得柔軟白皙的蔥種類，主要食用的部位為蔥白，除了用來調味之外，也能燒烤、燉滷或作為火鍋配菜。

獨特的香氣和辣味是源自硫化物，可促進人體吸收維他命B_1和清血。

盆栽不易培土，改以報紙包覆，促進蔥白變長。

動手種種看！

1 播種

在穴盤內播種、育苗，參考P.28至P.29。

2 製造栽培土

製作種類A的栽培土，參考P.24至P.25。

3 種植種苗

植株長至15cm至20cm時定植。

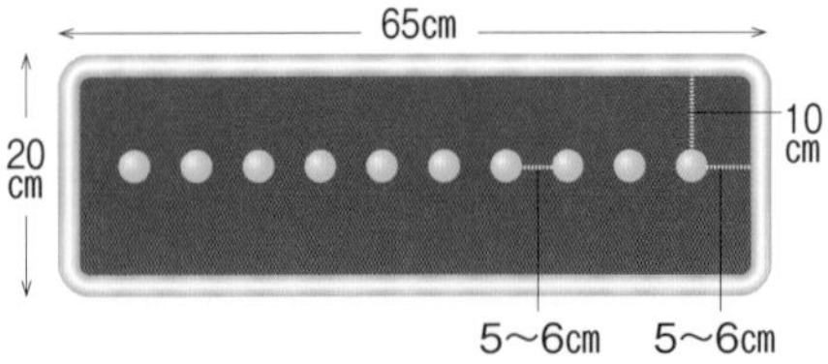

放入培土（參考P.30）之後，參考左頁在花盆中央以5cm至6cm的間距種植種苗，種植之後馬上以報紙包裹。

火鍋蔥

白蔥和「下仁田蔥」交配的品種，耐寒抗病，易栽種。適合作為火鍋配菜和燒烤。

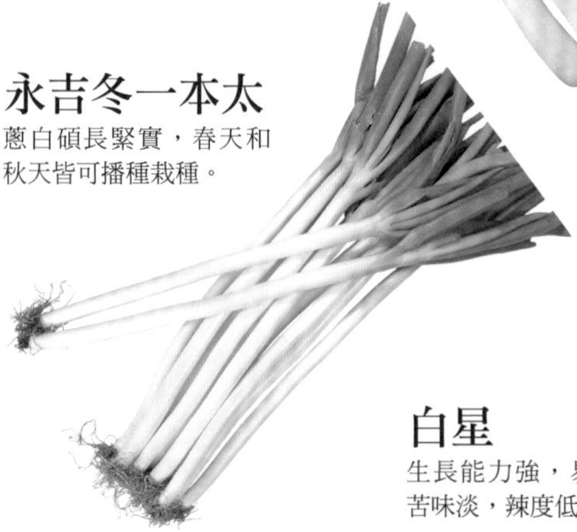

永吉冬一本太

蔥白碩長緊實，春天和秋天皆可播種栽種。

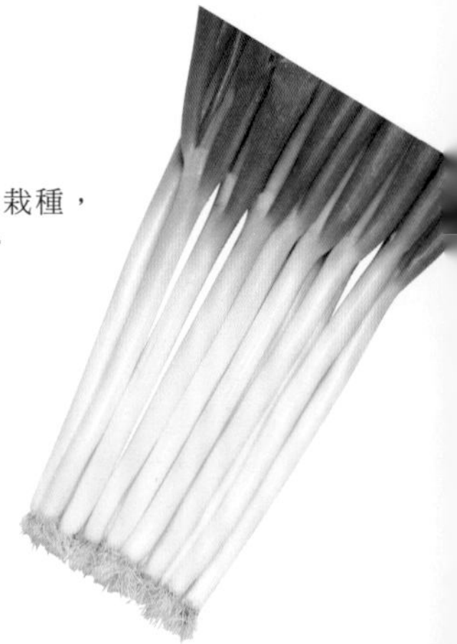

白星

生長能力強，易栽種，苦味淡，辣度低。

其他推薦品種

夏扇2號

甘甜可口，滋味豐富，春秋皆可播種栽種。

石倉蔥A

日本群馬縣的在地品種，容易栽種，美味可口。

4 報紙包覆

準備報紙和洗衣夾，包覆基部不受日光照射，製造蔥白。

中央挖掘深度5cm的土溝，以5cm至6cm的間距種植之後兩側培土，使種苗直立。

覆土之後，豎立長度70cm至80cm的支架，苗與支架之間豎立摺疊為15cm高的報紙。

以洗衣夾固定報紙，完全包覆植株根部之後，給予大量水分。注意不要直接澆灌在報紙上。

5 追肥與調整報紙高度

一個月植株成長之後，拆除舊報紙。葉子顏色變差時（參考P.37），追加種類A的肥料。之後再以新報紙覆蓋根部，高度比第一次提高5cm。

根部鋪撒發酵油粕，與表面的土壤仔細攪拌。

加高5cm的報紙，覆蓋植株根部。

之後每個月進行追肥，同時每次加高報紙5cm。

6 間苗＆收穫

定植3至4個月之後，部分品種會分蘗，長出新的莖部。植株間距過小無法生長，間苗兼收穫好讓植株成長。

拔除因為分蘗而增生的植株，間苗兼收穫。

追肥的同時加高報紙5cm。

7 收穫

等到根部的蔥白長至一定的程度即可收成。

拆除報紙，連根拔起。

WELSH ONION

植物的基本資料

科　　名：百合科
食用部位：葉子
病 蟲 害：薊馬、蚜蟲、蔥銹病等
生長適溫：15℃至20℃

尺寸大小

植　　株：寬5cm左右、高50cm至70cm
花　　盆：標準型（容量15ℓ至20ℓ）

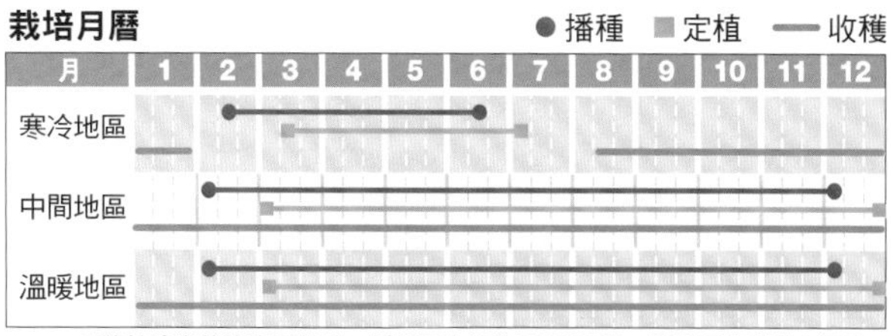

＊若於適當的溫度下栽培，播種至定植約20至30天，播種至收穫約6個月。

青蔥

關西的蔥都是指青蔥，盆栽種植方便

東日本的蔥主要以白蔥為主，西日本主要以青蔥為主。與白蔥相較之下，青蔥的特徵在於細長柔軟。白蔥主要是食用蔥白的部分，但是青蔥主要是食用綠色葉子，作為香菜、添加於火鍋或涼拌。

由於青蔥不需要覆蓋報紙，因此栽種方式也較簡單。只要保留植株基部就能再生，可以反覆收穫。採收時只摘取需要的部分，可以確保植株長壽。

動手種種看！

1 製造栽培土

製作種類A的栽培土，參考P.24至P.25。

2 播種

以5mm的間距撒播，參考P.26至P.27。

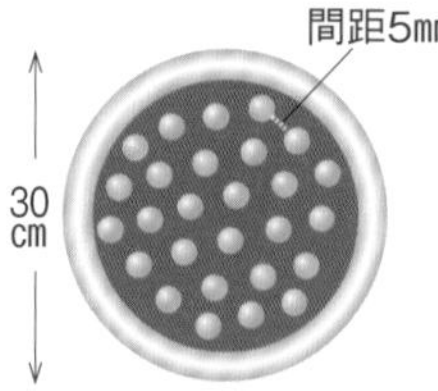

3 間苗＆收穫

植株長至10cm時，間苗植株密集處或瘦弱的植株，拉開間距至1cm左右。

由於生長點靠近地面，以剪刀收割之後還會再生，因此間苗時可拔起整棵植株。間苗的青蔥嫩芽是最好的香菜。

4 追肥

葉子顏色變差時（參考P.37），追加種類A的肥料。

5 第二次間苗

再過1個月，植株長至20cm時進行第二次間苗兼收穫。

之後隨時間苗，保持植株距離為2cm至3cm。

6 收穫＆追肥

植株長至30cm時，不是拔起整棵植株，則是以剪刀從接近地面處收割。

以剪刀從距離地面2cm至3cm處收割，保留基部以再生。

植株周圍以發酵油粕進行追肥，與土壤仔細攪拌均勻。藉由追肥促進植株再生，可以反覆收成。

WELSH ONION

植物的基本資料

- 科　　名：百合科
- 食用部位：葉子
- 病 蟲 害：薊馬、蚜蟲、蔥銹病等
- 生長適溫：15℃至20℃

尺寸大小

- 植　　株：寬5cm、高30cm至50cm
- 花　　盆：小的圓形（容量7ℓ至8ℓ）

栽培月曆

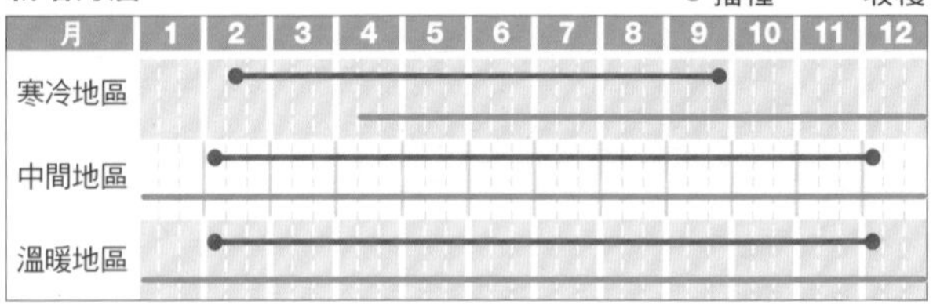

＊若於適當的溫度下栽培，播種至收穫約2個月。

葉菜類

分蔥・淺蔥

種植之後就能反覆收成

分蔥是蔥和紅蔥（參考P.148）的自然雜交種，為西日本地區習慣食用品種。淺蔥則為細香蔥的變種，特徵是耐寒。淺蔥的葉子比分蔥細，也更為辛辣，建議當作調味料使用，分蔥則是與醋味噌涼拌，可以品嚐獨特的黏滑口感。

分蔥和淺蔥都是利用球根繁殖。收成時從距離地面3cm至4cm處收割，之後進行追肥。如此一來，植株就會再生，可以反覆收成。

動手種種看！

1 製造栽培土

製作種類A的栽培土，參考P.24至P.25。

2 種植球根

放入栽培土（參考P.30）之後，以7cm至8cm的間距種植球根，兩列的間距為10cm。

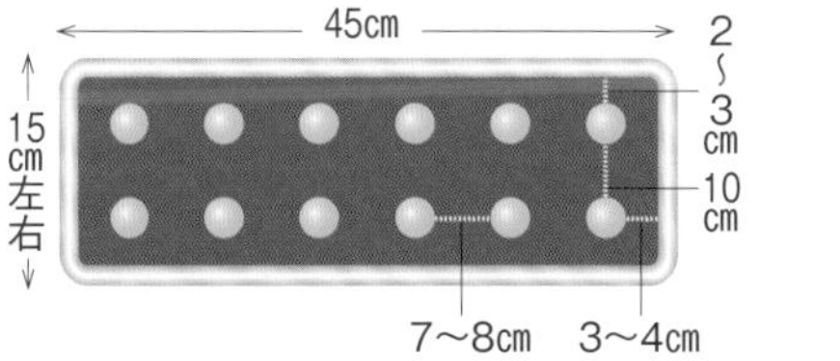

植株間距為7cm至8cm，兩列間距為10cm。球根尖端稍微露出土壤，給予大量水分。

3 追肥

葉子顏色變差時（參考P.37），追加種類A的肥料。

4 收穫

定植後40至50天，植株生長至20cm左右時收成。

以剪刀從距離地面3cm至4cm處剪下收成，再以步驟3的方式追肥，殘留的部分一個月之後又能再度收成。

5 植株再生

生長能力強，馬上就能再生，所以可以反覆收成。

WAKEGI/CHIVES

植物的基本資料

科　　名：百合科
食用部位：葉子
病 蟲 害：蔥銹病、薊馬、葉蟎等
生長適溫：15℃至20℃左右

尺寸大小

植　　株：寬10cm至15cm、高15cm至20cm
花　　盆：小的方形（容量7ℓ至8ℓ）

栽培月曆

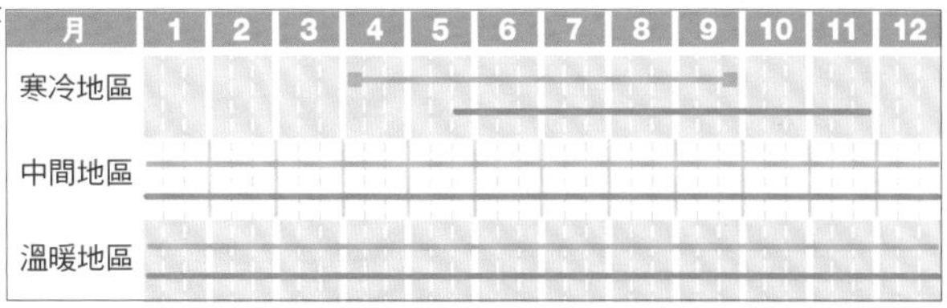

＊若於適當的溫度下栽培，播種至收穫約40至50天。

洋蔥

栽種時間雖長，卻不需要多費心思照顧

營養豐富的洋蔥用來炒菜、煮湯、燉滷等多種烹調方式皆適宜。原產於中亞，中東與歐洲地區自古以來便栽種洋蔥。明治時代傳入日本之後普及。

播種至定植必須耗費兩個月，因此購買種苗栽種也是不錯的方法。利用市面販賣的種球（參考左頁專欄）栽種，也能提早收成。

洋蔥小常識

如何判斷保存期限呢？

洋蔥的保存時間根據水分與辛辣成分的含量決定，水分少、辛辣成分多的洋蔥保存時間較長。

從形狀來看，扁平型比圓球形的水分含量多、辛辣成分少，因此保存時間也隨之縮短。

從顏色來看，飽滿的黃皮種辛辣成分較多，適合儲存；反而言之，辛辣成分少的紅皮種和白皮種不耐保存。

圓球狀的黃皮種和扁平狀的紅皮種。

黃皮種

一般常見品種，特徵為可長期儲存。代表品種有「亞頓」、「索尼克」、「變化」、「O・L黃」、「濱育」、「貴錦」、「SUPER LINEAR」等。

紅皮種

表皮顏色為紅色或紫紅色的品種，適合作成沙拉或生食。代表種類有「胭脂」、「猩紅」、「早紅鈴平」。

白皮種

辣度低，肉質軟，適合製作沙拉或生食，因此日本人稱白皮種洋蔥為「沙拉洋蔥」。代表品種有「春一番」、「杏仁丸」、「愛知早生白」等。

ONION

植物的基本資料

科　　名：百合科
食用部位：鱗莖
病 蟲 害：薊馬、葉蟎等
生長適溫：20℃左右

尺寸大小

植　　株：寬15cm至20cm、高50cm至70cm左右
花　　盆：淺圓形（容量12ℓ至13ℓ）

栽培月曆

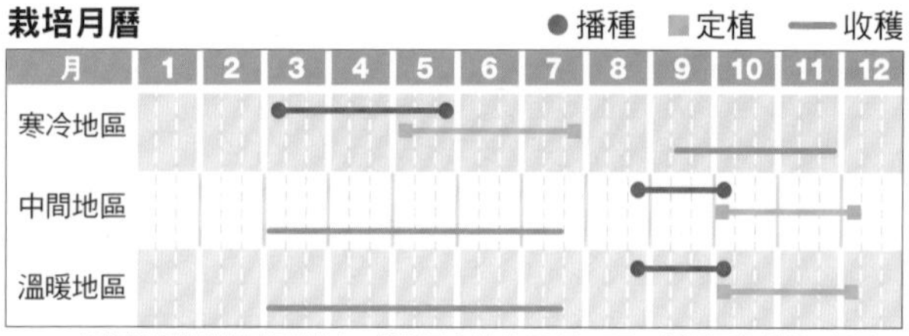

＊若於適當的溫度下栽培，播種至定植約50至55天，播種至收穫約6個月。

葉菜類

ONION
動手種種看！

購買種苗時，挑選基部直徑如鉛筆粗細。如果基部過粗，一遇寒就會長出花苞；但是過細也容易枯萎。葉子顏色一變差就馬上追肥，儘速讓球莖肥大。

1 播種

在穴盤內播種、育苗，參考P.28至P.29。

2 製造栽培土

製作種類A的栽培土，參考P.24至P.25。

3 種植種苗

放入栽培土（參考P.30），以15cm的間距種植種苗。

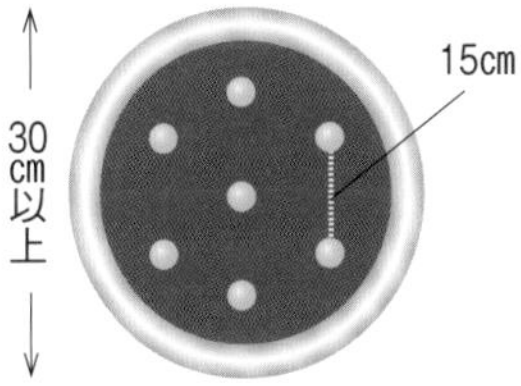

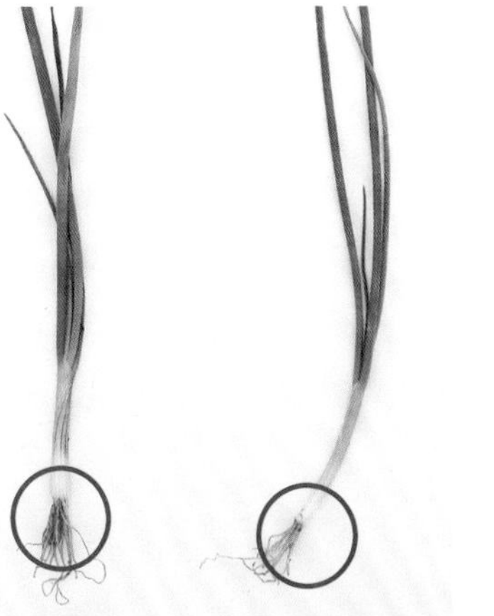

過粗的種苗（左）和恰至好處的種苗（右）。圖中紅色圓圈的部分為鉛筆粗細代表剛剛好。

以手指在花盆中挖掘植穴，植株間距15cm。

一個植穴放入一顆種苗，以周圍的土壤覆蓋植穴直至種苗不會搖晃，給予大量水分。

4 追肥

葉子顏色變差時（參考P.37），追加種類A的肥料。

5 收穫

地上的部分枯萎即可進行收成。抓住地上的部分，連根拔起。吹風乾燥2至3天之後，即可保存。

洋蔥小常識

種球栽培法

種球是指播種後兩個月，挖掘長成的小型洋蔥加以乾燥保存的球莖。以種球種植，馬上就能發芽收成。夏天種植，最快秋天就能收成，柔軟的葉片也能作為火鍋的配菜。

1 **種植種球**
手指於標準型的花盆挖掘深度2cm至3cm的植穴，植株間隔10cm，列間隔15cm，於植穴放入種球。

2 種球頂端露出土壤，定植之後給予大量水分。

1個月之後發芽長葉，土壤乾燥就立即補充水分，葉子顏色變差則立即追肥，持續至收成為止。

蕹菜

早期採收或長成後收穫，各有千秋

如同大蒜和韭菜，含有大量的硫化物，特徵為具備獨特的辣味與氣味。除了以鹽醃漬、甜醋醃漬和醬油醃漬之外，早期採收的蕹菜可搭配味噌或美乃滋生食。

如果想要採收大顆的鱗莖，必須在夏季尾聲的種植，於第二年夏天收成。如果想要早期收成，待11月之後隨時都可以採收。

普通種

想要採收大顆鱗莖所使用的品種。蕹菜由於沒有種子，所以品種稀少，主要分為「樂多」和「八房」。「樂多」是鵝卵形的大型球莖代表，「八房」的大小介於「樂多」和「玉蕹菜」，體型略小。

伊夏瑞特

早期採收，連根帶葉的蕹菜。辣度與氣味溫和，可以生食。西式料理中的「紅蔥」與伊夏瑞特是完全不同的作物（詳情參考下方專欄）。

島蕹菜

沖繩在地品種，鱗莖嬌小，香氣四溢，厚實緊緻。可生食，但是醃漬後更能品嚐出島蕹菜的爽脆口感。分蘗茂盛，容易栽種。

玉蕹菜（蕗蕎）

來自台灣的品種，為白色小球。主要食用方式為甜醋醃漬，日本人經常使用玉蕹菜栽培「花蕹菜」。

葉菜類

蕹菜小常識

如何培育「花蕹菜」？

鱗莖嬌小而視為高級品的「花蕹菜」並非品種名稱，是小顆的「玉蕹菜」或大型品種過了兩個冬天之後採收的鱗莖。蕹菜一年會分球6至7個仔球，一般會在同年收割，但是培育花蕹菜時會繼續栽培。蕹菜會因此繼續分球，自然也就越來越小。

「伊夏瑞特」？「紅蔥」？

所謂的「伊夏瑞特」是春天早期採收的蕹菜，日文又稱為「伊夏瑞特」。而類似洋蔥的百合科蔬菜「紅蔥」的日文也讀作「伊夏瑞特」，兩者的讀音相似，但是外表和味道卻截然不同。紅蔥的英文為「SHALLOT」，法國料理會將紅蔥磨成泥製作沾醬，亞洲料理則習慣使用紅蔥炒菜或調味。

早期採收的伊夏瑞特

紅蔥（ÉCHALOTE）

RAKKYO

動手種種看！

市面上買不至薤菜的種子，因此只能購買球根種植。定植的適當期間只有短短的20天，當心不要錯過時間了。施肥份量必須多於一般蔬菜，只要葉子顏色不佳就得趕緊追肥，促進球根分蘗。

1 製造栽培土

製作種類A的栽培土，參考P.24至P.25。

2 種植球根

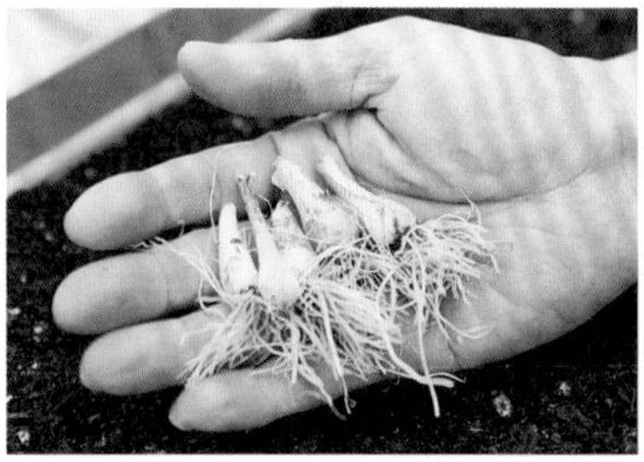

薤菜的球根，飽滿厚實為佳。

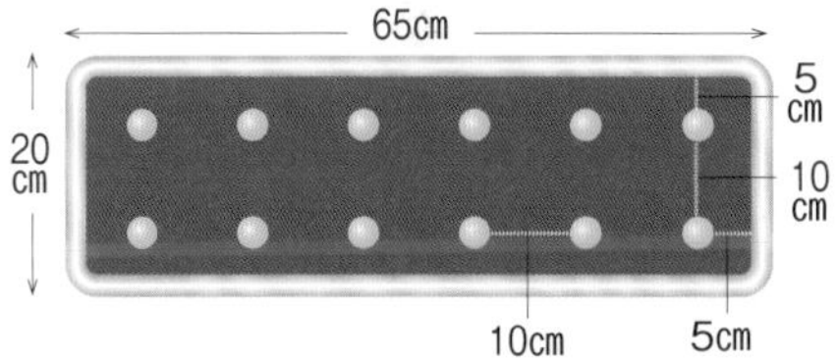

放入栽培土（參考P.30），以15cm的間距種植兩列球根，兩列的間距為10cm。

測量植株與列的間距，以手指挖掘深度5cm的植穴。

球根的尖端朝上種植。

種植深度不足會導致球根綠化，因此栽種重點在於完全覆土。之後澆灌足夠的水分。

定植後一個月，發芽的狀態。

3 追肥

葉子顏色變差時（參考P.37），追加種類A的肥料。

4 早期收穫

早期採收的薤菜稱為伊夏瑞特，辣度低，可生吃。

5 收穫

葉子增加，球根變大，即可進行採收。

抓住地面上的部分，連根拔起。可以發現已經分蘗，出現新的球根。

RAKKYO

植物的基本資料

科　　名：百合科
食用部位：根（鱗莖）
病 蟲 害：青蟲、小菜蛾的幼蟲、蔥銹斑、白色疫病、蚜蟲、根蟎等
生長適溫：20℃左右

尺寸大小

植　　株：寬15cm至20cm、高20cm至30cm
花　　盆：標準型（容量15ℓ至20ℓ）

栽培月曆

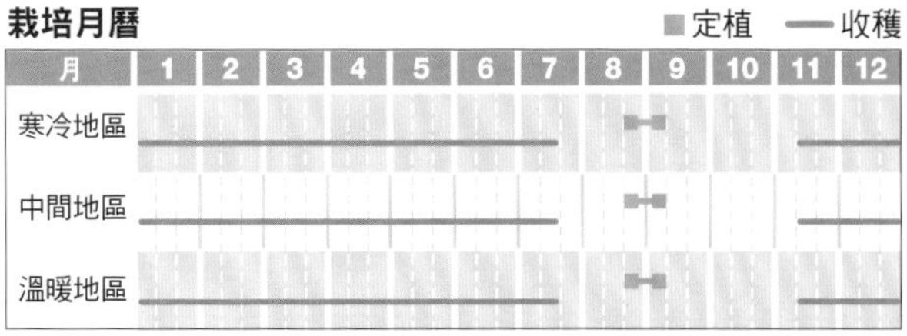

＊若於適當的溫度下栽培，種植球根至收穫約10個月。

蘆筍

使用大型品種的母叢栽種，第二年就能收穫！

剛採收的蘆筍柔嫩甘甜，除了胡蘿蔔素和維他命C之外，也富含食物纖維。

以種子栽培至收穫必須花費3年時間，因此建議以大型品種的母根栽培。

持續追肥可以連續收成10年。此外，以支架支撐莖葉，可以從春天採收至秋天。

紫蘆筍

富含花青素的品種，加熱後變綠。種植方式與綠蘆筍相同。

白蘆筍

白蘆筍和綠蘆筍是相同作物。發芽之前壅土遮光，就能種出白蘆筍。

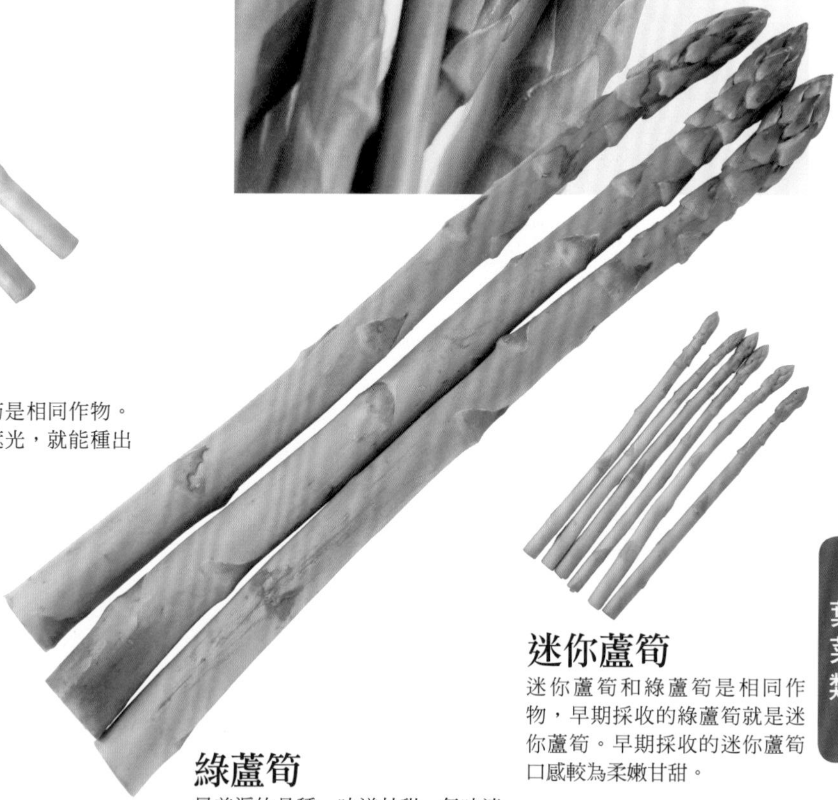

綠蘆筍

最普遍的品種，味道甘甜，氣味清爽，口感爽脆，富含胡蘿蔔素和維他命C。

迷你蘆筍

迷你蘆筍和綠蘆筍是相同作物，早期採收的綠蘆筍就是迷你蘆筍。早期採收的迷你蘆筍口感較為柔嫩甘甜。

蘆筍小常識

何時開始收穫？

以大型品種的母根栽種，第2年就能收成，一般尺寸的母株或種苗，必須等待植株成長，直至第3年的春天才能開始收成。難得使用可以就近栽培的盆栽，建議挑選大型品種的根叢栽種，母根可以在園藝店購買，購買前請確認包裝上是否註明為大型品種。

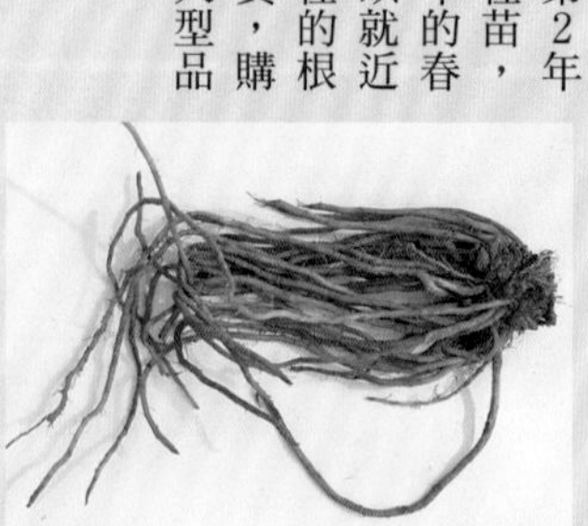

大型品種的母根

ASPARAGUS

植物的基本資料

科　　名：百合科
食用部位：莖
病 蟲 害：蚜蟲、根蟎等
生長適溫：20℃左右

尺寸大小

植　　株：寬60cm至80cm、高120cm左右
花　　盆：深圓形（容量約15ℓ）

栽培月曆

*若於適當的溫度下栽培，於春天種植母抹至收穫約1年。

ASPARAGUS

動手種種看！

為了可以連續栽種10年，追肥是不可或缺的。基本上葉子顏色不佳就必須追肥，過冬之前也必須追肥以保護植株。此外，春天收成之後也必須追肥，促進生長。

1 製造栽培土

製作種類A的栽培土，參考P.24至P.25。

2 種植根叢

放入培土（參考P.30）至花盆一半處，中央放置展開的根叢，再放入培土直至花盆邊緣下方2cm至3cm處，完全覆蓋根叢。

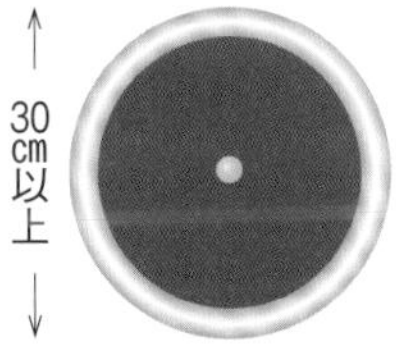

以附蓮蓬頭的澆花器，大量澆灌整體。

3 豎立支架

植株成長之後，以長度150cm的支架支撐，以免風吹傾倒。

豎立方形燈籠式支架（參考P.35），豎立4支支架之後，於高度40cm與90cm處環繞麻繩。

4 追肥

葉子顏色變差時（參考P.37），追加種類A的肥料。

5 過冬的準備

11月中旬至12月天氣變冷，莖葉開始枯萎時，準備過冬。

依序剪下枯萎的莖葉。

6 追肥（禮肥）

完成過冬的準備之後，追加種類A的肥料（參考P.37），待冬天過後，春天發芽之前也以同樣方式進行追肥。

7 收穫

長出新芽後進行收穫。如果長不出新芽，表示植株已經老化無力，為了培養根叢必須保留4至5根新芽，因此須控制採收的次數。

新芽長至20cm時，以剪刀從根部剪下，一次性剪下所有新芽會導致無法生長，因此必須保留4至5根新芽。由於蘆筍成長快速，須留意不要錯過採收時期。等到收穫結束，再依步驟**6**進行追肥。

紫蘇

優秀的香料蔬菜，從新芽至花穗都可食用

紫蘇是從日本平安時代開始種植的香料蔬菜，香氣四溢，具備防腐效果。

紫蘇有各種品種，例如：紅紫蘇、青紫蘇、皺葉紫蘇。紅紫蘇常用於梅干染色，青紫蘇則為生魚片的配菜。此外，紫蘇芽、紫蘇葉、紫蘇花序和紫蘇果實等每個不同階段的紫蘇，都能食用。每個階段都收穫，可以長達半年以上，是可以長久活用的蔬菜。

此外，正式採收紫蘇葉必須等到植株長至30㎝。

紅紫蘇

除了可以為梅干和醬菜染色之外，也能榨汁飲用。

紫蘇小常識

依照成長階段，可以採收四種紫蘇！

紫蘇有四種採收方式：長出3至4片本葉時，可以採收嫩芽；葉子長大之後，採收紫蘇葉；長出花序之後，採收花序；開花結果之後，可以採收果實。特別是紅紫蘇的嫩芽變成紫色時，日文稱為「紫芽」，是點綴生魚片的重要裝飾。

紅紫蘇的嫩芽是點綴生魚片的重要裝飾。

花序是生魚片的配菜。

青紫蘇

日文稱為「大葉」，是生食或生魚片的配菜。

皺葉紫蘇

葉子的邊緣充滿皺摺，如同波浪。紅紫蘇和青紫蘇亦有皺葉的品種。

PERILLA

植物的基本資料

科　名：脣形科
食用部位：葉子、花序、果實
病蟲害：葉蟎、蚜蟲、夜盜蟲等
生長適溫：20℃左右

尺寸大小

植　株：寬20㎝至30㎝ 高60㎝
花　盆：深圓形（容量15ℓ以上）

栽培月曆　●播種　━收穫

月	1	2	3	4	5	6	7	8	9	10	11	12
寒冷地區				●	●	●━	━	━	━	━		
中間地區			●	●	●━	●━	━	━	━	━	━	
溫暖地區			●	●	●━	●━	━	━	━	━	━	

＊若於適當的溫度下栽培，播種至收穫葉子約2個月。

裏紅紫蘇

葉子表面綠色，背面為深紫色的品種。香氣濃厚，色素成分多，因此多半用於梅干、紅薑醬菜的染色和紫蘇捲。

PERILLA

動手種種看！

由於紫蘇會持續長出大葉子，土壤容易乾燥。放置不管會導致葉子蜷縮受傷，夏季特別需要注意補充水分。因乾燥時容易出現葉蟎。如果一直持續乾燥的狀態，必須以噴霧器噴水於葉子上。

1 製造栽培土

製作種類A的栽培土，參考P.24至P.25。

2 播種

以5mm的間距撒播，參考P.26至P.27。

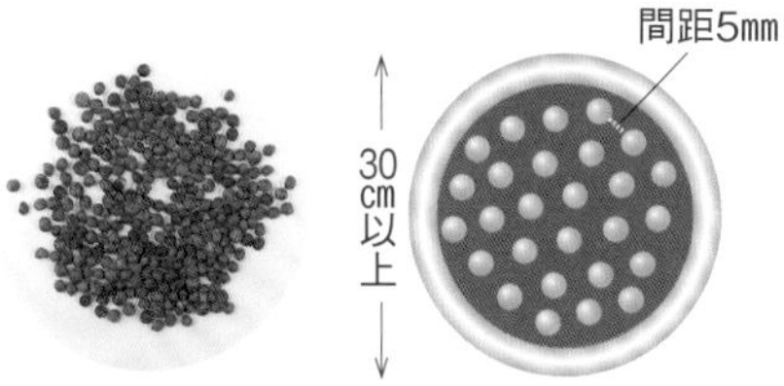

3 收穫嫩芽

間苗兼收穫，採收嫩芽。紅紫蘇和青紫蘇都是在長出3至4片本葉之後間苗。紫蘇的生長快速，必須儘早採收。

收成之後的青紫蘇芽（左）和紅紫蘇芽（右）。

4 間苗＆收穫

植株開始密集時，依序間苗兼收穫。

保留葉片會導致側芽繼續生長，必須以剪刀從基部收割。

紅紫蘇也是以相同方式間苗。

青紫蘇間苗兼收穫之後的狀態。

之後可以隨時間苗，最後留下中間的植株。此時的植株容易傾倒，請以直立式豎立長度90cm的支架（參考P.32）。

5 收穫葉子

植株長至30cm，本葉長大之後，即可進行開始正式收穫。

適合收穫的葉子大小為8cm至10cm，保留15cm以上的葉子，進行光合作用。

荏

藉由調味與包肉，享受蔬菜的香味

紫蘇的變種，日本從古代即開始栽種。香味強烈，可以切碎調味，也能像韓國料理一樣用葉子包肉食用。

栽種方式簡單，成長時葉子會陸續展開成長。太早摘取葉子會導致植株停止生長，等到植株長至30cm再一點一滴地收成。種子的食用方式和芝麻相同，除了炒熟撒在食材上之外，也能榨油。

動手種種看！

1 播種

在穴盤內播種、育苗，參考P.28至P.29。

2 製造栽培土

製作種類A的栽培土，參考P.24至P.25。

3 種植種苗

長出約4片真葉，穴盤底部可以看到白色根部時即可進行定植。

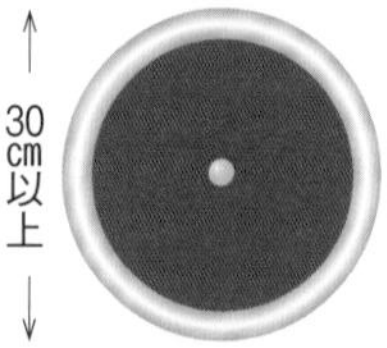

在花盆中央種植一棵植株，參考P.30。

4 追肥

葉子顏色變差時（參考P.37），追加種類A的肥料。

5 收穫

植株長至30cm左右，本葉也長大時，可以開始正式採收。

適合收成的葉片大小為10cm至15cm。保留更大的葉片以進行光合作用。

PERILLA

植物的基本資料

科　　名：唇形科
食用部位：葉子、種子
病 蟲 害：葉蟎、蚜蟲等
生長適溫：20℃左右

尺寸大小

植　　株：寬20cm至30cm、高60cm左右
花　　盆：深圓形（容量約15ℓ）

栽培月曆

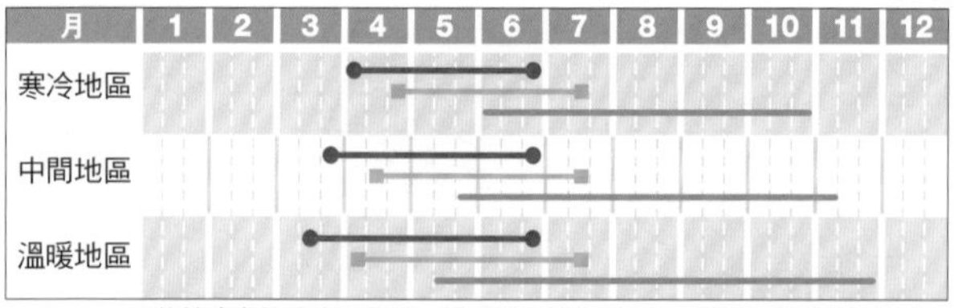

＊若於適當的溫度下栽培，播種至定植約2星期，播種至收穫約2個月。

鴨兒芹

口感水嫩，香氣高雅，原產於日本的香氣蔬菜

因為葉子分為三片，因此鴨兒芹的日文是「三葉」。加入湯品可以享受清爽的香氣，加入沙拉可以享受清脆的口感。

原產於日本，生長於林地的陰涼處。由於在陰涼處生長狀態良好，因此適合日照不足盆栽最適合。不須間苗，長至一定程度之後開始收成。長大之後，以剪刀從靠近地表處剪下，植株就會再生。

動手種種看！

1 製造栽培土

製作種類A的栽培土，參考P.24至P.25。

2 播種

以5㎜的間距撒播（參考P.26至P.27）。由於發芽率不高又想密植，所以必須多撒一點種子。

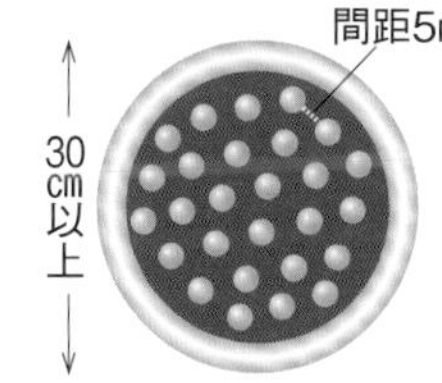

3 追肥

葉子顏色變差時（參考P.37），追加種類A的肥料。

4 收穫

植株高度達至7㎝至8㎝時，即可進行開始收穫。

以剪刀從根部剪下長長的莖葉，保留較短的莖葉就可以長期收成。

收成所需的份量之後的狀態。繼續保持密植的狀態。

鴨兒芹小常識

為什麼中途不間苗？

鴨兒芹只要莖葉硬化就不能食用，軟化莖葉的訣竅則在陰涼處密植植株，讓植株「衰弱」。

因此為了保持衰弱的狀態必須多播種子，直至可以收穫為止都不間苗。開始收割也要保持葉片互相交錯。

JAPANESE HONEWORT

植物的基本資料

科　　名：繖形科
食用部位：葉
病 蟲 害：葉蟎等
生長適溫：10℃至20℃

尺寸大小

植　　株：寬20㎝至30㎝、高20㎝至30㎝
花　　盆：小的圓形（容量7ℓ至8ℓ）

栽培月曆

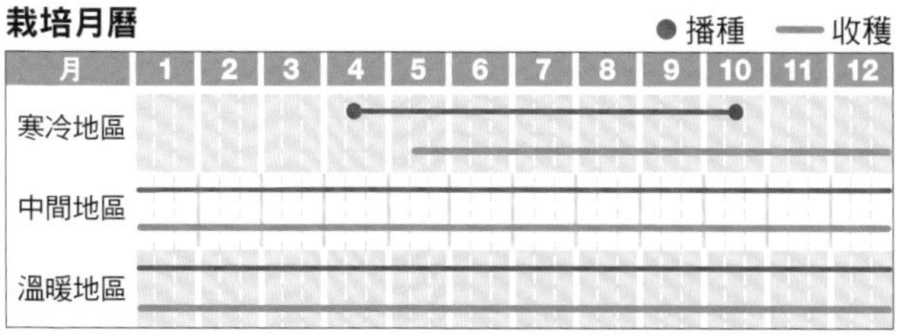

＊若於適當的溫度下栽培，播種至收穫約1個月。

空心菜

亞洲料理常見的蔬菜

顧名思義，空心菜的名稱是源自中空的莖部，又名為甕菜、蕹菜。

原產於亞洲熱帶，中國、東南亞與印度皆有栽種。空心菜在日本多用於中國菜與其他亞洲料理。耐熱易栽，幾乎不需要擔心病蟲害。生長能力強，必須常常收割以控制植株大小。由於不耐寒，秋季之後最好移動至溫暖的地點管理。

動手種種看！

1 播種

在穴盤內播種、育苗，參考P.28至P.29。

空心菜的種子

2 製造栽培土

製作種類A的栽培土，參考P.24至P.25。

3 種植種苗

植株高度達至15cm至20cm，穴盤底部可以看到白色根部時即可進行定植。

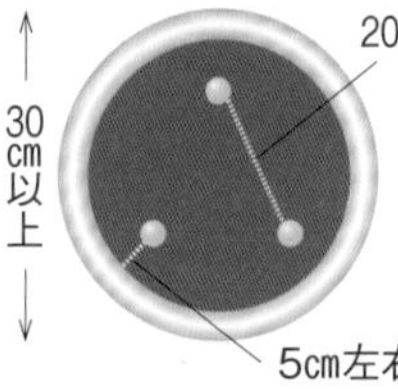

種植三棵植株，間距為20cm，參考P.30。

4 追肥

如果葉子顏色變差時，請追加種類A肥料（參考P.37）。

5 收穫

一棵植株長 好幾根莖葉即可進行正式收成。

以剪刀剪下從頂端15cm至20cm處的柔軟莖葉，之後就會長出側芽，可以陸續收割。

WATER CONVOLVULUS

植物的基本資料

科　　名：旋花科
食用部位：莖、葉
病 蟲 害：無
生長適溫：25℃至30℃

尺寸大小

植　　株：寬40cm至50cm、高30cm至40cm
花　　盆：深圓形（容量約15ℓ）

栽培月曆

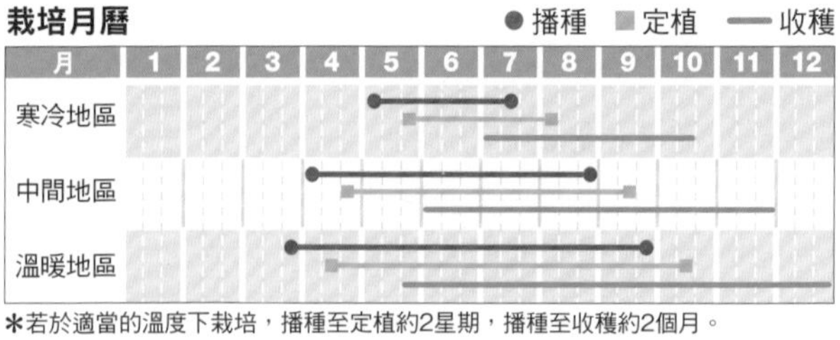

＊若於適當的溫度下栽培，播種至定植約2星期，播種至收穫約2個月。

葉菜類

木村流混植重點

在同一個花盆中種植
複數的植物稱為「混植」。
混植也有各種樂趣，
不妨嘗試看看。

【混值的優點】

1 可以同時栽種與收成多種植物

同時栽種與收成多種植物也是一種樂趣，想像植物成長之後的大小，決定花盆的形狀與大小。

2 提升觀賞價

組合葉子顏色、形狀與品種各異的蔬菜，不僅外表美觀，更能提升觀賞價值。混植時記得注意平衡。

3 有效利用栽種空間

番茄或小黃瓜等果菜類的植物下方可種植菠菜或小松菜等葉菜類，有效利用有限空間。大家不妨自行嘗試各種組合。

4 防治害蟲

這點對於盆栽影響不大，但是田間栽培時可利用混植萬壽菊，以減少線蟲。

1 混植葉片顏色不同的萵苣

萵苣又分紅葉種與綠葉種，
播種時可同時混合數種種子。
混植可以隨時一邊間苗，一邊栽培。

2 混植市售的香草苗

購買市售的義大利香芹、芫荽和茴芹苗種混植，大約1個月之後就可以從外側的葉子開始採收。

3 混植果菜類與葉菜類

直徑30cm的花盆中同時種植草莓、黑鴨兒芹、香芹、分蔥和菊苣，每一種都是可以長期栽培的蔬菜。

4 混植多餘的種子

盆栽特別容易出現多餘的種子，此時不妨將種子混合播種。例如照片中是胡蘿蔔、蘿蔔、牛蒡和蕪菁的四種根菜類混植，可以享受間苗的樂趣。

實驗! 花盆材質會影響土壤乾燥的速度嗎？

花盆的材質種類繁多，例如塑膠、木質或素燒等等。本篇為大家分析盆栽最大的煩惱——「土壤的乾燥」，實際測試不同材質的花盆對於土壤的乾燥有何影響。

【盆栽的土壤乾燥分析】

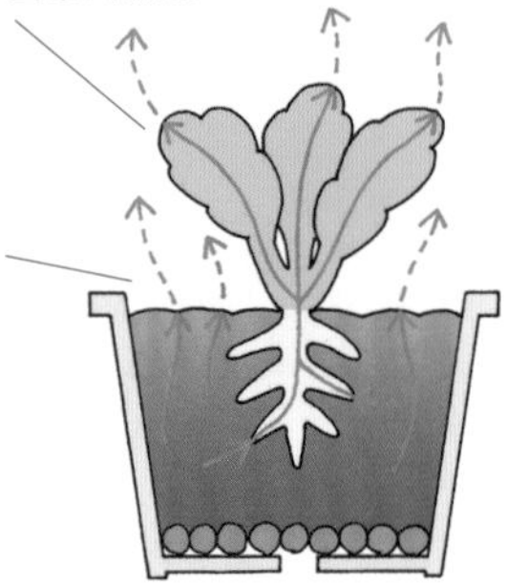

土壤中的水分由下往上移動，從地表蒸發。此外，植株是由根部吸收水分，由葉片蒸發。

素燒花盆……

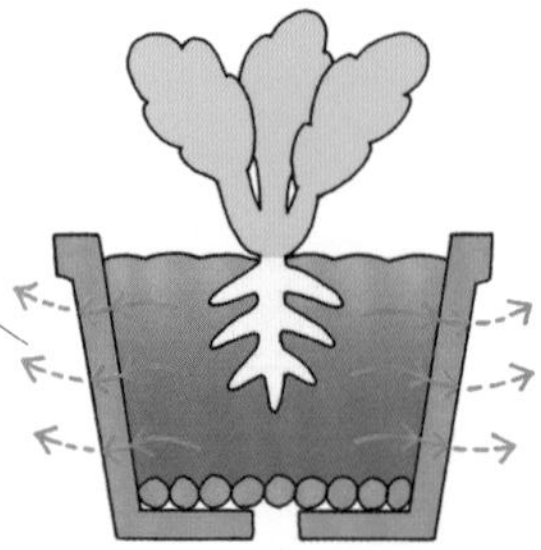

如同上圖，水分會從地表與葉片蒸發。除此之外，花盆本身也會吸收水分，從花盆側面蒸發。

花盆中分別放入10ℓ的土壤與5ℓ的水之後測量重量。

	素燒花盆	木質花盆	塑膠花盆
當天	 11.615kg	 8.455kg	 8.13kg
5天之後	 10.15kg(−1465g)	 7.45kg(−1005g)	 7.33kg(−800g)
2星期之後	 8.895kg(−1255g)	 6.295kg(−1155g)	 6.26kg(−1070g)

塑膠盆的保水效果最好

實驗所使用的3個花盆大小相同，材質分別為塑膠、木質與素燒。花盆各別裝入10ℓ的土與5ℓ的水之後，放置於相同場所，於當天、5天後和2星期後測量花盆的重量。最後的結果是塑膠製的花盆保水性最佳。

原本水分就具有從充足處移動至短缺處的特性。花盆中越是靠近接觸空氣的地表處，水分就越少。如此一來，土壤中的水分自然會由下往上移動，於地表蒸發；或由植物的根部吸收，由葉片蒸發。

素燒或表面未上塗料的木質花盆也會在表面乾燥時，吸收土壤中的水分。如此一來，水分就會從花盆側面蒸發。

但是素燒和木質花盆多半設計美觀、適合觀賞，最能滿足一般家庭觀賞兼種菜的需求。為了減輕花盆乾燥所帶來的影響，可以在澆水之前於花盆表面灑上大量的水分，使花盆本身富含水分。

為菜園添加色彩

Chapter 6 香草類

在料理中添加一些香草，
就能使味道豐富起來，
以下介紹16種生活中常用的香草。

香草的基本知識

何謂香草？

香草具備獨特的香氣和療效，自古以來除了食用與藥用功能之外，還具備手工藝品的功用，例如製成芳香劑或香袋。本章主要介紹食用的香草與其栽培方式。

香草以科別劃分，多半隸屬脣形科，其次為繖形科、菊科、十字花科、百合科和禾本科。同科香草的栽種方式與利用方法多半相同，因此確認想要栽培的香草科別，可說是栽種香草的第一步。

主要的香草科別與特徵

科別	主要特徵	代表植物
脣形科	香草界的霸主，可以扦插繁殖（參考左頁），主要用於茶飲或料理。	奧勒岡、鼠尾草、百里香、羅勒、薄荷、香蜂草、迷迭香
繖形科	利用種子（果實）作為烹調時用的香料，可以播種栽培。	義大利香芹、芫荽、蒔蘿、茴香
菊科	具有防蟲防腐的效果，主要利用於手工藝品，可以播種栽培。	洋甘菊、龍蒿
十字花科	葉子微辣，主要用於料理或香料，可以播種栽培。	芥末、芝麻菜

使用方法

依照香草狀態活用

香草除了可以利用新鮮的葉子與花朵之外，也可以乾燥後使用。

新鮮的香草可作為沙拉、料理與甜點的香氣點綴，或者切碎後作為湯品香料或醬料。除此之外，還可將新鮮的香草加入茶飲、以油醃漬或加入水中冰凍享用等等。

若一次採收大量香草，亦可乾燥後使用。由於乾燥後的香草能長期保存，作為香草茶或香料使用，非常方便。

香草小常識

香草可分為「木本」與「草本」

香草又分為莖幹木質化的樹木（木本）和莖部柔軟的草類（草本）。草本又分為栽種一年之後便會枯萎的「一年生」和可以連續採收好幾年的「多年生」。多年生草本當中，地上的莖部會在冬季枯萎，但是地下的根部會繼續生長的香草又稱為「宿根草」。

〔 乾燥香草 〕

切碎乾燥之後的迷迭香、奧勒岡等香草加入與香草同量或¼的鹽，就是香草鹽。

〔 新鮮香草與乾燥香草 〕

薄荷或香蜂草的葉子與水倒入製冰盒，製成冰塊，加入夏季的飲品，更加清涼。

橄欖油當中加入數枝奧勒岡等香草的莖葉，就是香草橄欖油。

〔 新鮮香草 〕

放入喜歡的香草之後，倒入熱水。無論新鮮的香草或乾燥的香草都可以使用此種方式享受。

日常料理中稍微加入一些香草，除了改變味道之外，還能提升美觀的程度。

香草的繁殖方法

香草除了播種之外，還能利用扦插和分株繁殖，非常簡單。繁殖除了增加同一種香草的收穫之外，還能改善收穫減少的狀態或雜亂的模樣。

香草的繁殖期為春天和秋天，根據品種也有適合與否。不過香草的繁殖就連初學者也能輕鬆上手，建議大家務必試試。

香草小常識

如何避免扦插失敗？

扦插之後要儘量避免水分蒸發，如此一來才能順利發根。因此應當放置於不通風的陰暗處，給予大量水分。

發根不需要行光合作用，而是使用儲存於莖葉的養分。由於黑暗中也會發根，利用瓦楞箱覆蓋花盆也是避免水分蒸發的方法。

使用育苗盆，可以將另一個育苗盆倒扣。

分株

植株可直接分開成叢的植株，加以繁殖。適合此種繁殖法為根部分櫱（植株的基部分開）的禾本科香茅和以走莖（匍匐莖）擴張的薄荷。

【適合分株的香草】
義大利香芹、奧勒岡、細香蔥、薄荷、茴香、香茅和香蜂草

1
從花盆取出植株，保留植株的根部和嫩芽。

2
以手分開，以免傷害根部。分開時不應強制分開，而是從可以自然撕開處開始分開。

3
分株的植株分開種植。

扦插

切下一段莖，插入土中的繁殖方式。適用於脣形科的香草，例如百里香、薄荷、迷迭香等等。繖形科、十字花科和細香蔥等百合科的香草不適合採用插枝繁衍。

穴盤中放入赤玉土（小粒），放置於已經裝水的托盤上，由底部吸收水分。

剪下約10cm狀況良好的莖部，作為插枝用，圖示為迷迭香。

下方剪去⅓的葉片，摘去頂端的部分（摘心）。

處理完畢之後馬上放入裝水的杯中，避免在插入土壤之前枯萎。

以免洗筷挖洞，一個育苗穴中放入一根插枝。葉片一定是從剪下的莖節開始生長，因此莖部務必埋入土中。

插枝之後放置於不會吹至風的陰暗處1個月，期間不得乾燥。

義大利香芹

強壯易栽，採收時期長

皺葉型香芹（巴西里）的變種。兩者香味相同，但是義大利香芹的特徵是平整的葉片。切碎之後可加入沙拉或醬料食用，種在廚房附近可以隨時享受新鮮的香氣。由於義大利香芹是多年草本，栽種之後好幾年都能享受收穫的樂趣。

皺葉型的香芹可用相同方式栽培。

動手種種看！

1 製造栽培土

製作種類A的栽培土，參考P.24至P.25。

2 播種

播種間隔為盆內5mm（參考P.26至P.27），由於發芽率不佳，建議增加播種數量。

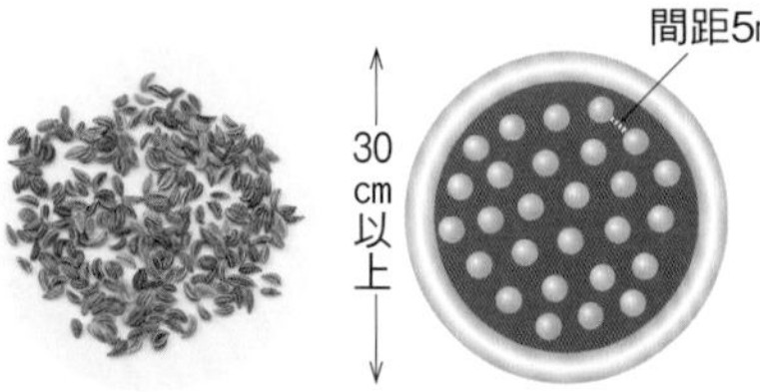

3 間苗

播種後1個月，植株開始茂密。此時可以開始一邊間苗，一邊收穫。

義大利香芹除了發芽時間不一之外，植株還容易過度密集。應當拔除過度密集的部分和過小的植株，保持植株之間的間距為1cm。

4 追肥

葉子顏色變差時（參考P.37），追加種類A的肥料。

5 收穫

每一棵植株都有好幾片葉子，就表示可以正式開始收穫。為了避免拔除整棵植株，應從延伸的葉柄基部隨時剪除收成。

慢慢開始長葉子，大小約20cm時即可開始收成。

從基部剪下長長的葉柄。收成時要從長葉柄開始依序剪下，留下較短的葉柄。

植物的基本資料

科　名：繖形科（多年生草本）
食用部位：葉
病蟲害：葉蟎、鳳蝶幼蟲
生長適溫：15℃至20℃
尺寸大小
植　株：寬30cm至40cm、高40cm至50cm
花　盆：淺圓形（容量12ℓ至13ℓ）

ITALIAN PARSLEY

栽培月曆

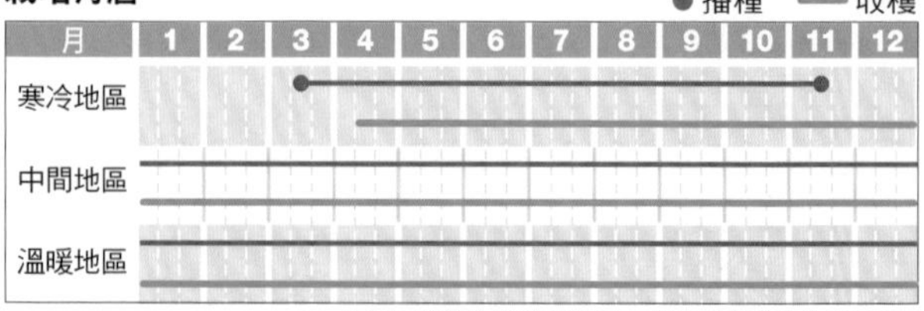

＊若於適當的溫度下栽培，播種稻收穫大約1個月。

香草類

茴芹

香氣與味道溫和的「老饕香芹」

法國料理不可或缺的香草，法文名為CERFEUIL。香氣與味道都非常溫和，因此又稱為「老饕香芹」。特徵是讓人聯想起蕾絲般細緻的小型嫩葉和甜蜜的香氣，一般為切碎之後加入沙拉、湯品、西式蛋餅或甜點食用。

原產地為南亞與歐洲。栽種時間短，西式容易栽培。避免強烈日曬，在明亮的陰涼處栽種就能長出柔軟美麗的葉片。

動手種種看！

1 製造栽培土

製作種類A的栽培土，參考P.24至P.25。

2 播種

以5㎜的間距撒播（參考P.26至P.27），由於發芽率不佳，建議多撒一些種子。

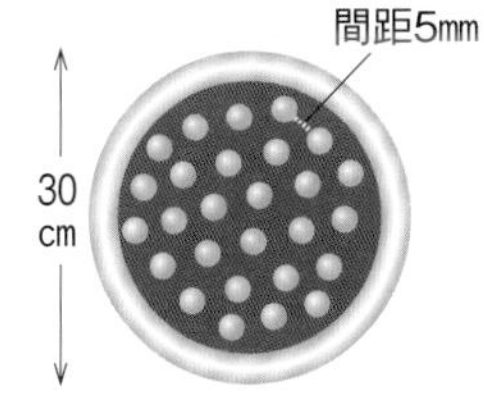

3 間苗&收穫

播種後1個月，植株開始茂密。此時可以開始一邊間苗，一邊收穫。 保持植株之間的間距為1cm。

照片中為結束第一次間苗的狀態，待植株開始密集就可以間苗兼收成。

4 追肥

葉子顏色變差時（參考P.37），追加種類A的肥料。

5 收穫

長出好幾片葉子，就表示可以正式開始收穫。為了避免拔除整棵植株，應從延伸的葉子基部隨時剪下收成。

從基部剪下伸長的葉子。收成時要從長葉柄開始剪下，留下較短的葉柄。

CHERVIL

植物的基本資料

科　名：繖形科（一年生草本）
食用部位：葉子
病 蟲 害：葉蟎、蚜蟲
生長適溫：15℃至20℃

尺寸大小

植　株：寬30cm至40cm、高30cm至40cm
花　盆：小的圓形（容量7ℓ至8ℓ）

栽培月曆

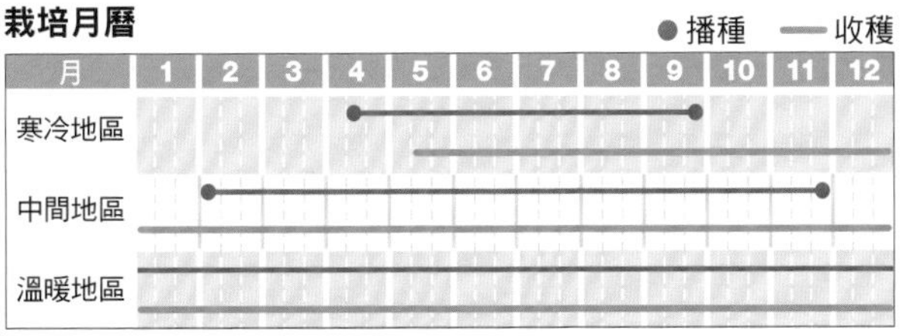

＊若於適當的溫度下栽培，播種至收穫大約1個月。

可以購買市售的種苗嗎？

茴芹可以購買種苗栽培，栽種的花盆大小與播種相同，但是間隔改為10cm。（定植的方法請參考P.30）

芫荽

民族料理不可或缺的香草

芫荽在中國又稱香菜，泰文為Phak Chi，具備獨特的香氣，是民族料理不可或缺的食材，使用範圍廣泛，可用於沙拉、湯品、炒菜等料理。

採收重點在於摘取嫩葉，多多收割新長的葉子。春天播種容易抽苔，建議秋天播種。秋天播種，等待冬天過去之後，就可以在早春收穫，等到夏季開花之後，還能採收種子。

動手種種看！

1 製造栽培土

製作種類A的栽培土，參考P.24至P.25。

2 播種

播種間隔為5mm（參考P.26至P.27），由於發芽率不佳，建議增加播種數量。

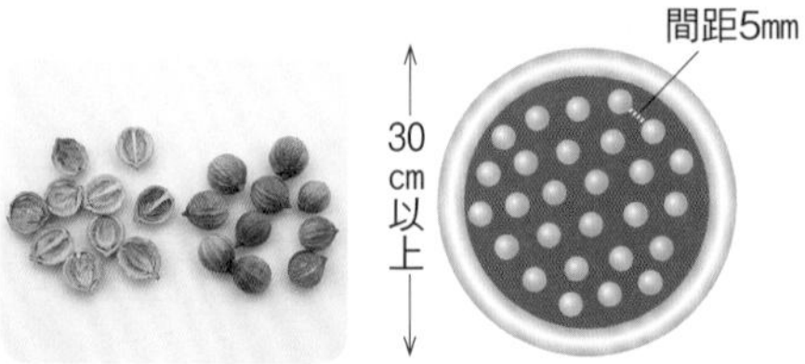

圓形的果實中分為兩房，裡面各有一棵種子。以手指轉開，分開兩房（直接播種可長成兩株）。圖右側為分割之前的種子，左側為分割之後的種子。

3 間苗

播種後1個月，植株開始茂密。此時可以開始一邊間苗，一邊收穫。 保持植株的間距為1cm。

葉片長大就會變硬，所以必須儘速收穫。

4 追肥

葉子顏色變差時（參考P.37），追加種類A的肥料。

5 收穫

每一棵植株都長出好幾片葉子，就表示可以正式開始收穫。為了避免拔除整棵植株，應該隨時從長長的葉柄基部剪除收割。

葉子陸續生長，長至20cm時即可進行收穫。

6 收穫種子

夏天開花之後，只要不拔除植株就能收穫種子。果實變成褐色之後剪下莖部，等到種子（果實）完全乾燥之後再用手從莖部取下。種子除了可以當作香料之外，也可以用於下次栽種。

植物的基本資料 CORIANDER

科　　名：繖形科（一年生草本）
食用部位：葉、根、果實
病 蟲 害：葉蟎
生長適溫：15℃至20℃

尺寸大小

植　　株：寬30cm至40cm、高40cm至50cm
花　　盆：淺圓形（容量12ℓ至13ℓ）

栽培月曆

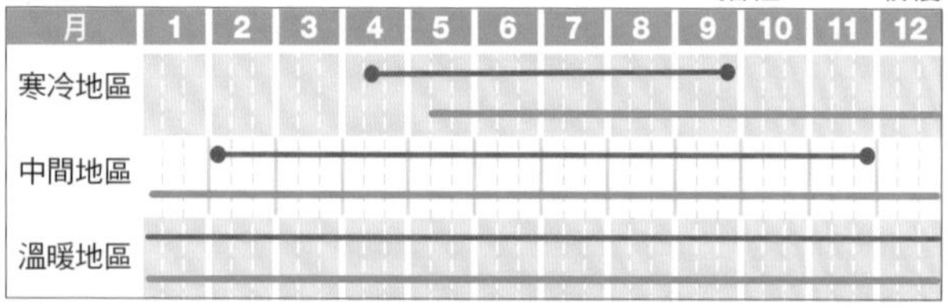

＊若於適當的溫度下栽培，播種至收穫大約1個月。

蒔蘿

纖細柔軟的葉子 最適合搭配魚類料理

清爽的香氣適合搭配魚類料理，因此又稱為「魚用香草」。

切碎纖細的葉子，撒入沙拉、湯品、魚類冷盤或混合起士，作為魚類料理的點綴。種子（果實）加入西式泡菜的醬汁，可以增加風味。

高度可高達1公尺，因此長至一定高度時最好豎立支架以防傾倒。

動手種種看！

1 播種

在穴盤內播種、育苗，參考P.28至P.29。

2 製造栽培土

製作種類A的栽培土，參考P.24至P.25。

3 定植

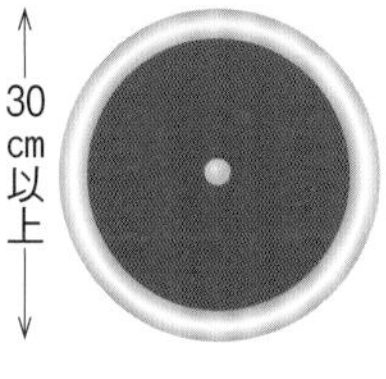

於花盆中央種植一株種苗，參考P.30。

4 追肥

葉子顏色變差時（參考P.37），追加種類A的肥料。

5 收穫

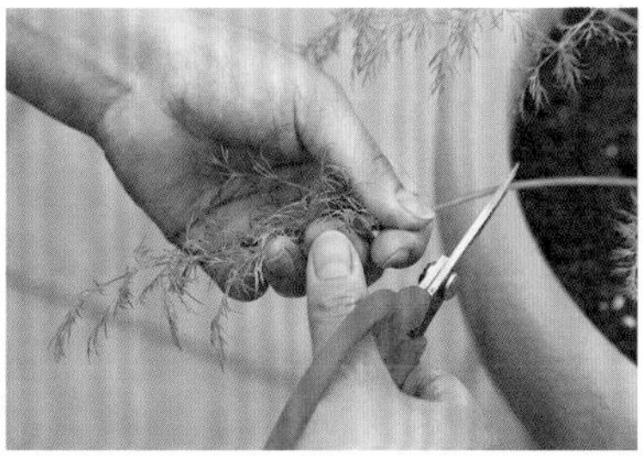

葉子長出來之後，以剪刀從下方柔軟的葉子開始收割。

收穫之後的蒔蘿葉子，適合作為魚類料理的配菜和冷盤的調味。

6 收穫種子

夏天開花之後，只要不拔除植株就能收穫種子。豆莢變成褐色之後剪下莖部，等到種子（果實）完全乾燥之後再用手從莖部取下。

以網眼細的篩子篩過，挑選種子。種子除了可以當作香料之外，也可以用於下次栽種。

DILL

植物的基本資料

科　　名：繖形科（一年生草本）
食用部位：莖葉、果實
病 蟲 害：白粉病、鳳蝶幼蟲
生長適溫：20℃前後

尺寸大小

植　　株：寬50cm以上、高1m左右
花　　盆：深圓形（容量約15ℓ）

栽培月曆

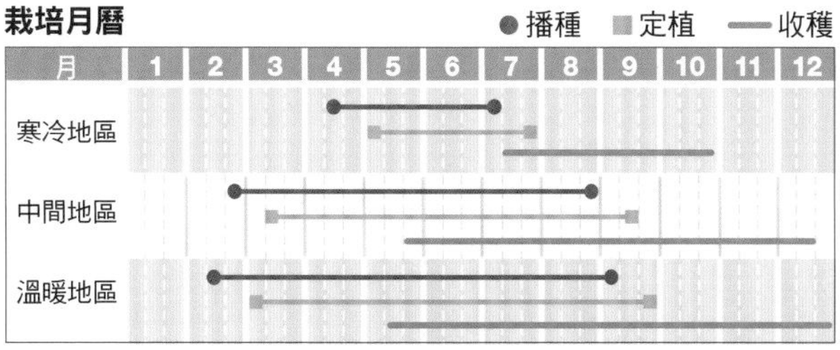

＊若於適當的溫度下栽培，播種至定植約20天，播種至收穫大約3個月。

茴香

根據種類，利用方式也有所不同

自古以來經常作為香料，獨特的香氣與微甜的葉子可為魚類料理增添香氣；一嚼開便散發清爽香氣的種子可作為香料或消除餐後口腔氣味。

茴香又分為葉片可用於料理與茶飲，種子可作為香料的甜茴香和變種的球莖茴香。後者粗大的葉柄切碎之後，可添加於燉魚、沙拉和湯品。

收穫之後的茴香葉子，可作為魚類料理的配料。

動手種種看！

1 播種

在穴盤內播種、育苗，參考P.28至P.29。

2 製造栽培土

製作種類A的栽培土，參考P.24至P.25。

3 定植

高度長至15cm至20cm，穴盤下方看到白色根部之後可以定植。

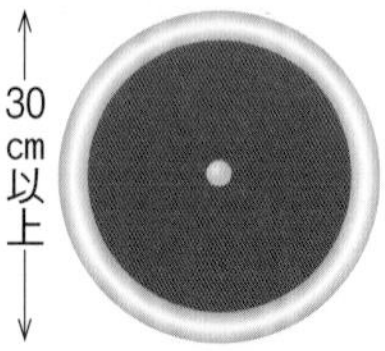

參考P.30，於花盆中央種植一株種苗。

4 豎立支架

等到長至一定高度之後，以長度約150cm的支架作三點式支架（參考P.32），防止植株傾倒。

5 追肥

葉子顏色變差時（參考P.37），追加種類A的肥料。

6 收穫

葉子長出來之後，以剪刀從下方柔軟的葉子開始收穫。

7 收穫種子

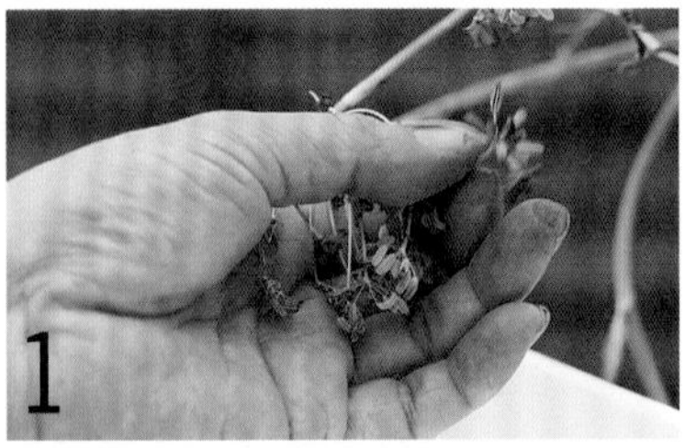

夏天開花之後，只要不拔除植株就能收穫種子。豆莢變成褐色之後剪下莖部，等到種子（果實）完全乾燥之後再用手從莖部取下。

以網眼細的篩子篩過，挑選種子。種子除了可以當作香料之外，也可以用於下次栽種。

FENNEL

植物的基本資料

科　　名：繖形科（多年生草本）
食用部位：葉、果實
病 蟲 害：鳳蝶的幼蟲
生長適溫：15℃至25℃

尺寸大小

植　　株：寬50cm以上、高約1m至2m
花　　盆：圓盆形（容量約15ℓ）

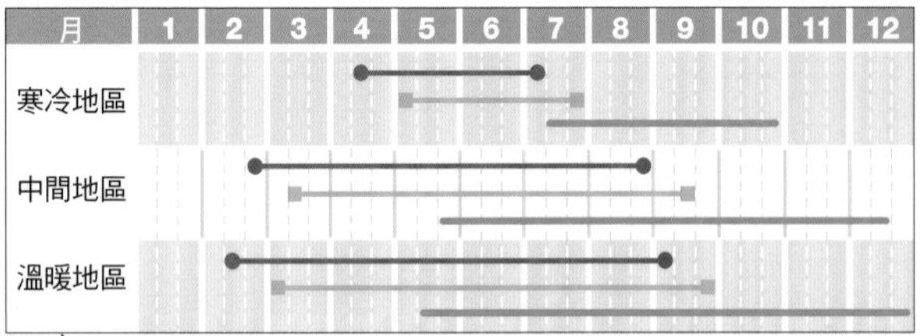

＊若於適當的溫度下栽培，播種至定植約20天，播種至收穫大約3個月。

香草類

羅勒

義大利料理必備香料，引人食指大動

義大利料理不可或缺的香料，利用方式多采多姿。可以直接作為義大利麵或披薩的配料，或等到秋季植接拔下整棵植株磨碎入菜。

長出穗狀花序之後，馬上開始從花序下方的葉子採收。經常採收可以促進側芽生長，便能更常採收，可以長期享收收穫的樂趣。

羅勒有很多品種，例如一般常用的「甜羅勒」、帶檸檬香味的「檸檬羅勒」和紫色莖葉的「紫葉羅勒」等等。

動手種種看！

1 播種

參考P.28至P.29，在穴盤內播種、育苗。

2 製造栽培土

參考P.24至P.25，製作種類A的栽培土。

3 定植

植株長出約4片本葉，穴盤下方看到白色根部之後可以定植。

參考P.30，於花盆中央種植一株種苗。

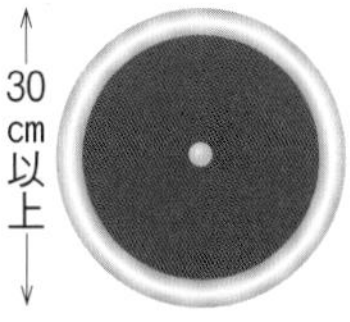

4 追肥

葉子顏色變差時（參考P.37），追加種類A的肥料。

5 收穫

葉子長大之後，以剪刀從柔軟葉子開始一片片剪下。留下側芽，就能繼續收穫。

6 摘取穗狀花序

長出花序，葉片就會變硬。必須馬上從花序下方的葉子開始採收。

7 收穫種子

等到過了收成期，花朵枯萎成褐色之後，拔除含有種子的果莢。

雙手搓揉果莢以取出種子。接下來以篩子清除垃圾，挑選種子（參考右頁）。

植物的基本資料 BASIL

科　名：唇形科（一年生草本）
食用部位：莖葉、花穗、種子
病蟲害：葉蟎、夜盜蟲
生長適溫：20℃至30℃

尺寸大小

植　株：寬30cm、高50至80cm
花　盆：深圓形（容量約15ℓ）

栽培月曆

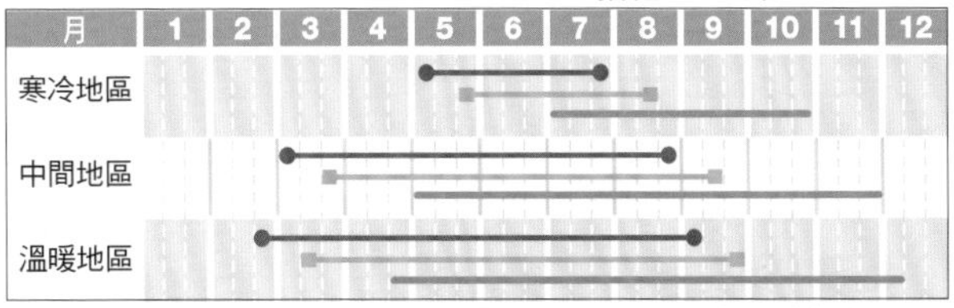

＊若於適當的溫度下栽培，播種至定植約20天，播種至收穫大約2個月。

迷迭香

清爽的香料，特徵為清新的香味

倦怠時候只要聞聞手中葉子的香氣，就能振奮精神。清爽的香氣正是迷迭香的魅力所在。

迷迭香是原產於地中海沿岸的常綠灌木，分為往上生長的直立型與水平擴張的匍匐型，但效能都一樣。不管哪一種迷迭香都厭惡過度潮濕的環境，必須注意澆水量。

叉燒肉和燉雞等肉類料理都非常適合以迷迭香葉調味。

動手種種看！

1 播種

在穴盤內播種、育苗，參考P.28至P.29。

2 製造栽培土

製作種類A的栽培土，參考P.24至P.25。

3 定植

播種之後長至7cm至8cm就能定植。定植方式可參考P.30，植株間距為20 cm。頂端剪去3cm摘心後定植即可促進側芽生長，增加份量。

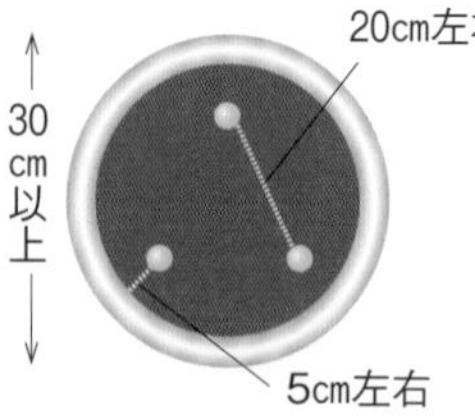

4 追肥

葉子顏色變差時（參考P.37），追加種類A的肥料。

5 收穫

定植3個月之後，成長的植株。

以剪刀採收頂端5cm至6cm的柔軟莖葉。迷迭香會從剪下的部分長出側芽，因此收割也具有摘心的效果，促進植株旺盛生長。

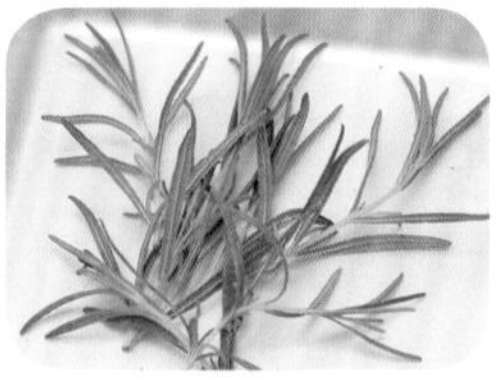

收穫之後的迷迭香。放置於通風良好的陰涼處，可以作成乾燥的迷迭香。

植物的基本資料 ROSEMARY

科　　名：唇形科（常綠灌木）
食用部位：莖葉
病 蟲 害：無
生長適溫：20℃至25℃

尺寸大小

植　　株：寬50cm至200cm、高50cm至100cm
花　　盆：淺圓形（容量12ℓ至13ℓ）

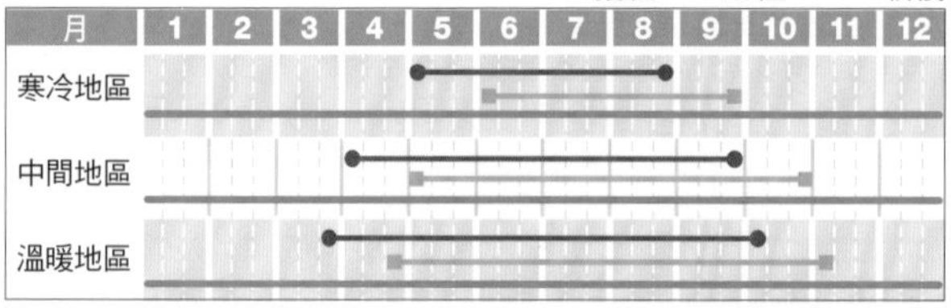

＊若於適當的溫度下栽培，播種至定植約1個月，播種至收穫大約4個月。

可以購買市售的種苗嗎？

播種栽培多半無法鎖定迷迭香的品種，但是購買市售的種苗就能培育喜好的品種（定植的方式請參考上述說明）。

百里香

辣味刺激的香草，最適合作為料理的香料

百里香的特徵是緊密茂盛的細小葉子。

一般普及的品種為「銀斑百里香」，本書推薦具備檸檬香氣的「檸檬百里香」。檸檬百里香具備優秀抗菌與防腐效果，除了調味之外有防腐作用。

百里香不喜過度潮濕的環境，必須注意澆水量。稍微乾燥的環境才適合百里香。冬季時葉子顏色變差並非枯萎，等到春天自然就會恢復。

動手種種看！

1 播種

在穴盤內播種、育苗，參考P.28至P.29。

2 製造栽培土

製作種類A的栽培土，參考P.24至P.25。

3 定植

播種之後長至7cm至8cm就能定植。定植方式可參考P.30，植株間距為20cm。頂端剪去3cm，摘心後定植就能促進側芽生長，增加份量。

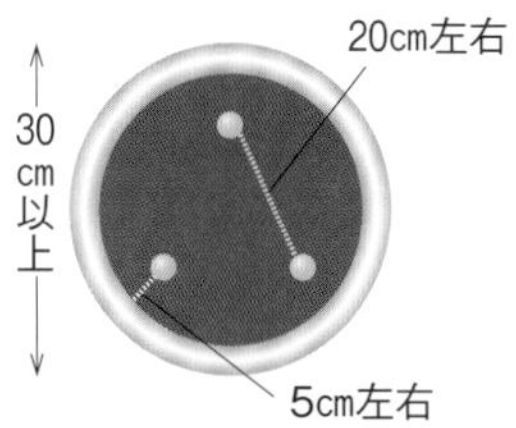

可以購買市售的種苗嗎？

百里香從播種至收成耗費時間，建議購買市售的種苗，縮短栽種的時間（定植方式請參考上述說明）。

4 追肥

葉子顏色變差時（參考P.37），追加種類A的肥料。

5 收穫

圖為種植3個月之後，植株生長的情況。

以剪刀採收頂端5cm至6cm的柔軟莖葉。以剪刀從枝葉密集的部分開始採收。

收穫之後的百里香。放置於通風良好的陰涼處，可以作成乾燥的百里香。

植物的基本資料

THYME

科　　名：唇形科（常綠灌木）
食用部位：莖葉
病 蟲 害：無
生長適溫：20℃至25℃

尺寸大小

植　　株：寬20cm至30cm 高20cm左右
花　　盆：小的圓形（容量7ℓ至8ℓ）

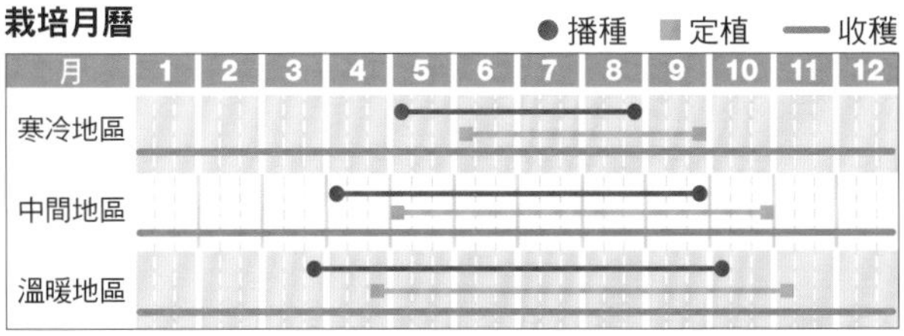

＊若於適當的溫度下栽培，播種至定植約1個月，播種至收穫大約4個月。

奧勒岡

適合所有料理，可以搭配義大利麵或蛋餅

奧勒岡適合搭配番茄與起士，因此是披薩與義大利麵等的義大利料理不可或缺的香料。乾燥之後的奧勒岡加入橄欖油之後可作為沙拉或蛋餅的醬汁，簡單享用就很美味。

奧勒岡的日文別名為「花薄荷」，特徵為向左右伸展的圓形小葉子和莖部。奧勒岡雖然健康易栽，但是不耐潮濕的環境。必須注意澆水的份量，保持栽培環境乾燥。

動手種種看！

1 播種

在穴盤內播種、育苗，參考P.28至P.29。

2 製造栽培土

製作種類A的栽培土，參考P.24至P.25。

3 定植

播種之後長至7cm至8cm就能定植。定植方式可參考P.30，植株間距為20cm。頂端剪去3cm，摘心之後定植就能促進側芽生長，增加份量。

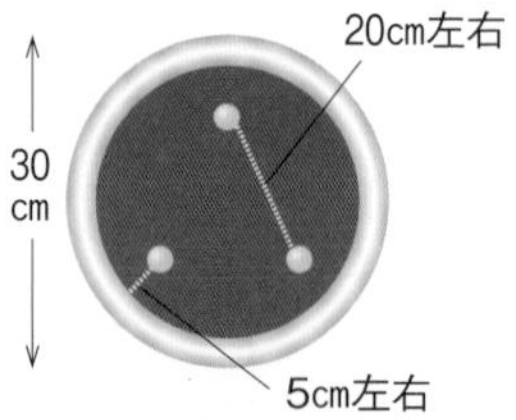

4 追肥

葉子顏色變差時（參考P.37），追加種類A的肥料。

5 收穫

1 奧勒岡成長速度迅速，長至12cm至13cm時就可以開始採收。

2 以剪刀採收頂端5cm至6cm的柔軟莖葉。

奧勒岡的花。開花之前採收葉子，可以確保植株壽命。花朵可用於裝飾甜點或作成乾燥花。

收穫後的奧勒岡。放置於通風良好的陰涼處，可作成乾燥香草。

植物的基本資料

OREGANO

科　名：唇形科（多年生草本）
食用部位：莖葉、花
病蟲害：葉蟎
生長適溫：20℃至25℃

尺寸大小

植　株：寬30cm至40cm以上、高20cm左右
花　盆：小的圓形（容量7ℓ至8ℓ）

栽培月曆

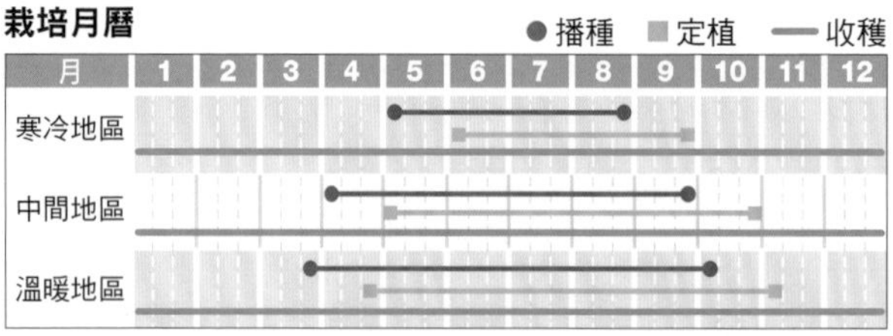

＊若於適當的溫度下栽培，播種至定植約1個月，播種至收穫大約4個月。

可以購買市售的種苗嗎？

奧勒岡從播種至收割耗費時間，建議購買市售的種苗，縮短栽種的時間（定植方式請參考上述說明）。

鼠尾草

適合初學者的萬能香草，用途廣泛，栽種容易

鼠尾草在世界各地有很多品種，主要作為香料使用的是地中海沿岸原產的「普遍鼠尾草」。具備防腐與抗菌的功效，因此常用於消除香腸等加工肉品與豬肉料理的腥味。葉片氣味清爽，除了可以作為調味料之外，在溫水中加入一至兩片葉子放涼即是漱口水。鼠尾草厭惡過度潮濕的環境，保持栽培環境乾燥。

以剪刀收取柔軟的莖葉，頻繁的剪枝兼收割（摘心），可以維持低矮的體型。

收穫之後的鼠尾草。使用時將葉片從莖部一片片採下。

動手種種看！

1 播種

在穴盤內播種、育苗，參考P.28至P.29。

2 製造栽培土

製作種類A的栽培土，參考P.24至P.25。

3 定植

播種之後長至7cm至8cm就能定植。定植方式可參考P.30，植株間距為20cm。

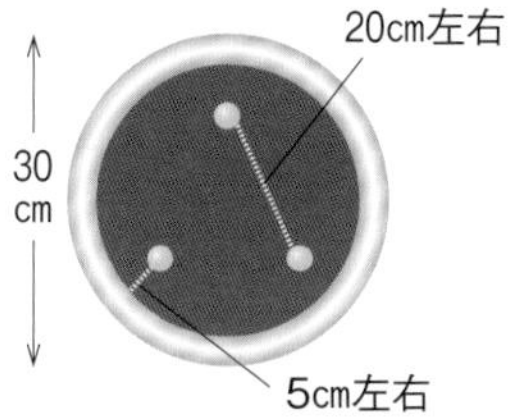

4 追肥

葉子顏色變差時（參考P.37），追加種類A的肥料。

5 收穫

花盆中滿是長高的鼠尾草。

可以購買市售的種苗嗎？

鼠尾草從播種至收割耗費時間，建議購買市售的種苗，縮短栽種的時間。（定植方式請參考上述說明）。

SAGE

植物的基本資料

科　　名：唇形科（常綠灌木）

食用部位：莖葉

病 蟲 害：葉蟎

生長適溫：20℃至25℃

尺寸大小

植　　株：寬30至100cm、高30cm至50cm

花　　盆：小的圓形（容量7ℓ至8ℓ）

栽培月曆

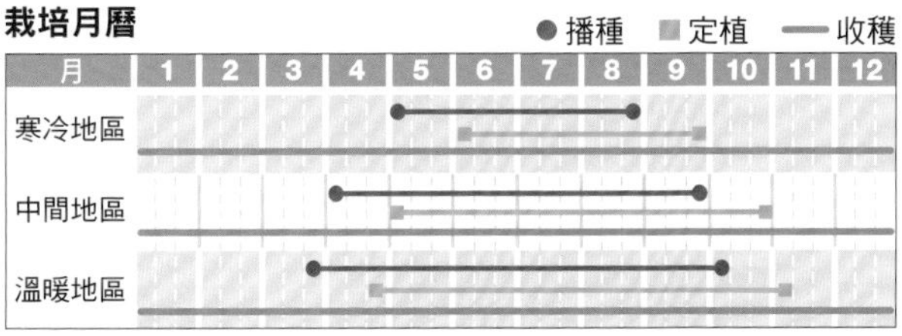

＊若於適當的溫度下栽培，播種至定植約1個月，播種至收穫大約4個月。

薄荷

清涼的清爽香氣，可以振作精神

特徵是清涼的薄荷醇香味。用途廣泛，可添加於甜點或飲料。自己栽種還可以享受在茶飲中添加新鮮葉子的樂趣。薄荷種類繁多，香味也有所不同，例如「胡椒薄荷」、「荷蘭薄荷」和「蘋果薄荷」等等。

生命力強韌，甚至會因為地下莖擴張過度導致其他植物枯萎。但是也因此適合初學者種植。種植於花盆時應當常常收穫，控制植株大小。

動手種種看！

1 播種

在穴盤內播種、育苗，參考P.28至P.29。

2 製造栽培土

製作種類A的栽培土，參考P.24至P.25。

3 定植

播種之後長至7cm至8cm就能定植。定植方式可參考P.30，植株間距為20cm。頂端剪去3cm，摘心之後定植就能促進側芽生長，增加份量。

4 追肥

葉子顏色變差時（參考P.37），追加種類A的肥料。

5 收穫

高度已達至適合收穫的時期。

以剪刀收取柔軟的莖葉。

收穫之後的薄荷。放置於通風的陰涼處，可作成乾燥香草以便保存。

修剪兼收穫之後的薄荷。植株過大會導致莖部往橫向發展，應當隨時控制植株的大小。

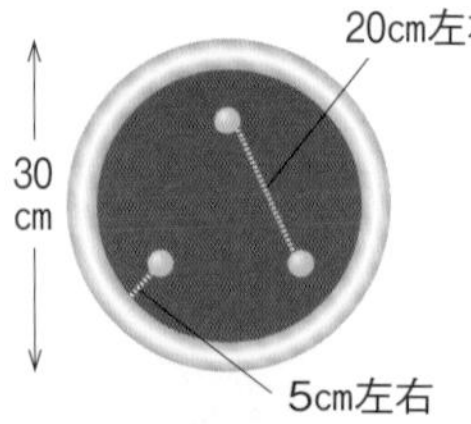

可以購買市售的種苗嗎？

播種栽培多半無法鎖定薄荷的品種，但是購買市售的種苗就能培育喜好的品種（定植方式請參考上述說明）。

MINT

植物的基本資料

科　名：脣形科（多年生草本）
食用部位：莖葉
病蟲害：葉蟎、夜盜蟲
生長適溫：20℃至25℃

尺寸大小

植　株：寬30cm至40cm、高30cm以上
花　盆：小的圓形（容量7ℓ至8ℓ）

栽培月曆

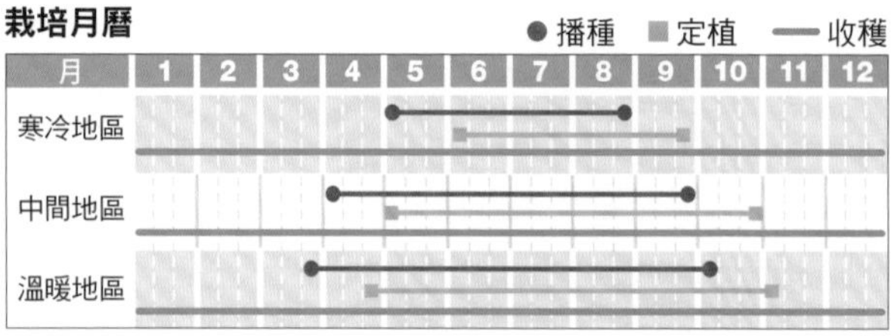

＊若於適當的溫度下栽培，播種至定植約1個月，播種至收穫大約4個月。

香草類

香蜂草

清新的檸檬香氣，沁人心脾

原產於南歐的多年生草本植物，特徵是鮮綠清爽的葉片，英文名為「Lemon Balm」，因帶有檸檬的香氣而得名。新鮮的葉片可加入茶飲，或者搭配蛋糕與冰淇淋等甜點，添加香氣享用。

基本上健康易栽，但是必須注意栽種環境不得過度潮濕。此外，生長能力強也經常導致肥料不足，必須頻繁追肥，另外，可藉由施予發酵油粕補充氮素。

動手種種看！

1 播種

在穴盤內播種、育苗，參考P.28至P.29。

2 製造栽培土

製作種類A的栽培土，參考P.24至P.25。

3 定植

播種之後長至7cm至8cm就能定植。定植方式可參考P.30，植株間距為20cm。頂端剪去3cm，摘心之後定植就能促進側芽生長，增加份量。

4 追肥

葉子顏色變差時（參考P.37），追加種類A的肥料。

5 收穫

1

成長之後的植株，長出葉子就能隨時收成。

2

以剪刀收取柔軟的莖葉。

收穫之後的檸檬草。放置於通風的陰涼處，可作成乾燥香草以便保存。

LEMON BALM

植物的基本資料

科　　名：脣形科（多年生草本）
食用部位：莖葉
病 蟲 害：葉蟎
生長適溫：20℃至25℃

尺寸大小

植　　株：寬30cm至40cm、高50cm左右
花　　盆：小的圓形（容量7ℓ至8ℓ）

栽培月曆

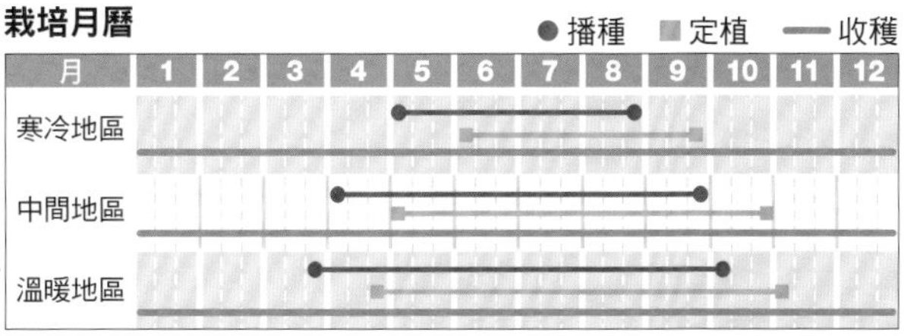

＊若於適當的溫度下栽培，播種至定植約1個月，播種至收穫大約4個月。

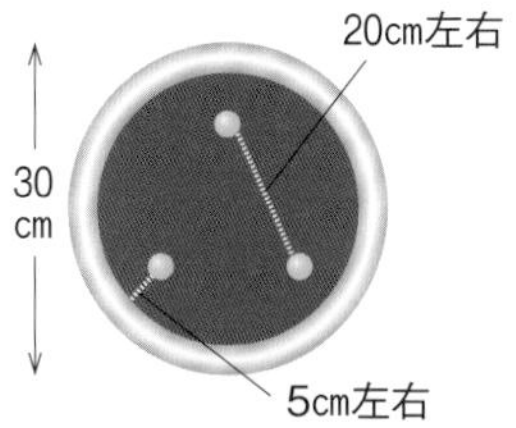

可以購買市售的種苗嗎？

檸檬草從播種至收割耗費時間，建議購買市售的種苗，縮短栽種的時間。（定植方式請參考上述說明）。

洋甘菊

楚楚可憐的白色小花，散發著青蘋果般的甜蜜香味

黃色的花蕊和白色的花瓣形成美麗的對比，除了食用亦可作為觀賞用香草。主要分為一年生的德國洋甘菊和多年生的羅馬洋甘菊。

添加德國洋甘菊的茶飲會散發彷彿青蘋果般的甜蜜香氣，具有鎮淨與放鬆的作用，採收花朵的關鍵在於開花之後趁著香氣最盛時馬上採收。羅馬洋甘菊適合作為地被植物，葉片也能用來泡澡。

動手種種看！

1 製造栽培土

製作種類A的栽培土，參考P.24至P.25。

2 播種

在花盆中播種，間隔為5mm，參考P.26至P.27。

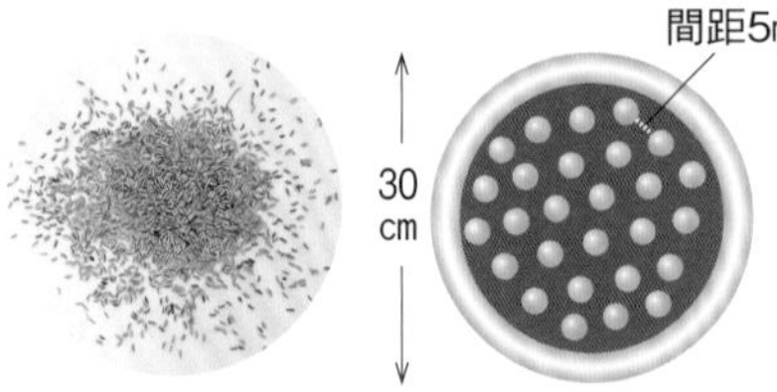

3 追肥

葉子顏色變差時（參考P.37），追加種類A的肥料。

4 收穫

花盆中滿是長高的洋甘菊。

挑選已經成長的植株，以剪刀從基部切除採收。

收穫的洋甘菊。

洋甘菊小常識

多年生草本的羅馬洋甘菊！

多年草本，高度約15cm。花朵與葉片皆會散發如同青蘋果般的香氣。由於會往橫向發展，因此也有不會開花，專門作為地被植物的品種。

植物的基本資料

科　名：菊科
（一年生草本：德國洋甘菊；多年生草本：羅馬洋甘菊）
食用部位：莖葉、花朵
病 蟲 害：蚜蟲、白粉病
生長適溫：20℃至25℃

尺寸大小

植　株：寬40至50cm、高30cm至50cm
花　盆：小的圓形（容量7ℓ至8ℓ）

CHAMOMILE

德國洋甘菊的栽培月曆

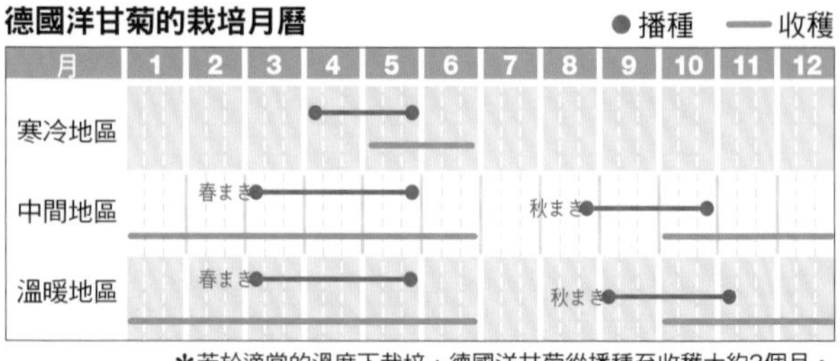

＊若於適當的溫度下栽培，德國洋甘菊從播種至收穫大約3個月。

芝麻菜

葉片散發芝麻香氣，吃過就會上癮

原產於地中海沿岸的一年生草本植物，又稱為「火箭草」。葉片帶有刺激的辣味，直接生吃或作為披薩與義大利麵的配菜和炒菜，都是大受歡迎的食用方式。

栽培簡單，建議秋天播種以避開容易抽苔的春夏。日曬強烈、肥料過多容易導致葉片辛辣苦澀，建議使用肥料較少的培土，並且大量播種。合適的栽培地點為明亮的陰涼處，不須追肥。

動手種種看！

1 製造栽培土

製作種類A的栽培土，參考P.24至P.25。

2 播種

以5㎜間距撒播，參考P.26至P.27。

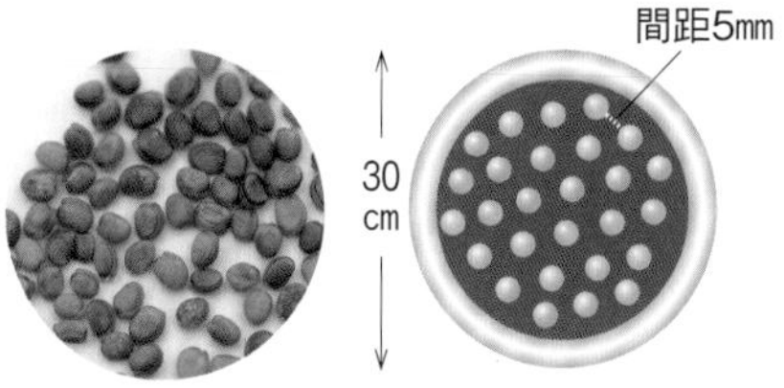

3 不須追肥

過多的肥料會造成葉片辛辣苦澀，不須追肥。

長至5cm至6cm時，以剪刀從較大的植株根部開始收割，可作為嫩葉沙拉食用。

4 收穫

收割後的芝麻葉。容易腐敗，必須趁新鮮時儘速食用。

為了培育不會辛辣苦澀的軟嫩葉片，不須間苗，保持植株密集。

ROCKET SALADA

植物的基本資料

科　　名：十字花科（一年生草本）
食用部位：葉片
病 蟲 害：蚜蟲、青蟲和小菜蛾的幼蟲
生長適溫：15℃至20℃

尺寸大小

植　　株：寬20cm至30cm、高15cm左右
花　　盆：小的圓形（容量7ℓ至8ℓ）

栽培月曆

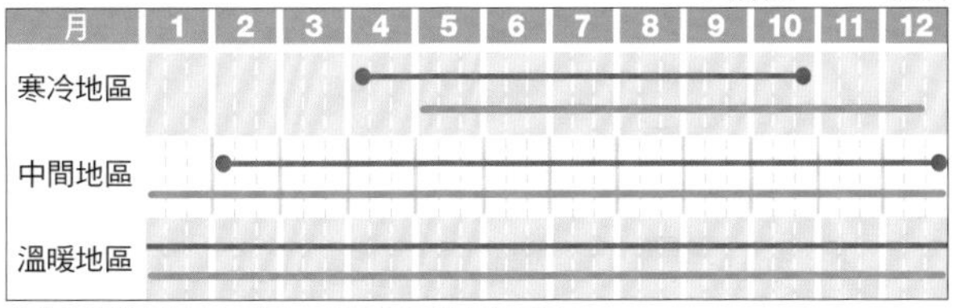

＊若於適當的溫度下栽培，播種至收穫大約20天。

細香蔥

使用方式與蔥相同，簡單好用的廚房香草

淺蔥的變種，特徵是粉紅色的美麗花朵。味道與香氣都比青蔥溫和，可切成小片加入湯品或醬料，用途廣泛。料理盛盤時可以搭配小株細香蔥，纖細的葉子能提升裝盤的品味。

收割時保留根部，就能長時間享受收割的樂趣。

動手種種看！

1 製造栽培土

製作種類A的栽培土，參考P.24至P.25。

2 播種

以5mm的間距撒播，參考P.26至P.27。

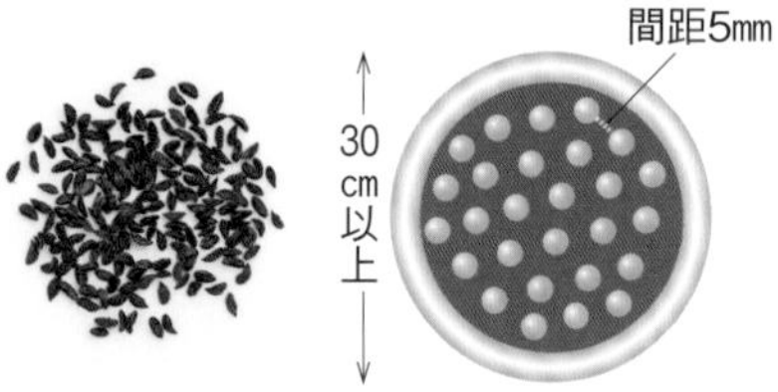

3 間苗

長至12cm至13cm時可以拔除密集的植株，進行間苗。由於生長點靠近地面，以剪刀剪去也會再生，因此直接拔除整棵植株。間苗之後的蝦夷蔥可以當作調味料食用。

4 追肥

葉子顏色變差時（參考P.37），追加種類A的肥料。

5 收穫

成長之後的細香蔥。

以剪刀從已經成長的植株根部開始收割。只要保留根部，就會再度長出新葉，可以反覆收割。

細香蔥常於五月開花，花朵可作為盛盤的裝飾。

CHIVE

植物的基本資料

科　　名：百合科（多年生草本）
食用部位：葉
病 蟲 害：蚜蟲
生長適溫：15℃至20℃

尺寸大小

植　　株：寬20cm至30cm、高30cm左右
花　　盆：小的圓形（容量7ℓ至8ℓ）

栽培月曆

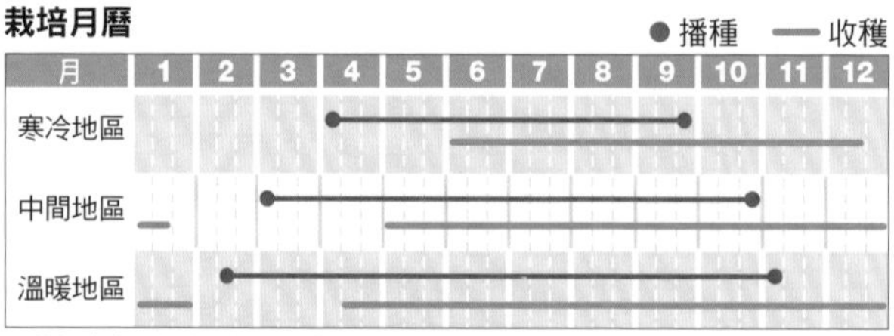

＊若於適當的溫度下栽培，播種至收穫大約2個月。

可以購買市售的種苗嗎？

春天和秋天可以購買細香蔥的種苗定植。栽種的花盆大小與播種相同，但是間距改為10cm至15cm。（定植的方法請參考P.30）

檸檬香茅

具備清爽的檸檬香氣，為民族料理不可或缺的香料之一

用於調味泰國的國菜「泰式酸辣湯」與咖哩而廣為人知，香氣類似檸檬。搭配其他香草，可以作為茶飲。

特徵是類似芒草的外形，成長之後可高達1公尺。如果希望培育大棵的植株，最好挑選大型的花盆。基本上生命力旺盛，但是不耐寒。冬天最好栽種於室內等溫暖之處。

動手種種看！

1 製造栽培土

製作種類A的栽培土，參考P.24至P.25。

2 播種

於盆內五處播種，間距為10cm至15cm（參考P.26至P.27）。發芽率低，因此每處最好播種5至6顆種子。

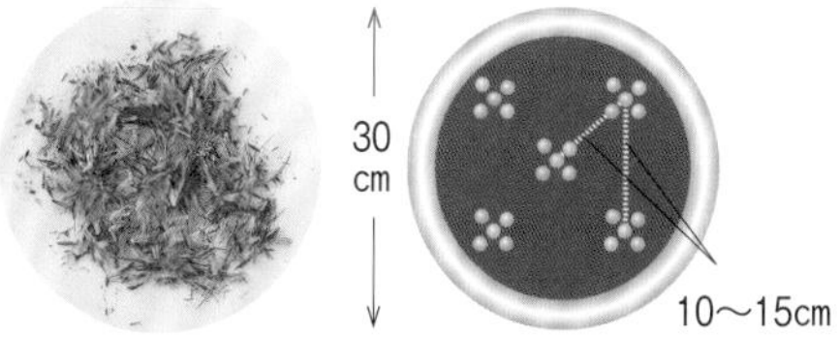

3 追肥

葉子顏色變差時（參考P.37），追加種類A的肥料。

4 收穫

採收葉子（可作為香草茶）時，以剪刀從葉子分歧處以上收割。如此一來便能再度長出新葉，可以長期享受收割的樂趣。

作為調味料時，是利用基部白色的部分。保留分蘗處的葉子，之後就能反覆收割。

採收之後的整株香茅。基部白色的部分主要用於泰式酸辣湯的調味。

LEMON GRASS

植物的基本資料

科　　名：禾本科（多年生草本）
食用部位：葉子
病 蟲 害：蛞蝓、蝸牛
生長適溫：20℃至30℃

尺寸大小

植　　株：寬20cm至30cm、高100至180cm
花　　盆：淺圓形（容量12ℓ至13ℓ）

栽培月曆

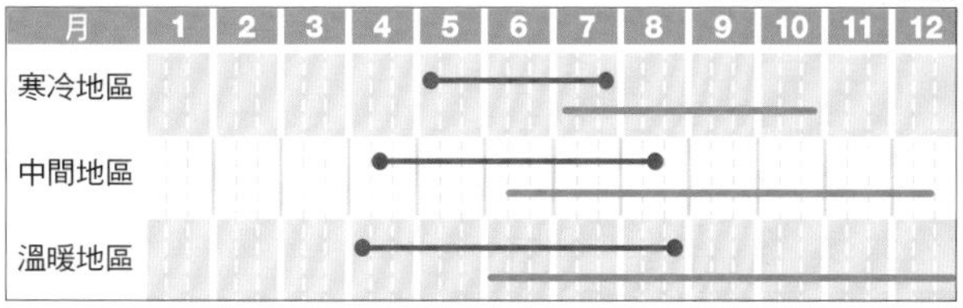

＊若於適當的溫度下栽培，播種至收穫大約2個月。

檸檬香茅小常識

種子無法於園藝店購得

一般園藝店並未出售檸檬香茅的種子，只能透過郵購才能取得。由於培種苗比播種更早收割，利用市售的種苗栽種較為輕鬆。

實驗！想要成功扦插就必須使用不含有機物的土壤嗎？

有機物質具備鬆軟土壤和補充養分的功能，
為栽種蔬菜時不可或缺的物質。
但是木村流栽培法著重扦插時，
採用無肥料也無有機物的赤玉土。
我們在本篇進行實驗，
揭開不使用有機物的理由。

1個月之後……

迷迭香

使用赤玉土栽種的迷迭香順利地長出新根（圖右），但是含有有機物質的土壤卻毫無動靜。

空心菜

使用赤玉土栽種的空心菜順利地長出新根（圖右），也長出了葉子。

開始插枝實驗

使用三號（直徑9cm）的育苗盆，分別放入含有機物質的培土與赤玉土（中粒），之後各插入一枝迷迭香和空心菜。

迷迭香　空心菜

放置於日照良好之處，只要土壤一乾燥就施予大量水分。（A行是赤玉土，B行是含有有機物質的培土）

2星期之後

迷迭香　空心菜

迷迭香沒有太大的變化，但是插枝於含有機物質培土的空心菜已經有部分葉子枯萎。

植株扦插於不含有機物質的土壤之後長出新根與新葉

扦插是一種增加植株的方式。從植株取下的枝，長出新根與芽即成新的植株。（詳情請參考P.161）繁殖香草時可以使用此類方式。

本次實驗使用市售的蔬菜用栽培土混合完全發酵的牛糞堆肥調配成種類A的栽培土（參考P.24至P.25）和完全不含有機物質與養分的赤玉土（中粒），分別插入迷迭香與空心菜。結果顯示使用赤玉土栽培的植株長出許多根部，葉子也繁衍旺盛。

含有有機物質的土壤富含微生物。為了分解有機物質，微生物會耗去土壤中大量的氧氣，造成土壤當中的氧氣不足。扦插的植物使用儲存莖葉的養分以生長根部與葉片，卻無法從土壤中攝取足夠的氧氣，進而無法成長。

土壤中富含肥料會造成植物內部的水分因為滲透壓的影響而流失，導致植株無法吸收根部與葉子成長時必須的水分而乾枯（肥害）。扦插的枝條因為沒有根部，因此特別容易受至肥害影響。因此建議插枝時使用不含有機物質或養分的赤玉土。

至於一般播種的時候使用含有機物質或養分的栽培土則是因為種子的內部含有將來成為根部的部分（胚根），只要吸收水分就能成長。

Chapter 7

挑戰穀物種植

穀類雜糧

稻米是大部分亞洲人的主食。
近年五穀雜糧的營養價值又重新受到矚目，
本章要向大家介紹日常生活中常見的穀類雜糧。
每一種都能輕鬆栽種。

相關的基本知識

何謂穀類？

狹義的穀類是指禾本科的植物，廣義則泛指薯類以外的主食作物（參考下表）。蕎麥和豆類以外的穀類因為澱粉的成分不同，又分為有黏性的糯種和沒有黏性的秈種。

穀類當中又以稻米、小麥和玉米合稱「世界三大穀物」，廣為栽培與利用。

日本人熟悉的芝麻也是特用作物的一種。盆栽也能輕鬆繁殖，建議務必嘗試種植。

關於「特用作物」

「特用作物」在日本又稱為「工藝作物」，是指食用作物、園藝作物和飼料作物以外的所有作物。如同字面的意思，是為「特殊用途」的作物。

特用作物種類繁多，例如油菜和芝麻可以榨油，甘蔗和甜菜可供製糖，蓼藍和紅花可作為染料，茶葉、咖啡和香菸則是日常用品的原料。

盆栽也能栽種特用作物，在家也能嘗試種植物。

- 蒟蒻的栽種方式 → 參考P.196
- 芝麻的栽種方式 → 參考P.198

穀物的分類

農作物的種類	定義	種類
食用作物	可長期儲存，作為主食。	稻類、麥類、豆類、薯類、雜糧
園藝作物	無法儲存，食用時必須新鮮。	蔬菜、果樹、花卉
飼料作物	作為家畜用飼料。	牧草、玉米
特用作物	上述以外的農作物，詳情請參考左記。	油菜、芝麻、甘蔗、棉花、蓼藍、蒟蒻

稻米的種類

稻

- **非洲稻**：西非的在地品種，適應性強。
- **亞洲稻**：起源自印度東部至中國西南部。
  - **印度型（印度米）**：米粒較長（長粒種）。秈種的印度米毫無黏性，粒粒分明。泰國米就是屬於此種米。
    - **糯種**：澱粉中含有100%具有黏性的支鏈澱粉。
    - **秈種**：澱粉中含有100%不具黏性的直鏈澱粉。
  - **日本型（日本米）**：日本常見品種，米粒較短（短粒種），具有黏性。特徵是就算秈米也會具有黏性。
    - **糯種**：澱粉中含有100%具有黏性的支鏈澱粉。
    - **秈種**：澱粉中含有80%具有黏性的支鏈澱粉和20%不具黏性的直鏈澱粉。

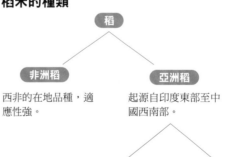

家庭去殼法

依照外殼的厚度，使用不同方法。

［磨除去殼］

稻米或薏仁等硬殼的作物可以擂缽和擂棒去殼。

［網袋去殼］

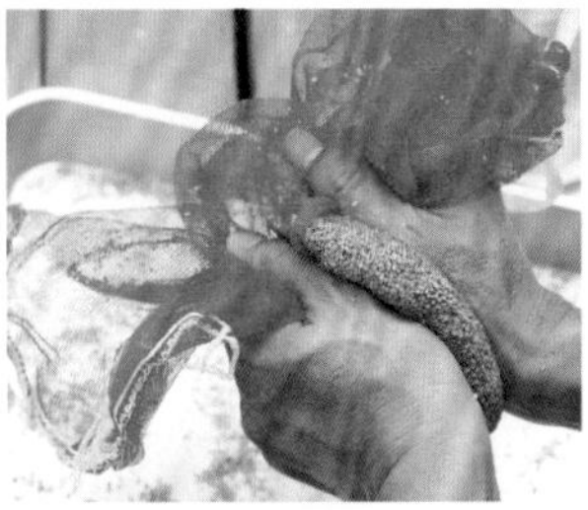

小米或黍類等顆粒較小，馬上就能去殼的穀類，可以放入套網搓揉去殼。

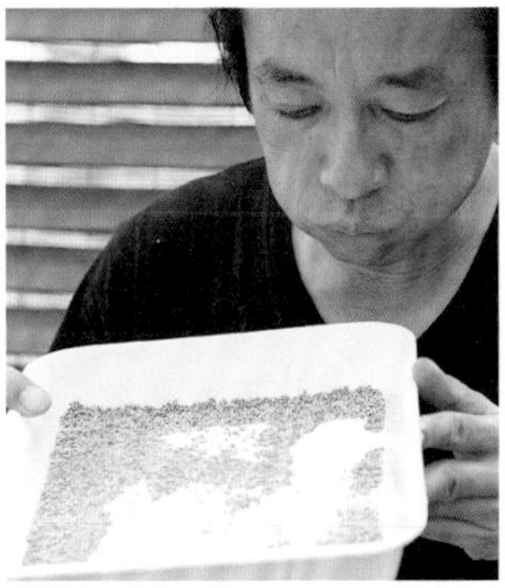

不管是何種穀類，最後都必須吹開穀殼以分離米粒與穀殼。

家庭脫穀法

不需要特殊機械，利用雙手就能脫穀。

［手工搓穗］

稗、小米和黍類等顆粒較小的穀類建議以手搓揉脫穀。

［一顆顆剝下］

薏仁或蕎麥等顆粒較大的穀類從可以採收的部分依序摘下。

［使用免洗筷］

以免洗筷夾住穗部，用力拉下筷子以脫穀。但此方法不適合小米或黍類等穗部緊密的農作物。

禾本科植物端上餐桌之前的處理過程

穀類與蔬菜、香草不同，無法收割後直接享用。必須經過等脫穀和去殼步驟，才能食用。

播種：於穴盤播種，育苗2至4星期之後定植。

↓

定植

↓

追肥：定植之後至收割之間，倘若葉子顏色變差就要以發酵油粕追肥。

↓

分櫱：根部的生長點長出側芽，於地面分開（分櫱）。

↓

出穗

↓

收割：穗底部完全變成黃色，表示可以收割。

↓

脫穀：取下穗上的果實。

↓

去殼：清除果實上的果皮。以米為例，在此階段就是糙米。

↓

精米：清除種子上的胚。以米為例，在此階段就是我們常吃的白米。

製粉：小麥等磨成粉之後食用的穀類在此階段處理。

五穀雜糧小常識

為什麼五穀雜糧有益健康？

一般五穀雜糧富含維他命B群等維他命、鈣質、鐵質和鉀等礦物質，但是依照種類不同而成分有所不同。此外還富含食物纖維，可以促進腸道健康。五穀雜糧的另一個魅力就是能進行體內環保。五穀雜糧由於比白米有飽足感，對減肥亦有幫助。

簡單的食用方法

最簡單的食用方式是與白米一同炊煮。兩合半（一合米約160g）的白米搭配半合雜糧，水量與純白米的份量相同。除此之外，煮過後混合涼拌小菜、沙拉、荷包蛋或湯類等配菜也是一種不錯的吃法。

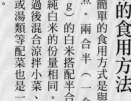

稻米

日本人主食，建議栽種紅米或黑米等特殊品種

稻米的原產地為中國南部，據說日本早在繩文時代便開始食用稻米，可說是相當重要的主食穀物。栽培時稱為「稻」，收割的果實稱為「米」。可分為白米、紅米和黑米等品種。

稻米根據所含的澱粉種類不同，又可分為糯米和秈米，前者含有100%具黏性的支鏈澱粉，後者含有不具黏性的直鏈澱粉，盆栽的收割量有限，建議栽培紅米、黑米或糯米（白米的糯種）等特殊品種。

紅米

果皮呈紅褐色，富含鞣酸。
野生的稻米幾乎都是紅米，
因此紅米又視為現代稻米的始祖。

種子島紅米

別名為「種子島寶滿神社米」，是日本種子島的寶滿神社自古以來代代相傳的紅米。目前主要用於傳統祭典，為日本三大紅米之一，也是三大紅米當中生長高度最高的品種。

總社紅米

日本三大紅米之一，稻芒長，別名為「總社國司神社米」，為日本岡山縣總社市國司神社代代相傳的紅米作物。

對馬紅米

日本三大紅米之一，別名為「對馬多久頭魂神社米」。為長崎縣對馬市代代相傳的紅米作物。和總社紅米的品種不同，外型略呈圓形，種植於名為「寺田」的神社田地中，於祭典時使用。

神庭之紅

糯米種，稻穗長，穗芒呈現鮮艷的紅色，可作為觀賞用或乾燥花。

黑米（紫米）

果皮為帶紫的黑色，
內含花青素，
精製之後近乎白米。

白米的糯種

富含黏性通常加工裝作油飯、年糕、麻糬。精製之後的米粒呈現純白色，毫不混濁。

黃金米

糯種的代表之一，米粒顏色淨白美麗，富含黏性與嚼勁。

姬之米

糯種的代表之一。炊煮之後，光澤飽滿，香氣誘人。多半栽種於東北地區。

觀賞用

紅米和黑米的葉子和稻穗外觀美麗，適於觀賞。除此之外，還有專門用於觀賞的品種，高度為30cm至40cm。

紫大黑

植株低矮，栽培容易。稻穗渾圓可愛，是大受歡迎的觀賞用稻。

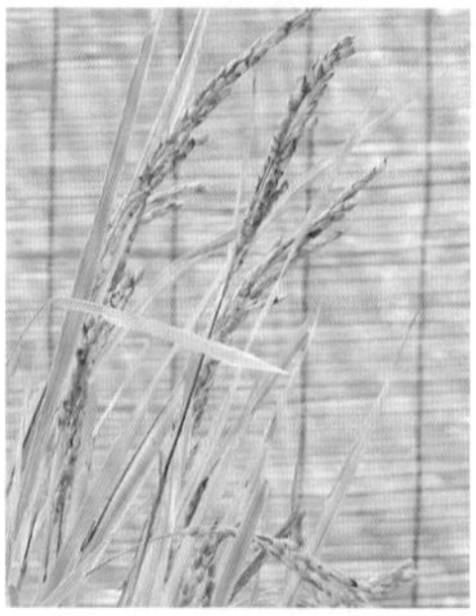

朝紫

1966年研發的品種，受人歡迎。親種為印尼峇里島的黑米，是富含黏性的糯種，適合作紅豆飯和粽子。

紫黑苑

自古以來栽培的品種，容易栽種。黑米當中又以品質優良見長，稻穗飽滿，顏色鮮豔。

RICE
動手種種看！

盆栽稻米時,必須利用沒有打洞的水桶進行定植,在水桶中注入大量的水。

1 播種

準備育苗穴直徑兩公分的穴盤（參考P.28至P.29），定植時預計同一處種植數根種苗，因此一個育苗穴放入5至6顆種子。

脫穀的稻米

蓋上一層厚厚的覆土，以掌心按實。

以蓮蓬頭往上的澆花器澆灌大量水分。

2 製造培土

製作種類A的培土，參考P.24至P.25。

3 定植

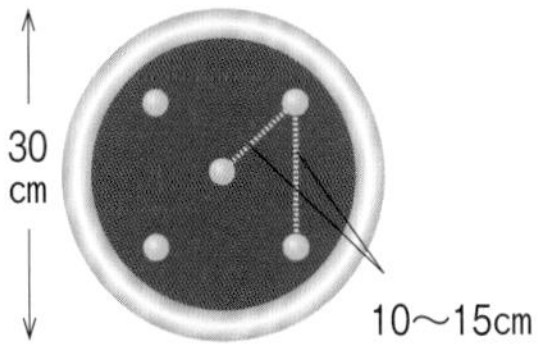

植株的間距為10cm至15cm。

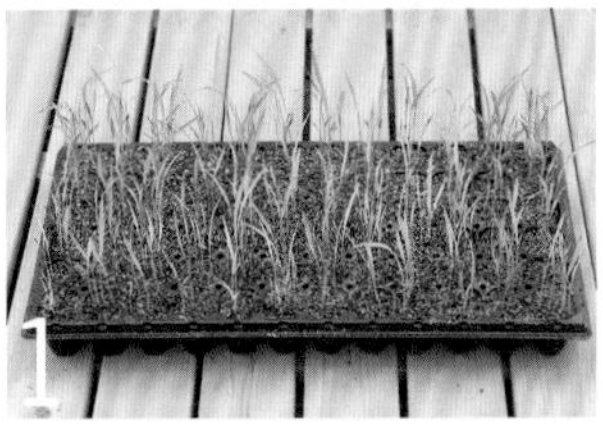

種苗長出3至4片本葉，穴盤底部出現白色根部即可開始定植。

放入培土至八分滿。

澆水至距離容器邊緣5cm。

種植五叢種苗，間距為10cm至15cm。不須間苗，同一處種入數株種苗。

定植完成。由於土壤容易乾燥，注意隨時補充水分，保持泥濘狀態。

RICE

植物的基本資料

科　　名：禾本科
食用部位：種子
病 蟲 害：稻熱病、紋枯病、麗金龜、椿象
生長適溫：20℃至25℃

尺寸大小

植　　株：寬20cm至40cm、高70cm至80cm
花　　盆：深圓形（容量10ℓ以上）。
準備沒有打洞的水桶，底部鋪設兩層強韌的塑膠袋。

栽培月曆

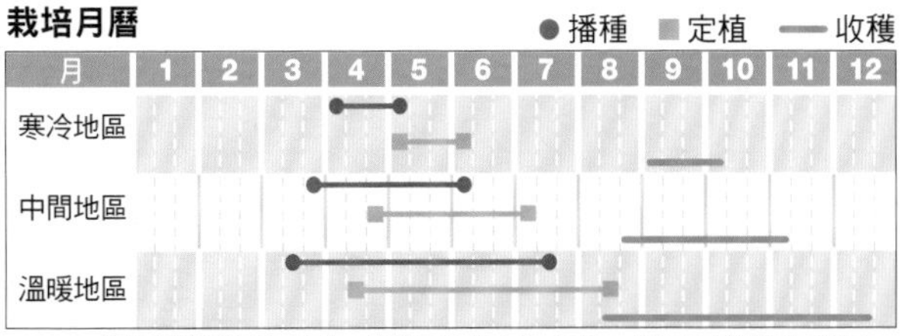

＊若於適當的溫度下栽培，播種至定植大約1個月，播種至收穫大約5個月，若品種不同，所需時間也會略有差異。

4 追肥

1 定植後1個月，開始長高。

2 基部開始出現新的莖部（從基部開始分株），進行第一次的追肥。參考P.37，追加種類A的肥料。

5 出穗

出現稻穗。稻穗長出種子導致稻穗開始下垂時，需要乾燥的環境。此時不須澆水。

6 收穫

1 結實之後葉子開始泛黃，表示可以開始收割。

2 稻穗的頂端完全變成黃色，代表已經成熟。

3 以剪刀從根部收割。

4 收割的稻束。

〔收割至精製的過程〕

1 ［乾燥］

1 分為數束，以稻草或麻繩綁紮。

2 稻穗向下懸掛乾燥，地點必須通風良好，日照充足，不會淋雨。

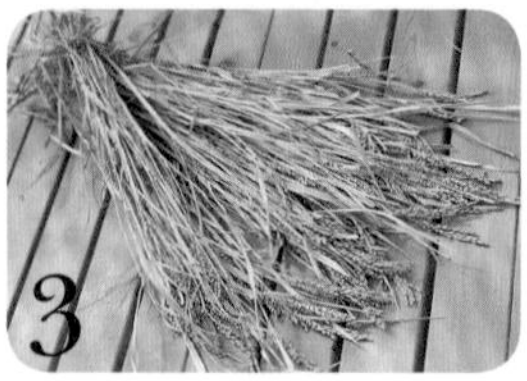

3 乾燥1至2週，整體變成褐色之後即大功告成。

稻米小常識

何謂古代米？

相對於白米，黑米、紅米等特殊的稻米在日本統稱為「古代米」。這是因為野生的稻米多為紅色，古代的稻米也多半色彩鮮豔。但是有些有色的稻米是最近研發的品種，並非全部都是代代相傳的在地品種。

古代米目前因為觀賞價值而重新受至矚目，顏色美麗的葉子與稻穗除了可以當作盆栽之外，還能收割作為乾燥花。最近鄉下地區還利用色彩繽紛的古代米製作農田藝術，冀望能因此吸引觀光客前來。

2［脫穀］（稻草→稻米）

準備大托盤和免洗筷。

以剪刀剪下稻穗。

以免洗筷夾住稻穗，拉下免洗筷以脫穀。

脫穀之後的帶殼稻米。

3［去殼］（稻米→糙米）

帶殼稻米放入擂缽研磨，注意力道以免稻米裂開。

吹氣以分離穀殼。

去殼後的糙米。

照片中為黑米。黑米與紅米完全精製之後也會變白，因此建議食用糙米或稍為精製即可。

4［去殼］（糙米→白米）

準備紅酒瓶大小的空瓶與長約50cm的棒子。

糙米放入空瓶，以棒子樁米去糠。但是這種方式必須耗時60至90小時，請碾米場幫忙比較實際。

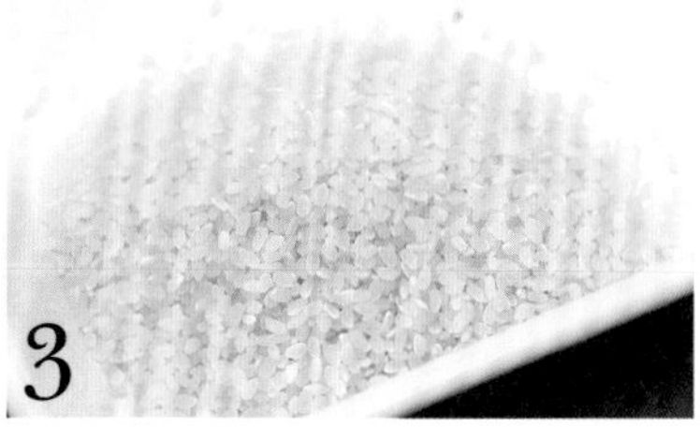

以篩子篩除糠皮的精製白米，糠皮可作為堆肥或日式米糠醃菜的原料。

稻米小常識

糙米的保健功效

糙米是去除穀殼的稻米，保留胚芽與糠皮，富含營養。食物纖維是白米的6倍，維他命B_1是5倍，磷和鐵質等礦物成分也遠勝於白米。建議大家食用糙米或精製程度五分的白米，以免浪費寶貴的營養。特別是有色稻米精製之後和白米沒有太大的差別，以糙米的狀態時用才能欣賞美麗的顏色。

蕎麥

一杯蕎麥茶就能輕鬆攝取健康成分芸香素

蕎麥原產於中國西北部的山岳地區，於紀元前傳入日本，是歷史悠久的穀物。

蕎麥中含有的蛋白質遠勝於稻米和小麥，是蛋白質含量最多的穀物。除此之外還富含強化血管的芸香素和預防腳氣的維他命B群。由於美味可口又有益健康，因此大受歡迎。

最普遍的食用方式是去殼磨粉，製成麵條。此外，還能製成麵包、點心和可麗餅等。但是一

動手種種看！

1 播種

在穴盤內播種、育苗（參考P.28至P.29），並在同一處定植數棵植株，因此在一個育苗穴中放入3至4粒種子。

蕎麥種子

2 製造栽培土

製作種類A的栽培土，參考P.24至P.25。

3 定植

一個育苗穴長出數棵植株也不須間苗，保持原樣定植。

適合定植的種苗

長出2至3片本葉，穴盤底部出現白色根部表示可以開始定植。

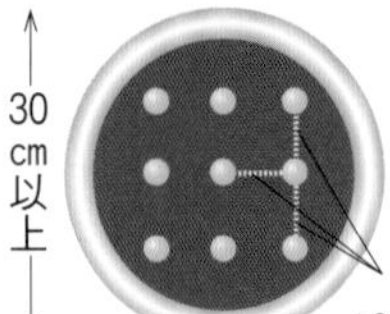

以手指挖掘9個植穴定植（參考P.30），植株間距10cm。

以免洗筷取出種苗，放入之後以周圍的土壤覆蓋填補。

種完9處之後，澆灌大量水分。栽培期間只要土壤乾燥，就必須立刻澆水。

4 追肥

葉子顏色變差時（參考P.37），追加種類A的肥料。

5 豎立支架

如果長高之後變得容易傾倒，請豎立方形燈籠式支架（參考P.35）。

豎立四支長度70cm至80cm的細長支架。

般家庭不易去殼和磨粉，建議以茶飲方式品嚐完整的蕎麥果實。育苗之後多餘的嫩苗也可食用。莖部呈現美麗的紅色，葉子的芸香素含量也勝於果實。

蕎麥小常識

蕎麥茶香氣四溢又富含芸香素！

蕎麥茶不含鞣酸和咖啡因，又富含有益健康的成分──芸香素。

蕎麥茶的作法

①蕎麥果實水洗乾淨之後蒸熟，軟化去殼。
②放入平底鍋，小火加熱烘培。注意不得燒焦。
③冒出香氣之後關火，放涼。
④飲用時取適量加入熱水烹煮。

6 收穫

開花的狀態，也有花朵紅色的品種。

▼

開花6至8週之後，開始結果。

1

結果之後6至8週，葉片開始泛黃表示可以收割。

2

結果七、八成之後，可從變黑成熟的果實開始採收。去除異物與垃圾，將蕎麥果實鋪放於通風與日照良好、不會淋雨之處自然乾燥。

3

以環繞支架的方式，於支架15cm處綁上繩索，避免植株傾倒。

4

完成支架之後的狀態。依據植株成長的情況追加繩索。

BUCKWHEAT

植物的基本資料

科　　名：蓼科
食用部位：種子
病 蟲 害：白粉病、夜盜蟲
生長適溫：20℃至25℃

尺寸大小

植　　株：寬15cm至25cm、高30cm至40cm
花　　盆：深圓形（容量15ℓ以上）。

栽培月曆

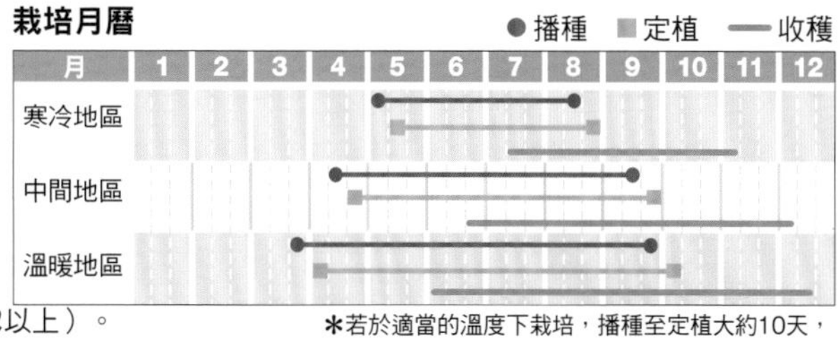

＊若於適當的溫度下栽培，播種至定植大約10天，播種至收穫大約70天，若品種不同，所需時間也會略有差異。

薏苡

可作茶飲也能煮雜糧飯，活用方便，營養豐富

小麥的近親，比起需要精製磨粉的小麥，活用方便又容易栽培。

薏苡的栽培始於印度和東南亞，經由中國與朝鮮半島於江戶時代傳入日本。薏苡用於中藥又稱為「薏苡仁」，薏仁具有滋養強壯的效果。英文稱薏苡為「約伯的眼淚」，是借用聖經中的聖人約伯之名。薏仁的果實呈紡錘狀，類似眼淚，因而得名。

動手種種看！

1 播種

在穴盤內播種、育苗（P.28至P.29），一個育苗穴中放入一粒種子。

薏仁的種子

2 製造栽培土

製作種類A的栽培土，參考P.24至P.25。

3 定植

一個育苗穴長出數棵植株也不須間苗，保持原樣定植。

適合定植的種苗

長出1至2片本葉，穴盤底部出現白色根部表示可以開始定植。

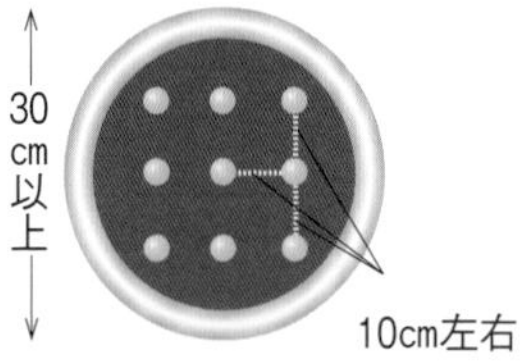

以手指挖掘9個植穴定植（參考P.30），植株間距10cm。

1 放入種苗之後以周圍的土壤覆蓋填補。

2 種完九處之後，澆灌大量水分。栽培期間只要土壤乾燥，就必須立刻澆水。

4 豎立支架

1 如果成長之後變得容易傾倒，請豎立方形燈籠式支架（參考P.35）。

2 豎立4支長度約60cm的細長支架。

薏苡屬於禾本科薏苡屬，硬殼類似念珠。果實帶殼烘培可作薏仁茶，因為不含咖啡因、爽口又具備美膚功效而受至矚目。

成長之後容易傾倒，利用支架與繩索包圍可避免葉子過度延伸。

薏仁小常識

輕鬆享用薏仁茶，多費點工夫就能食用雜糧飯！

清除混雜於果實中的垃圾與異物，自然乾燥數天之後以土鍋或平底鍋小心烘培，避免燒焦。烘培後的果實加入熱水烹煮，就成了薏仁茶，冰熱兩宜。

此外果實以擂缽磨碎外殼，去除外殼與薄皮之後與白米混合炊煮就是雜糧飯。

[薏苡仁去殼]

收成後的薏苡仁。

以擂缽去殼。

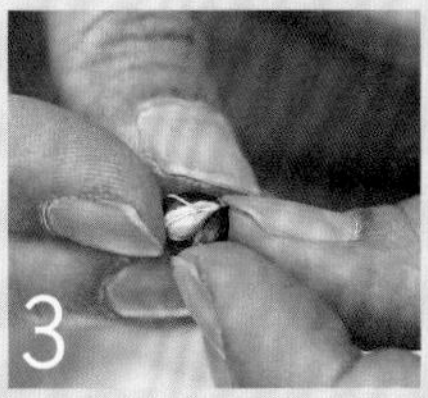

剝去外殼，撕去白色的薄皮。

紅薏苡仁直接與白米一起炊煮就是雜糧飯。

以環繞支架的方式，於支架15cm處綁上繩索，避免植株傾倒。上方以相同間隔綁上麻繩。

完成支架之後的狀態。依據植株成長的情況追加繩索。

5 追肥

葉子顏色變差時（參考P.37），追加種類A的肥料。

6 收穫

葉片開始泛黃表示可以收成。

一顆顆摘取變黑成熟的果實，清除異物與垃圾。

JOB'S TEARS

植物的基本資料

科　　名：禾本
食用部位：種子
病 蟲 害：葉林病、金龜子、稻螟等
生長適溫：20℃至25℃

尺寸大小

植　　株：寬20cm至40cm、高90cm至100cm
花　　盆：深圓形（容量15ℓ以上）。

栽培月曆

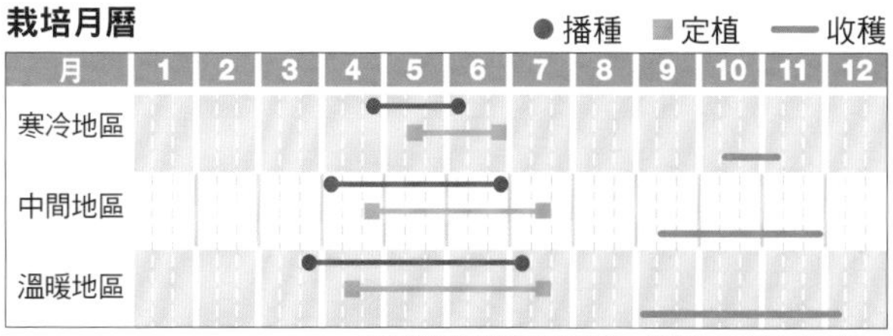

＊若於適當的溫度下栽培，播種至定植大約2週，播種至收穫大約5個月，若品種不同，所需時間也會略有差異。

稗

適合所有環境，生命力強韌，去殼方便

耐熱耐寒耐旱，適合種植於所有地點。日本自繩文時代以來開始種植，江戶時代視為救荒作物而鼓勵耕種。以往不能種植稻米的寒冷高地和山區往往大量種植稗，但是之後隨著水稻耕種面積擴張導致大幅度減少。

近年來，稗的營養價值再度受至重視，加上容易栽種，目前是家庭栽種穀類的入門人氣王。精製後的果實富含蛋白質、脂質、鉀與磷，勝於白米。根據所

動手種種看！

1 播種

在穴盤內播種、育苗（參考P.28至P.29），預計在同一處定植數棵植株，因此在一個育苗穴中放入3至4粒種子。

稗粟的種子

2 製造栽培土

製作種類A的栽培土，參考P.24至P.25。

3 定植

一個育苗穴長出數棵植株也不須間苗，保持原樣定植。

適合定植的種苗

長出3至4片本葉，穴盤底部出現白色根部表示可以開始定植。

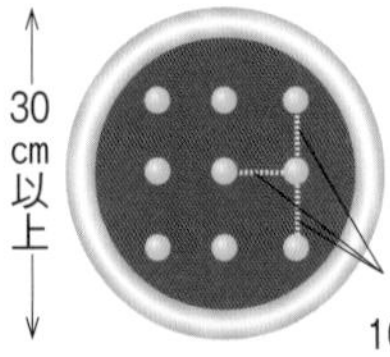

以手指挖掘9個植穴定植（參考P.30），植株間距10cm。

以免洗筷取出種苗放入植穴。

種完9處之後，澆灌大量水分。栽培期間只要土壤乾燥，就必須立刻澆水。

4 豎立支架・間苗

如果葉子向四方擴張下垂時，參考P.35豎立方形燈籠式支架。

豎立4支長度60cm的細長支架。

含澱粉的成分不同，分為不含黏性、顆顆分明的秈種和充滿黏性的糯種。無論何種品種的稗粟，都可以混合白米一同炊煮。

稗的小常識

利用尼龍網簡單去殼

稗的外殼相較於其他穀類而言較軟，因此不需多費功夫就能去殼。放入網眼細的尼龍網用力搓揉，即可造成外殼破碎。搓揉之後放入托盤吹氣，分離外殼、異物與垃圾即可食用。

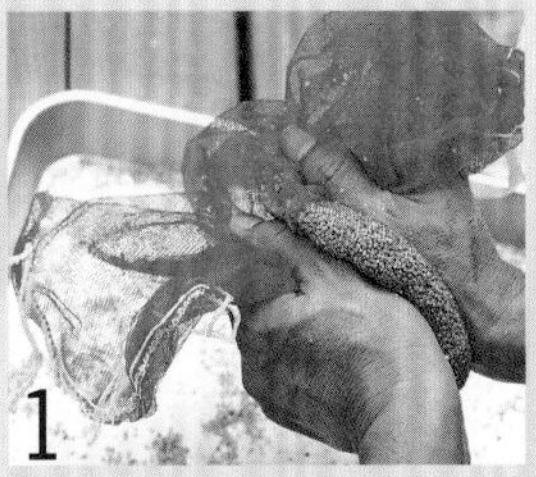

果實放入尼龍網，以擰毛巾的方式施力。

吹氣以分離外殼。

去殼之後的稗。與白米一同炊煮，就是雜糧飯。

剪下結實的果穗。

搓揉果穗，取出果實。

5 追肥

葉子顏色變差時（參考P.37），追加種類A的肥料。

6 收穫

果穗變大，葉片開始泛黃表示可以收成。

以環繞支架的方式，於支架15cm處綁上繩索，避免植株傾倒。上方以相同方式綁上麻繩，間距為15cm至20cm。

植株因為分蘖而增加。過度密集時，一個植穴留下3至4棵植株，其他全部間苗。

完成間苗之後的狀態。

BARNYARD MILLET

植物的基本資料

科　　名：禾本科
食用部位：種子
病 蟲 害：稻螟、盜夜蛾等
生長適溫：20℃至25℃

尺寸大小

植　　株：寬20cm至40cm、高90cm至100cm
花　　盆：深圓形（容量15ℓ以上）。

栽培月曆

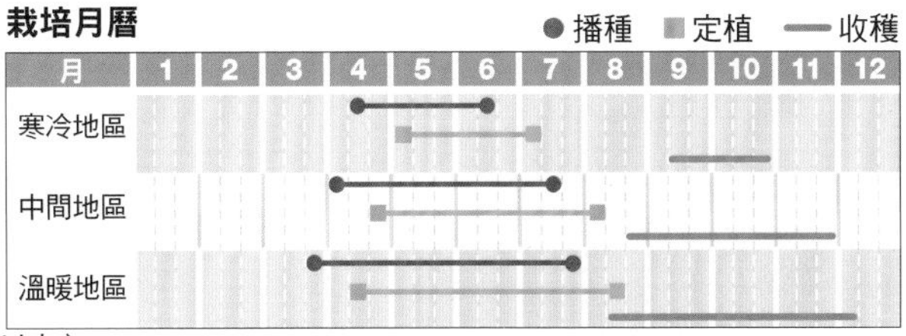

＊若於適當的溫度下栽培，播種至定植大約2週，播種至收穫大約4個月，若品種不同，所需時間也會略有差異。

小米（粟）

出現於俗語中的普及穀物，建議栽種糯種小米

小米是是狗尾草的近親。結實纍纍而垂下的小米穗正如其英文名字一般，就像「狐狸的尾巴」。日文名稱為「淡い」則是取自其味道清淡。

全世界皆可見小米芳蹤，日本則是從繩文時代開始栽培。小米富含食物纖維、鉀和鐵質，依據所含澱粉的種類不同可分為秈種與糯種。秈種黏度低，糯種黏度高，後者是小米麻糬的原料。

動手種種看！

1 播種

在穴盤內播種、育苗（參考P.28至P.29），預計在同一處定植數棵植株，因此在一個育苗穴中放入3至4粒種子。

小米種子

2 製造栽培土

製作種類A的栽培土，參考P.24至P.25。

3 定植

一個育苗穴長出數棵植株也不須間苗，保持原樣定植。

適合定植的種苗

長出2至3片本葉，穴盤底部出現白色根部表示可以開始定植。

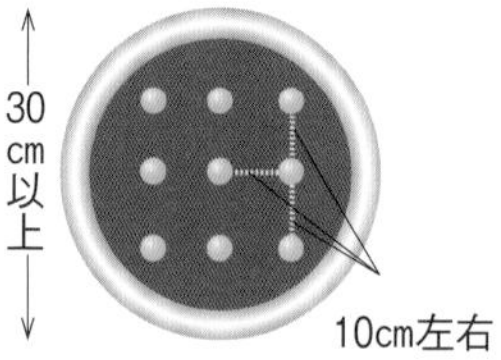

以手指挖掘9個植穴定植（參考P.30），植株間距10cm。

放入種苗之後以周圍的土壤覆蓋填補。

種完9處之後，澆灌大量水分。栽培期間只要土壤乾燥，就必須立刻澆水。

4 豎立支架&間苗

如果葉子向四方擴張下垂時，參考P.35豎立方形燈籠式支架。

豎立四支長度60cm的細長支架。

小米小常識

日式點心的基本款——小米紅豆餅和小米麻糬

糯種小米的顆粒呈現淺黃色，蒸好的小米加上紅豆餡之後就是小米紅豆餅，舂搗至產生黏性就成了小米麻糬。兩者的特徵都是溫暖的黃色，樸素的味道受人喜愛。

日本俗語「濕手握小米」的由來

「濕手握小米」是指濡濕的手可以輕鬆地抓起大量的小米，意味「事半功倍」。這是因為小米比稻米和小麥的顆粒輕巧嬌小而衍生的俗諺。此外，日文中又稱起雞皮疙瘩為「起小米疙瘩」，也是因為雞皮疙瘩像小米的顆粒。

3 以環繞支架的方式，於支架15cm處綁上繩索，避免植株傾倒。上方以相同方式綁上麻繩，間距為10cm至15cm。

4 植株因為分蘖而增加。過度密集時，一個植穴留下3至4棵植株，其他全部間苗。

5 間苗之後的狀態。

5 追肥

葉子顏色變差時（參考P.37），追加種類A的肥料。

6 收穫

1 葉片開始泛黃表示可以收割。

2 剪下大小足夠的果穗。

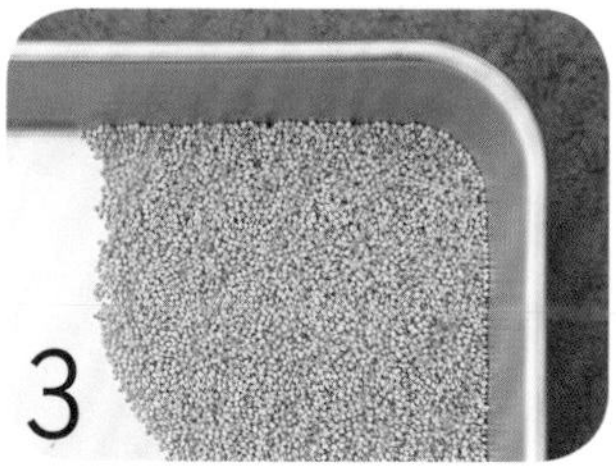

3 收割之後的小米。以擂缽去殼，取出果實（去殼的方式請參考P.181）

FOXTAIL MILLET

植物的基本資料

科　　名：禾本科
食用部位：種子
病 蟲 害：葉枯病、稻螟、盜夜蛾等
生長適溫：20℃至25℃

尺寸大小

植　　株：寬20cm至40cm、高90cm至100cm
花　　盆：深圓形（容量15ℓ以上）

栽培月曆

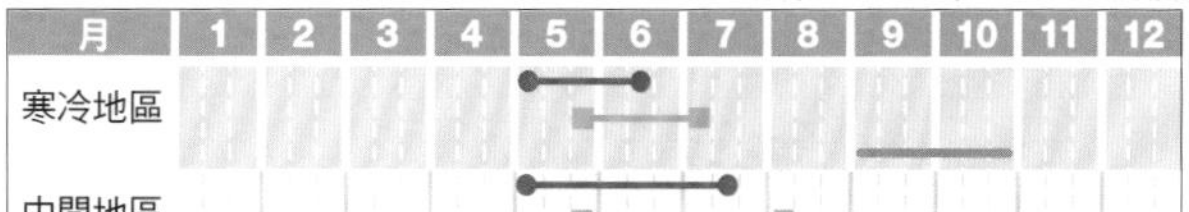

*若於適當的溫度下栽培，播種至定植大約2週，播種至收穫大約4個月，若品種不同，所需時間也會略有差異。

黍

桃太郎也愛黍？短期間就能收割的耐旱植物

黍原產於中亞，耐旱易種的特性促使黍類擴散至世界各地。亞洲的食用方式為作成麻糬或油飯，歐洲的食用方式則為粗製後煮粥。

黍類比起稻米和小麥含有豐富的蛋白質，但是脂質含量更少，同時富含磷、鋅、鐵質等礦物質。根據含有的澱粉成分不同，分為秈種與糯種。由於黍類比稻米和小麥更具黏性，適合作成麻糬和糰子。

動手種種看！

1 播種

在穴盤內播種、育苗（參考P.28至P.29），預計在同一處定植數棵植株，因此在一個育苗穴中放入3至4粒種子。

黍的種子

2 製造栽培土

製作種類A的栽培土，參考P.24至P.25。

3 定植

一個育苗穴長出數棵植株也不須間苗，保持原樣定植。

適合定植的種苗

種苗長出2至3片本葉，穴盤底部出現白色根部表示可以開始定植。

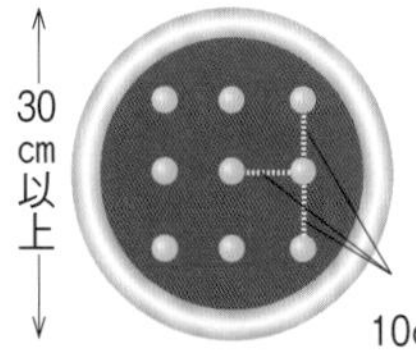

以手指挖掘9個植穴定植（參考P.30），植株間距10cm。

以免洗筷取出種苗定植。

種完9處之後，澆灌大量水分。栽培期間只要土壤乾燥，就必須立刻澆水。

4 豎立支架、間苗

如果葉子向四方擴張下垂時，參考P.35豎立方形燈籠式支架。豎立4支長度60cm的細長支架，以環繞支架的方式於支架15cm處綁上繩索。植株長高之後，於上方以相同方式綁上麻繩。

植株因為分櫱而增加。過度密集時，一個植穴留下3至4棵植株，其他全部間苗。

5 追肥

葉子顏色變差時（參考P.37），追加種類A的肥料。

黍小常識
桃太郎的黍糰子

日本童話中，桃太郎以黍糰子收服狗、雉雞和猴子。黍糰子是黍磨成粉，捏成糰狀後加熱所製造而成的食物。從童話故事中的情節可以發現黍糰子是平民經常食用的食物。黍的日文發音為「ＫＩＢＩ」和岡山縣的古名「吉備」同音，因此岡山縣積極地宣傳當地為桃太郎故事的發祥地，黍糰子也因而成為當地的名產。

作法簡單方便的迷你黍掃把

黍的果穗柔軟，可以改造為掃把。綑綁固定脫穀之後的稻稈，加上掃帚柄即大功告成。掃帚的大小和長度可隨喜好調整。

黍小常識
搓揉脫穀

黍的外殼柔軟，脫穀簡單，搓揉果穗就能取下果實。將取下的果實放入尼龍網用力搓揉，吹氣就能吹走外殼（參考P.181）。

6 收穫

1 葉片開始泛黃表示可以收割。

2 以剪刀剪下果穗。

3 收割後的果穗。

植物的基本資料

COMMON MILLET

科　　名：禾本科
食用部位：種子
病 蟲 害：水稻二化螟蟲、稻螟、金龜子等
生長適溫：20℃至25℃

尺寸大小

植　　株：寬20cm至40cm、高90cm至100cm
花　　盆：深圓形（容量15ℓ以上）

栽培月曆

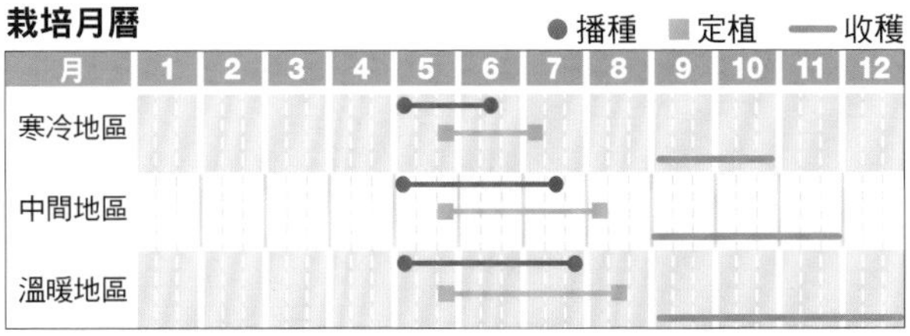

＊若於適當的溫度下栽培，播種至定植大約2週，播種至收穫大約4個月，若品種不同，所需時間也會略有差異。

蒟蒻

建議購買可以立即收成的兩年生種芋

蒟蒻的特徵是充滿嚼勁的口感，經常出現於關東煮和燉滷的料理中。蒟蒻是低卡洛里的食材，100g的生蒟蒻僅含7大卡；同時富含食物纖維和鈣質。新鮮的蒟蒻製成的蒟蒻加工品更是香氣四溢，充滿嚼勁，絕非一般市面販售的蒟蒻加工品可以比擬。

一般的蒟蒻在種植種芋之後，必須等待3至4年才能收。但是如果購買一年生或兩年生的種芋，就能縮短栽種的期間。

動手種種看！

1 製造栽培土

製作種類C的栽培土，參考P.24至P.25。

2 定植種芋

於花盆中央種植一個種芋（參考P.30），這次種植的是兩年生的「赤城大玉」。

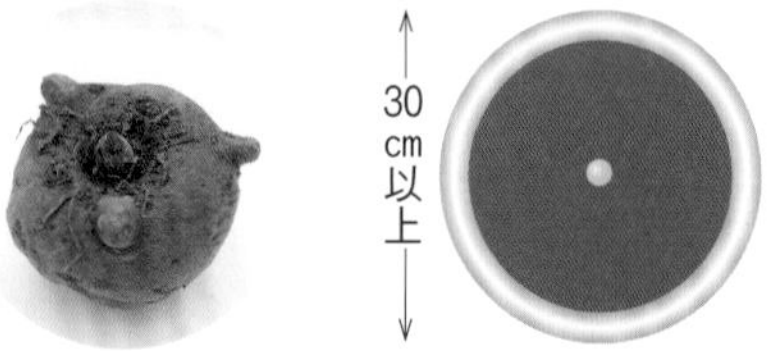

蒟蒻的種芋（兩年生）

倒入土壤至7分滿，中央挖掘植穴。

種芋放入位於花盆中央的植穴，芋苗朝上。

種芋上覆土，加入土壤至距離花盆2cm至3cm。

定植之後澆水，栽培期間放置於日照充足處，土壤乾燥時馬上補充水分。

3 發芽至葉片打開為止

種植一個月之後發芽。

葉子開始打開。

蒟蒻小常識

各式各樣的子芋

蒟蒻的子芋根據品種有所有不同，照片上方為「赤城大玉」的子芋，下方為「春菜黑」的子芋。收成時可以發現附著於種芋的子芋，保存至第二年就是作為定植用的種芋。

但是這種子芋從栽種至收成需要費時3至4年，也不耐寒。冬季時必須在降霜之前將植株移入室內

這次示範的是春天播種，秋天收成的兩年生種芋。

蒟蒻原產於南亞與東南亞，屬於熱帶植物。由於十分畏寒，務必在氣溫上升至一定程度之後才開始種植。此外，蒟蒻不耐強烈日曬，因此夏天必須移動至半陰處。用子芋栽培時，葉子會在晚秋時分枯萎，位於地下的部分也會隨之進入冬眠。為了避免子芋凍傷，應當搬入室內直至春天，期間不需澆水。

蒟蒻小常識

稀奇的蒟蒻花！

蒟蒻是多年生草本植物，壽命約3至4年。栽種之後只會長出一片葉片，其他養分都供給地下球莖。等到第三年或第四年的春天，就會綻放如同照片中的花朵，宣告生命結束。花瓣成佛焰苞狀，是天南星科植物長見的花朵形式。馬蹄蓮和小芭蕉是其近親。蒟蒻只有在生長狀況良好時才會開花，因此開花是栽培得當的象徵。

3

一棵種芋只會長出一片葉子，因此栽培重點在於觀察這片葉片是否健康。夏天必須避開日光直射，放置於半陰處。

4 追肥

葉子顏色變差時（參考P.37），追加種類C的肥料。

5 收穫

1

葉子完全枯萎即可進行收成，枯萎的莖葉可輕易徒手拔除。

2

挖出蒟蒻，清除根部。

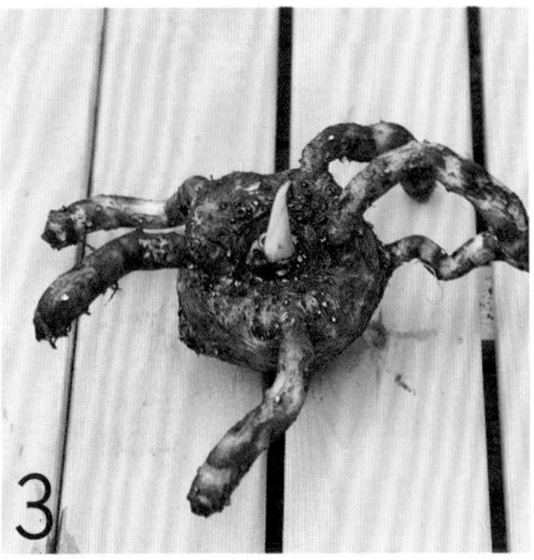
3

收成之後的蒟蒻。「赤城大玉」的子芋成放射狀附著於母株上。

4

摘取子芋，以報紙包裹存放於陰暗處，可作為第二年栽種時的種芋。

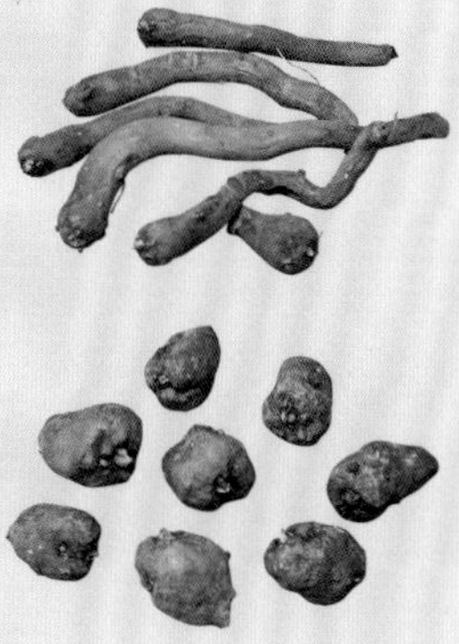

過冬，期間不需要澆水。等到春天長出新芽之後，再移至室外。

KONJAK

植物的基本資料

科　　名：天南星科
食用部位：球莖
病 蟲 害：蚜蟲
生長適溫：20℃至25℃

尺寸大小

植　　株：寬50cm至70cm、高50cm至60cm
花　　盆：深圓形（容量15ℓ以上）

兩年期品種的栽培月曆

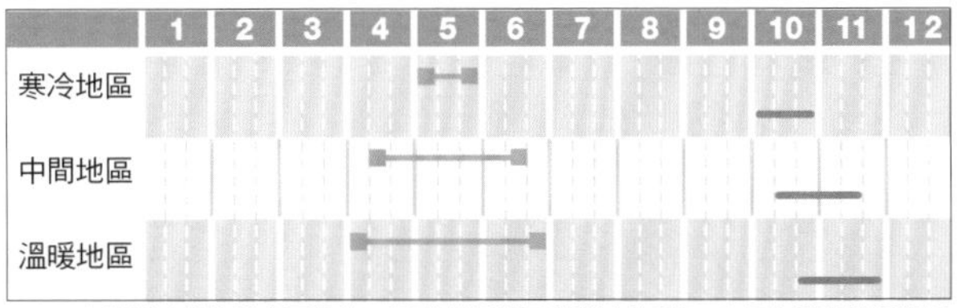

＊若於適當的溫度下栽培，子芋從種植至收穫大約3年，2年生種芋從種植至收穫約5至6個月，若品種不同，所需時間也會略有差異。

芝麻

富含良質的脂肪和蛋白質，煎炒後香氣四溢

芝麻的利用方式眾多，例如生芝麻、炒芝麻、芝麻粉、芝麻醬或榨成麻油使用。

芝麻原產於南亞，世界各國自古以來便經常使用芝麻。芝麻富含亞麻油酸、油酸，也包含鐵質、鈣質和鎂等礦物質，是營養豐富的健康食品。生芝麻幾乎沒有氣味，但是可以透過煎炒逼出獨特的香氣。此外，黑芝麻的顏

動手種種看！

1 播種

在穴盤內播種、育苗（參考P.28至P.29），一個育苗穴中放入一粒種子。

白芝麻的種子

黑芝麻的種子

2 製造栽培土

製作種類A的栽培土，參考P.24至P.25。

芝麻小常識

白、黑和金色？

芝麻主要的品種是依照顏色區分，油分多、香氣重的是白芝麻，油分少但是氣味佳的是黑芝麻，油分和香氣俱佳的是稀少的金色芝麻（褐色芝麻，下方照片所示）。

3 定植

以手指挖掘4個植穴定植（參考P.30），植株間距15cm。照片中為白芝麻與黑芝麻交叉種植。定植之後澆水，土壤乾燥就立即補充水分。

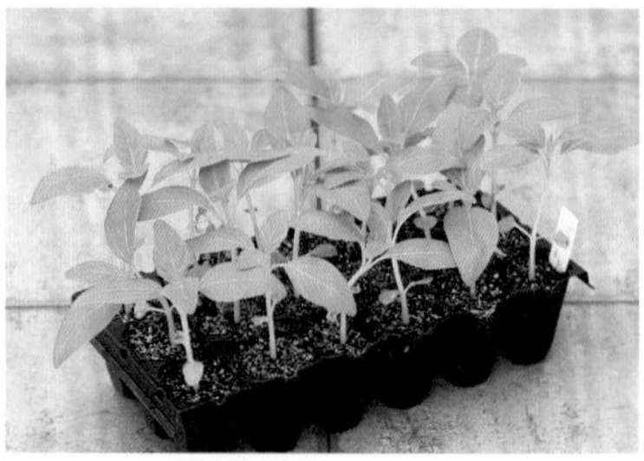

適合定植的種苗

長出2至3片本葉，穴盤底部出現白色根部表示可以開始定植。

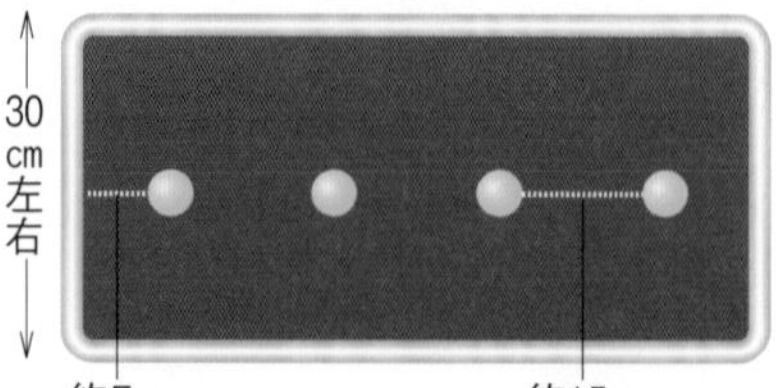

4 追肥

葉子顏色變差時（參考P.37），追加種類A的肥料。

5 開花至結果

綻放於初夏的花朵。白芝麻綻放的淡粉紅色花朵（如圖所示），黑芝麻綻放白色花朵。

花朵凋謝之後開始結果，出現果莢。

色是來自花青素。

由於是熱帶植物，播種和定植都應該等到天氣溫暖之後再進行。

芝麻屬於栽培較為簡單的植物，重點在於收成時期。開花與結果都是由下往上，循序漸進。芝麻的果實（種子）容易脫離外殼，過度成熟就會飛散。因此果莢開始成熟之後就應當陸續收成，植株下方鋪設塑膠墊可以解決種子飛散的問題。

芝麻小常識

芝麻開門

收錄於《一千零一夜》的〈阿里巴巴與四十大盜〉，主角以咒語「芝麻開門！」打開寶庫大門，為什麼是芝麻呢？

是因為芝麻成熟之後，果莢會自動裂開、彈出果實。咒語的靈感是來自果莢自動裂開的模樣，以「芝麻開門！」當作開門咒語。

6 收穫

果莢枯黃即可進行收成。

裂開的果莢中可以看到種子。繼續置之不理，種子便會彈出而無法採收。每天觀察才能確認最佳的採收時機。

以剪刀依序剪下完全成熟的果實。

剝開果莢，取出果實。

果實倒入托盤，吹氣分離果實、垃圾與異物。

藉由篩子篩去更細碎的異物。

收成後的黑芝麻（照片右側）與白芝麻（照片左側）。

SESAME

植物的基本資料

科　　名：胡麻科
食用部位：種子
病 蟲 害：夜盜蟲、雙斜紋天蛾
生長適溫：20℃至25℃

尺寸大小

植　　株：寬20cm至40cm、高70cm至80cm
花　　盆：深方形（容量約20ℓ以上）

栽培月曆

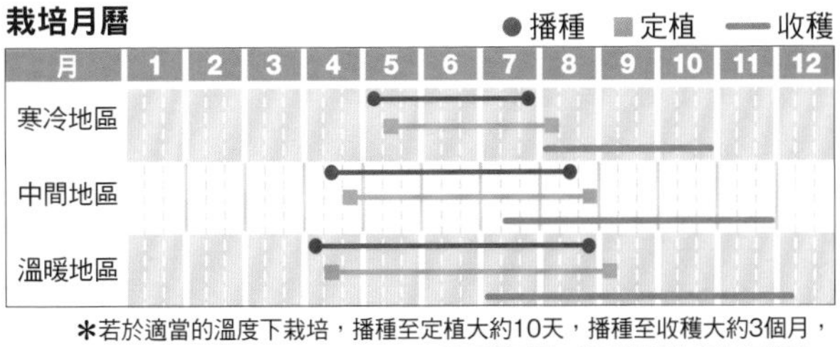

＊若於適當的溫度下栽培，播種至定植大約10天，播種至收穫大約3個月，若品種不同，所需時間也會略有差異。

寒冷地區＆溫暖地區的栽培要點

本書依照日本氣候條件的不同，
將日本各地概分為「寒冷地區」、「中間地區」和「溫暖地區」，
並且於栽培月曆上註明各個地區的栽種時間。
根據居住地區的氣候條件，遵守要點就能快樂地栽培蔬菜。

寒冷地區的栽培要點

直至5月為止都必須注意低溫與遲來的降霜

寒冷地區的春天姍姍來遲，因此直至5月都必須注意低溫與遲來的降霜。

不耐寒的番茄和茄子在4月下旬即可播種，但是直至5月中旬為止都必須以塑膠膜或不織布覆蓋穴盤，於室內栽培以對抗低溫與霜害。等到6月之後不再降霜，才可進行定植。過於心急只會事倍功半。

馬鈴薯的定植從4月上旬開始。想在10月下旬第一次降霜之前結束收成，請在5月下旬之前完成定植。

進入梅雨季之後依舊必須注意低溫

北海道或靠近太平洋的東北地區在梅雨季節可能會出現氣溫大幅度下降的狀況，因此必須依照氣溫變化進行防寒對策，例如覆蓋不織布。

梅雨季節後半必須注意大雨

進入梅雨季節後半，也就是7月時必須注意大雷雨和冰雹。剛播下的種子可能因為大雨而流失；雨水所導致的土壤濺起可能傷害葉片；冰雹可能傷害葉片與果實，使得果實無法食用。因此最好移動花盆至不會直接接觸雨水或冰雹之處。

梅雨季節結束即是收成的季節

梅雨季節結束之後就是夏天，同時也是採收夏季蔬菜的季節。倘若還想進行甘藍菜和包心白菜的育苗，此時已是最後機會，必須在7月下旬至9月上旬播種與定植。因此此時正是收割、管理和整理夏季蔬菜與開始栽培秋冬蔬菜的繁忙時期。

寒冷地區只要秋季栽培延後一星期，就會導致收割延後1個月以上。請務必儘早開始栽培。

部分地區十月起即必須注意霜害對策

10月正是採收秋冬蔬菜的重要時期。部分地區此時已經開始降霜，為了避免心愛的蔬菜受至霜害，必須進行覆蓋不織布等防寒對策。

蠶豆、豌豆、洋蔥等種植期間可能過冬的蔬菜等到春天再行種植較佳。

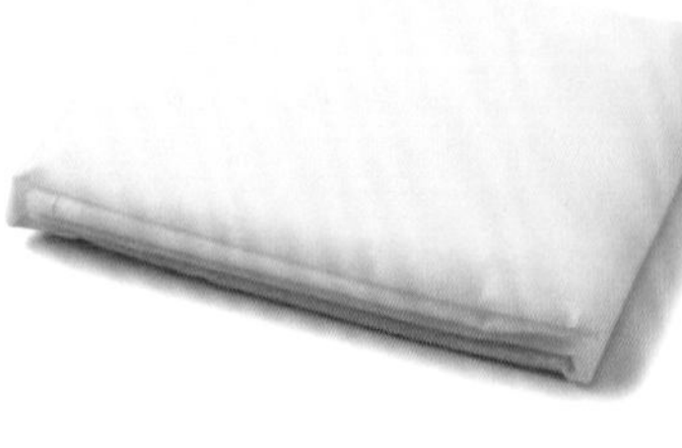

秋冬的蔬菜必須在土壤凍結之前收割完畢

甘藍菜、包心白菜、蘿蔔等秋冬的蔬菜雖然耐寒，還是必須在土壤凍結之前收割完畢。

菠菜與白菜類蔬菜不適合在寒冷的氣候下種植，因此可以改種耐寒的義大利香芹。倘若在溫暖的室內發芽，之後放置於屋外也不會有問題。儘管如此，還是應該在12月中旬，也就是正式開始下雪之前完成收穫較佳。

嚴寒期間暫停栽種

寒冷地區的嚴寒時期根本無法進行室外栽種。倘若嚴格執行防寒對策並種植於室內溫暖之處或使用室內用溫室，方才可能種植耐寒的葉菜類。

但是由於日照時間縮短、日光微弱，因此這段期間還是當作充電期較佳。等到3月之後又可以開始栽培耐寒的蔬菜，例如甘藍菜、青花菜、芥菜和醬白菜類蔬菜等各類蔬菜。

地區的分類

寒冷地區	北海道、東北地區、新潟縣、富山縣、石川縣、高冷地
中間地區	新潟縣以外的關東甲信越地區、東海地區、中部地區、約相當於臺灣中高海拔山區、中國地區（譯註：日本的中國地區是指鳥取縣、島根縣、岡山縣、廣島縣、山口縣）、富山縣與石川縣以外的北陸地區
溫暖地區	四國、九州、沖繩縣約相當於臺灣平地

左邊的分類方式只是簡單的基準。
高度、地形與海流都可能影響氣候條件，
造成與分類表不同的結果。
因此請務必配合居住地區的氣候栽培。
如果不清楚自家地區何時適合播種與定植，
可請教附近的園藝店。
※請依台灣種植地氣候作調整。

溫暖地區的栽培要點

果菜類可從3月上旬播種

溫暖地區的春季正式栽培從3月開始，番茄和茄子之類的蔬菜也可從3月開始播種。由於可以播種至7月，因此請利用栽培時期漫長的優點享受種植各種蔬菜的樂趣。

另一方面，不耐熱的包心白菜必須在四月播種完畢。由於必須在6月下旬之前完成收割，最晚必須在4月中旬完成定植。菠菜可選種耐熱的品種。

梅雨季節必須注意過度潮濕的問題

溫暖地區比其他地區早一步進入梅雨季節。由於梅雨季節容易導致土壤過度潮，使得根部腐爛。因此此時花盆應當移動至屋簷下方；沒有屋簷則必須注意澆水的份量與次數，對應過度潮濕的問題。

濕度過高容易通風不良，導致病蟲害。改善通風可將花盆分開排放；頻繁地間苗順便收割葉菜類；減少果菜類植株下方的葉子。

颱風來臨時必須注意強風對策

每年颱風季節都逐漸提早，因此7月時除了梅雨所帶來的長期下雨之外，還必須留意大雨與強風。栽種於農田中，只能使用支架應對；盆栽的好處就是可以直接移動花盆。可能出現強風的日子將花盆搬入室內，可避免植株傾倒等強風所造成的損害。

僅限盛夏栽培的品種

溫暖地區的夏天非常炎熱，不適合開始栽種。可考慮於夏季停種或只種植耐熱的植物，例如苦瓜、絲瓜、空心菜。

除此之外，甘藍菜、青花菜和蘿蔔等十字花科的蔬菜也有耐熱的品種可在夏季種植。為了預防蟲害，可以利用防蟲網。

秋季的正式栽培期間是10月至11月

由於氣候溫暖，因此秋冬蔬菜的栽培期間是10月至11月。秋風吹起時才是開始正式栽培期間，可以栽培各類蔬菜直至過完年。不耐熱的菠菜和萵苣最適合在此時期栽種。

非常溫暖的地區可於10月中旬定植洋蔥苗，如此一來便能在過完年之後收割帶葉的當季洋蔥。

冬季也必須執行防寒對策才可種植

秋冬蔬菜收割完畢之後，溫暖地區可以繼續種植耐寒的包心白菜、蘿蔔和胡蘿蔔等蔬菜。倘若採用不織布覆蓋等簡單的防寒對策，就能種植芥菜類、青江菜和白菜類蔬菜。如果想要播種與栽培洋蔥的種苗，必須在12月上旬播種完畢。

過完年之後可以栽培夏季蔬菜

過完年之後，秋季開始栽種的蔬菜和接下來要開始栽種的夏季蔬菜會一起出現在庭院中。度過短暫的寒冬之後可以進行萵苣的播種；2月起可以開始播種蒔蘿、細香蔥、羅勒等部分的香草和比較耐寒的四季豆。

防治病蟲害

盆栽可以輕鬆地享受現摘的蔬菜。
但是近在身邊的蔬菜還是可能會出現病蟲害，
因此必須了解可能發生的病蟲害，
並且學習如何應對。
情況嚴重時可利用40頁所介紹的自然派農藥，
效果亦佳。

病害

蔬菜的病害主因為病毒、細菌或真菌的其中之一。

【灰黴病（真菌）】

一開始為淡褐色斑點，逐漸擴大並導致植株腐爛，出現灰色的黴。多半出現於果菜類。由於此種真菌喜好低溫多雨的環境，多半發生於日照不足的春季和秋季雨季。經常碰觸澆水時濺起的土壤或接近地面而容易受至濕氣影響的下方葉片，得病的可能性高。出現症狀的部分必須儘快切除丟棄。此種真菌多半出現於枯葉和落地的果實，因此清除枯葉與落果，保持植株附近的清潔最為重要。

【霜霉病（真菌）】

潮濕、通風與排水不良的環境下發病，真菌的胞子附著於葉片上繁殖擴大。初期症狀為葉片出現淡淡的黃色病斑，之後擴散為黃色或褐色的方形病斑；惡化之後病斑會潮濕腐爛，導致葉片掉落。注意通風與避免潮濕是預防的最佳方法。發現葉片出現症狀即切除丟棄，避免病情擴散。

【花葉病（病毒）】

葉片或花瓣出現濃淡不一的斑點，看起來彷彿馬賽克，因此導致花葉病的病毒又稱為馬賽克病毒。嚴重時會導致植株完全枯死。由於容易傳染，因此出現症狀的植株必須連根拔起。傳染的媒介為蚜蟲，依序感染。由於沒有農藥可以消除病毒，所以最重要的是預防傳染的媒介——蚜蟲。

【白粉病（真菌）】

得病的植株葉片和莖幹宛如撒了烏龍麵粉（小麥粉）一般雪白。典型的症狀為從葉片或莖幹開始出現白色的黴菌，最後擴散至植株整體。大部分的蔬菜都可能得病，多半於5月至7月發作，如果黴菌飛散，可能傳染給其他植株。症狀輕微時利用藥劑清除，嚴重時須摘下葉片或挖除整棵植株。

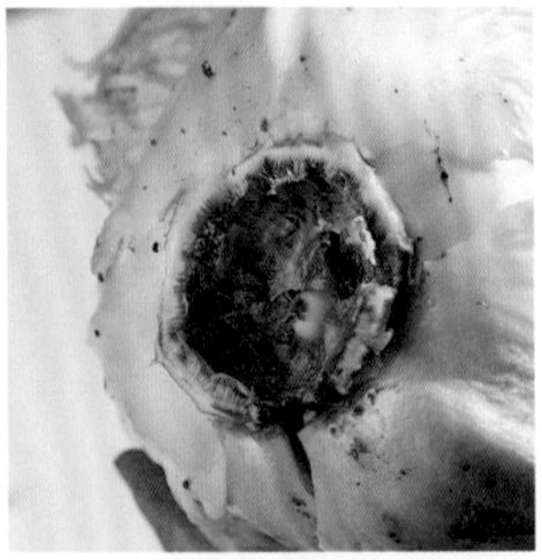

【軟腐病（細菌）】

特徵是靠近地面的根部與葉片腐爛，呈現褐色並發出惡臭。由傷口入侵的細菌會阻塞植株的管道，導致水分與養分無法循環而發病。許多蔬菜都可能發病，好發於高溫多雨的氣候。為了避免從傷口感染，摘芽與收割之後不應澆水，注意保持斷面乾燥。

【疫病（真菌）】

多半發生於茄科的蔬菜，先從葉片開始出現如同水滴般的不對稱斑點。症狀會逐漸擴大，濕度低時會出現褐色斑點；濕度高時會出現白色黴菌。通常發生於低溫多雨的時期，由於雨水或澆水時濺起的土壤而擴散。預防方式為注意通風和澆水時由根部澆水，避免直接澆灌於植株。染病的部分直接切除丟棄。

不是病也要注意！

【臍腐病】

土壤中的鈣質不足或水分極端不足時會導致鈣質無法傳遞至果實，進而導致果實頂端腐爛。多半發病於番茄或甜椒。雖然不是病害，但會導致植株虛弱與容易染病。發現症狀時應重新評估如何澆水與施肥，以恢復植物健康。

【銹病（真菌）】

銹斑病又分赤銹病（蔥銹病）與白銹病等等，赤銹病為植株出現橙黃色的疣狀斑點，病疣破裂導致粉末大量分散，嚴重時會導致葉片枯萎：白銹病主要發生於十字花科蔬菜，喜歡低溫多雨的氣候，容易出現於春季或秋季的雨季。情況嚴重時連農藥亦無效果，發現植株出現症狀就切除丟棄。

各種蔬菜的病害一覽表

◎：需要特別注意的病害　○：需要注意的病害　△：少見的病害

	白粉病	疫病	銹病	灰黴病	霜霉病	花葉病	軟腐病	臍腐病
番茄	○	○		△		△	△	○
茄子	○			△				
甜椒／辣椒		△		△		△	△	△
小黃瓜	◎	△		△	△	△		
南瓜	◎	△				△		
苦瓜／絲瓜	△				△	△		
西瓜	○	△				△		
毛豆					△	△		
四季豆						△		
落花生								
豌豆	○		△	△		△		
蠶豆			△			△		
黃秋葵	△			△		△		
草莓	○	△		◎				
馬鈴薯		△		△		△	○	
芋頭							△	
甘薯							△	
山藥						△	△	
美國團土兒								
薑／薑黃		△						
蘿蔔			△		△	△	△	
西洋蘿蔔			△		△	△	△	
蕪菁			△		△		△	
胡蘿蔔	○						△	
牛蒡	○					△		
甘藍菜			△		△		△	
芥藍菜／抱子甘藍 小綠甘藍／球莖甘藍			△		△		△	
青花菜／長莖青花菜 花椰菜			△		△		△	
包心白菜			△		△	△	○	
白菜類蔬菜／芥菜			△		△	△	△	
青江菜			△		△	△	△	
西洋菜					△			
菠菜					△	△		
菾菜					△	△		

	白粉病	疫病	銹病	灰黴病	霜霉病	花葉病	軟腐病	臍腐病
萵苣				△	△	△	△	
茼蒿					△	△		
韭菜			◎					
白蔥／青蔥			◎		△	△	△	
分蔥／淺蔥			◎	△	△			
洋蔥		△		△	△		△	
薤菜		△	○	△		△		
蘆筍			△					
紫蘇／荏				△		△		
鴨兒芹			△		△	△		
空心菜			△					
義大利香芹	△	○				△	△	
茴芹								
芫荽								
蒔蘿	○							
茴香								
羅勒								
迷迭香								
百里香								
奧勒岡								
鼠尾草								
薄荷								
香蜂草								
洋甘菊	○							
芝麻菜								
細香蔥			△					
檸檬香茅								

穀類相關

稻米	稻熱病、紋枯病、胡麻葉枯病 白葉枯病、縞葉枯病、腐敗病
蕎麥	白粉病
薏苡	葉枯病
稗、小米、黍	葉枯病
蒟蒻	
芝麻	

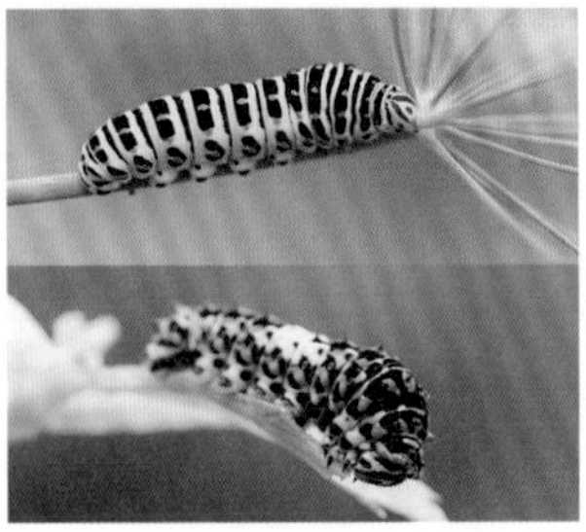

【金鳳蝶的幼蟲】

金鳳蝶的幼蟲從幼齡期至老齡期體色皆所不同，一開始是黑色有毛的毛蟲，之後轉變為黑底橘點和鮮豔的條紋。主要出現於繖型科與芸香科的植物，食量驚人。一個不小心就會發現整株植株都遭至侵害。由於體型巨大，容易發現。預防方式為使用防蟲網。

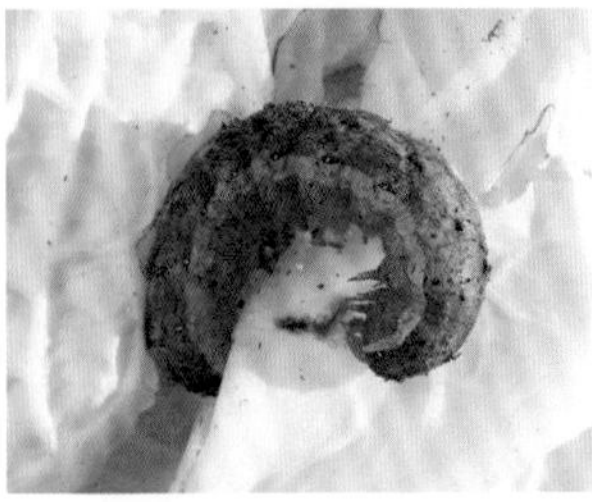

【夜蛾科的幼蟲】

一般俗稱「切根蟲」的就是夜蛾近親的幼蟲，。因為以根部與靠進地表的莖幹為食，因此地上健康的部分也會因此傾倒。由於多半位於土壤較淺處，一發現被害症狀應立即尋找並撲殺。

【夜盜蟲（夜盜蛾類的幼蟲）】

幼齡毛蟲體色為綠色，老齡毛蟲體色為褐色，以所有蔬菜為食。名為「夜盜」是因為白天躲在土壤中休息，晚上才會出現以葉片為食。由於屬於大型毛蟲，發現之後立即使用免洗筷夾起撲殺。由於也以根部為食，因此夜盜蟲的日文別名為「切根蟲」。

【金龜子】

麗金龜又分古銅麗金龜和紅銅麗金龜等。成蟲以地上的葉子與花朵為食，幼蟲以土壤中的有機質和植物的根部為食，因此也稱為「切根蟲」（雞母蟲）。難以一網打盡，但是花盆完全浸泡於水中半天即可淹死幼蟲。然而過度頻繁泡水會導致根部腐爛，因此應當採用防蟲網以防患未然。

【黃守瓜】

食用葫蘆科植物，造成損害。黃守瓜特別喜愛以柔軟的嫩葉為食。植株幼期遭至侵害，會影響之後的發育。因此發現之後，應當立刻撲殺。由於厭惡閃亮的反射光線。在植株根部鋪設鋁箔紙就能達至驅逐的目的。

【蛞蝓・蝸牛】

性喜潮濕，以剛播種的毛豆種子、雙子葉和草莓果實為食。爬行過後會留下白色閃亮的黏液。花盆底部容易殘留水氣，必須特別注意是否聚集蝸牛和蛞蝓。發現之後立即撲殺。蛞蝓喜歡啤酒酵母，放置裝有啤酒的容器便會聚集於容器內溺斃。

【蟎類】

寄生於各類蔬菜，吸取植株的汁液。根據寄生的位置，又分為葉蟎與根蟎等等。葉蟎寄生於葉子背面，從葉子表面可以看到半透明的小型白色斑點。蟎類性喜乾燥，因此多半短時間集中出現於陽台等不易淋雨的地點，是盆栽的大敵。可利用性喜乾燥的特性，於葉子背面噴灑水霧驅逐。

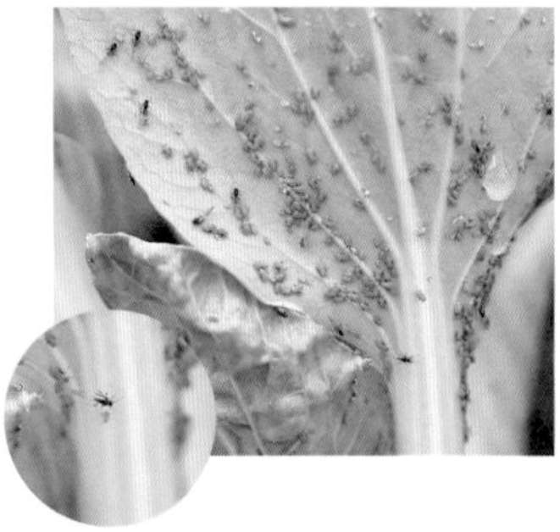

【蚜蟲】

蚜蟲多半群聚出現，吸取植株的汁液。基本上沒有翅膀，只有某些時期會短暫出現有翅膀的蚜蟲。蚜蟲同時也是傳播病毒的媒介，因此必須小心預防，發現之後立即撲殺。此外，蚜蟲厭惡閃亮的反射光線。在植株基部鋪設鋁箔紙就能達至驅逐的目的。

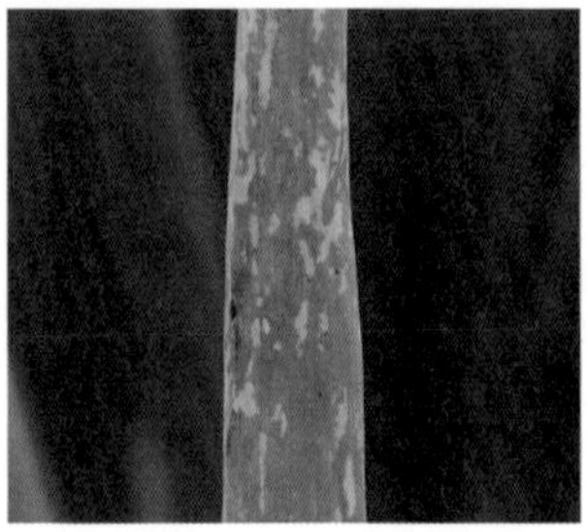

【薊馬】

長度約1至2mm的小蟲，幼蟲與成蟲都會吸取植株的汁液和傳染病毒。多半出現於蔥類的近親，會造成葉片出現白色斑點。由於厭惡閃亮的反射光線。在植株基部鋪設鋁箔紙就能達至驅逐的目的。

【潛蠅的幼蟲】

潛蠅幼蟲會在葉片內部如同挖掘隧道般侵蝕，於葉片留下如同圖案般的食痕。因此潛蠅幼蟲的日文別名為「畫圖蟲」。食慾旺盛，快速地造成損害。白色線條的盡頭便是幼蟲或蟲蛹，可以手指捏扁撲殺。成蟲有聚集於黃色物品的習性，因此可使用黃色的黏蟲板撲殺。

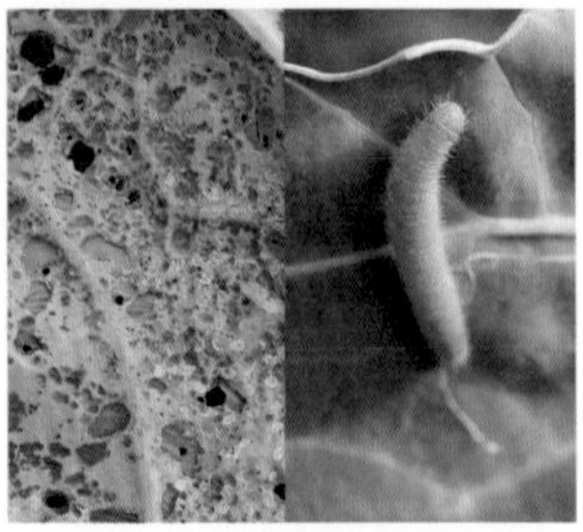

【小菜蛾・青蟲（白粉蝶的幼蟲）】

兩者都喜歡以十字花科的蔬菜為食，小菜蛾的幼蟲會造成葉片散佈半透明的小洞（左圖），青蟲（右圖）會從葉子邊緣開始大口食用。如果發現葉片出現小洞或黑色的糞便，仔細檢查葉片正反面加以撲殺。

各種蔬菜的蟲害一覽表

◎：需要特別注意的病害　○：需要注意的病害　△：少見的病害

	蟎類	薊馬	蚜蟲	潛蠅幼蟲	小菜蛾的幼蟲與毛蟲（紋白蝶的幼蟲）	金鳳蝶的幼蟲	葉蛾科的幼蟲	夜盜蟲（夜盜蛾類的幼蟲）	金龜子	黃守瓜	蛞蝓・蝸牛
番茄	○	○	△	◎				△			
茄子	◎	○	△				△	△	△		
甜椒／辣椒	○	○	△				△	△			
黃瓜	○	○	△	◎						○	
南瓜	○	○						△	△	○	
苦瓜／絲瓜	△	△						△		△	
西瓜	○	○	△				○	○	○	○	△
毛豆	○	○	△				○	○	○		◎
四季豆	○	○	△	△							
花生	◎	○	△						○		
豌豆	○	○		◎				○			○
蠶豆	○	◎	△	○				○			
黃秋葵	○	○						△			
草莓	○	○	△					△	△		△
馬鈴薯	○	○						○	○		
芋頭	○	△						△	△		
甘薯	△	△						△	◎		
山藥	○	△							△		
美國團土兒	△	△							△		
薑／薑黃	△						△	△	△		△
蘿蔔	△	◎			○		△	○	○		△
西洋蘿蔔		◎			○		△	○	○		△
蕪菁	○	◎			◎			○	△		△
胡蘿蔔		○				○		○	△		△
牛蒡	○	○		○				○	○		
甘藍菜	△	○			◎		○	○	△		○
芥藍菜／刨子甘藍 小綠甘藍／球莖甘藍	○	○			◎		○	○	△		○
青花菜／長莖青花菜 花椰菜	○	○			◎		○	○	△		○
包心白菜	△	○			◎		○	○	△		○
白菜類蔬菜／芥菜	○	◎			◎		○	○	△		△
青江菜	○	○			◎			○			○
西洋菜	○	○			◎		△	△			△
菠菜	○	○	△				△	◎	△		△
萘菜	○	○					△	○	△		△

	蟎類	薊馬	蚜蟲	潛蠅幼蟲	小菜蛾的幼蟲與毛蟲（紋白蝶的幼蟲）	金鳳蝶的幼蟲	葉蛾科的幼蟲	夜盜蟲（夜盜蛾類的幼蟲）	金龜子	黃守瓜	蛞蝓・蝸牛
萵苣	○	○		○			△	△	△		○
茼蒿	○	○	△	◎			△	○			
韭菜	○	△	○				△				
白蔥／青蔥	○	○	◎	○				△	△		
分蔥／淺蔥	○	○	◎	△				△	△		
洋蔥	○	○	◎	△				△	△		
薤菜	○	○	◎	○							
蘆筍	○	○	△					○	△		
紫蘇／荏	○	△	△					△			
鴨兒芹	○	△				△	△	△			
空心菜	△	△					△	△	△		
義大利香芹	○	△				○	△	△	△		
茴芹	○	○				△	△	△	△		
芫荽	○	△					△	△	△		
蒔蘿	△	○				◎					
茴香		△				◎	△	△	△		
羅勒	○	△	△	△			△	○	△		
迷迭香											
百里香											
奧勒岡	○	△		△			△	△	△		
鼠尾草	○	△					△	△	△		
薄荷	○	△						○			
香蜂草	○	△					△	△	△		
洋甘菊		◎									
芝麻菜	○	○		△	○			△			
細香蔥	△	◎	△								
檸檬香茅											○

穀類相關

稻米	水稻二化螟蟲、金龜子、稻桿蠅、椿象 飛蝨、葉蟬
蕎麥	夜盜蟲
薏苡	稻螟、亞洲玉米螟、麗金龜、夜盜蛾
稗、小米、黍	水稻二化螟蟲、金龜子
蒟蒻	夜盜蟲、雙斜紋天蛾
芝麻	丁香天蛾、南方裸夜蛾、金龜子

盆栽菜園 Q&A

【果菜類】

Q 為何番茄的果實會裂開呢？此時應當如何解決？

A 這是一種生理性病害，稱為「裂果」。土壤在非常乾燥的狀態下突然吸收大量水量，就會造成果實內部的水分快速增加，導致果實膨脹。果皮不堪負荷，就會裂開。

給予植株水分時避免仰賴降雨，採用人工控制澆水的份量是最好的解決方式。因此栽種時應將花盆移動至不會淋至雨的屋簷下，同時避免土壤過度乾燥，發現土壤乾燥就立即澆水。

Q 番茄的葉子上發現潛蠅的痕跡。由於潛蠅不會以葉片為食，是否可以置之不理？

A 潛蠅的確不會以葉片為食，但是葉子若是遭至過度鑽食會無法行光合作用，影響植株的生長。因此還是應當儘早採取對策。

潛蠅躲在白色食痕的盡頭，可以手指壓扁撲殺。

根據食痕的白線找至潛蠅，加以撲殺。

Q 番茄的葉子彷彿枯萎一般捲起，但是看起來並未遭至蟲害。這是病害嗎？

A 土壤水分不足時會造成葉片蜷縮。如果葉片蜷縮得非常厲害，表示水分相當不足。只要不是馬上要收割，可以迅速澆水。不過一口氣給予大量水分會造成裂果，因此應該分次澆水。

即將收割，反而可以刻意不澆水。甜度高的番茄便是在刻意不澆水造成葉片蜷縮的狀況下所栽培而成。果實會因此變甜，但是無法長大也無法結實纍纍。

Q 種植了好幾次毛豆都無法結實纍纍，究竟是出了什麼問題呢？

A 可能是因為施肥時給予了過多的氮素肥料，造成光長莖幹但是不結果的現象。

仔細觀察毛豆、花生和豌豆等豆類植物的根部，可以發現一顆一顆疣狀的突起物。這些突起物當中包含名為「根瘤菌」的細菌，提供豆類氮素。含有根瘤菌的植物可吸收根瘤菌所製造的氮素，代替光合作用所製造的物質，兩者為「共生」的關係。以豆類為例，由於和根瘤菌成共生關係，給予的氮素肥料必須少於其他蔬菜。否則會造成莖幹生長旺盛，但是無法結果的狀況。

如果控制氮素肥料卻依然無法結果，可能是椿象所造成的蟲害。以防蟲網覆蓋花盆整體等防蟲對策應該會有效果。

Q 茄子的底部變成咖啡色是病害的症狀嗎？可以食用嗎？

A 南黃薊馬所造成的蟲害或颱風等大風造成果實撞擊摩擦莖幹，造成如同瘀瘢的痕跡。

南黃薊馬多半出現於七月至九月，幼蟲與成蟲皆以植物為食。由於吸收植株汁液，因此一開始會先從葉脈出現痕跡，最後整片葉子變白。如果南黃薊馬鑽入花萼吸收汁液，會造成果實呈現黃色或褐色、如同結痂的傷口。

不過無論是何種理由所造成的傷痕，只要剝去表皮即可安心食用。

Q 為什麼快要收割的西瓜會突然枯萎？

A 西瓜必須等到完全成熟之後才能收割，因此養分最後會全部集中於果實。植株就算行光合作用也無法提供足夠養分，因此會極速枯萎。

為了避免此種狀態，開始結果時必須栽培子蔓與孫蔓。此外，如果結實纍纍，應當摘去果實以調整數量。例如小玉西瓜應當保留兩顆果實，最後僅保留一顆果實，藉此調整植株的養分平衡。

Q 為什麼甜椒的花一直凋零，無法結果？

A 這是一種生理性病害，稱為「生理落花」。植株覺得氣候過熱過冷或肥料與水分不足時便會自行判斷「結果可能造成生命的危機」，因而落花。只要追肥、調整澆水方式或將植株移動至溫度適當之處，應該就能改善。

發生生理落花的甜椒。調整栽培環境即可改善。

Q 小黃瓜的母蔓高度超過自己的身高，應該摘心嗎？

A 如果是子蔓也會結果的品種便可摘心；如果是只能在主蔓結果的品種，切除主蔓便無法結果收割。

倘若使用本書推薦的塔式支架栽種，誘引主蔓進入支架與繩子的內側，主蔓生長至支架的頂端便會自動往下生長之後再往上生長。換句話說，便是以上下蛇行的方式生長。如此一來，不須摘心也不會難以收成。總之應該是不須摘心。

Q 小黃瓜的表皮出現如同白色黴菌的症狀。這是病害嗎？

A 表皮的白粉稱為「果粉」，並非病害。如果是以嫁接苗栽培便不會出現果粉，但是播種栽種一定會出現。這是家庭菜園必定會出現的現象。

Q 草莓的葉子到了冬天就會變紅。這是病害嗎？又是為什麼會造成此種現象？

A 過冬的草莓會在12月之後因為更加寒冷而導致外側的葉子變紅，最後終至枯萎。這種現象主要是由於天氣寒冷所造成，不用擔心病害或肥料不足的問題。但是枯葉置之不理，可能會繁殖真菌而生病。因此發現枯葉，應當馬上清除。

此外，如果葉片上出現如同蛇眼的紅褐色斑點，可能是罹患了「炭疽病」。此時應選用合適的殺菌劑以解決病害。

Q 希望苦瓜攀爬擴散形成自然的遮陽窗簾時，如何解決植株只會往上長而不會往左右擴張的問題？

A 一般栽種苦瓜時，不須摘心，一邊誘引藤蔓往橫向或下方生長，一邊延伸主蔓以增加子蔓的數量。如果一開始就希望往橫向發展，藤蔓長至期望高度的一半時即進行頂部的摘心。如此一來很快就會長出子蔓，讓子蔓攀爬網子朝橫向發展。

過早為主蔓摘心會限制子蔓的數量，無法大量繁殖。等到主蔓長至一個程度再摘心，繁殖成果會比較好。

【根菜類】

Q 想要栽種「安納紅」此類稀有品種的甘薯卻無法購得種苗，如何自行育苗呢？

A 利用蔬果店或超市所販賣的甘薯，便能自行培育插苗。方法非常簡單，只須種植想要栽培的甘薯直至發苗。長至20 cm至30 cm時，從基部切下即成插苗。

準備12至13 ℓ大小的圓盆型或小型的花盆，放入市售的栽培土至花盆一半的高度後放入想要栽培的甘薯。然後添加栽培土直至距離花盆邊緣2 cm至3 cm覆蓋甘薯，給予大量水分，接下來只需放置於溫暖之處管理。

大概一個月之後就會發芽長苗囉！

Q 馬鈴薯出現如同迷你番茄的結果，可以置之不理嗎？

A 只要結果就會吸取植株的養分，可能造成收穫減少。不過減少的數量對於原本栽培數量就少的家庭菜園而言不成問題，因此可以留下觀賞。

主要品種「男爵」和「五月皇后」不容易出現這種結果，但是最近大受歡迎的「北明」和「印加的覺醒」就經常出現。乍看之下宛如青色的迷你番茄。但是這種果實不但難吃還有毒素，請勿食用。

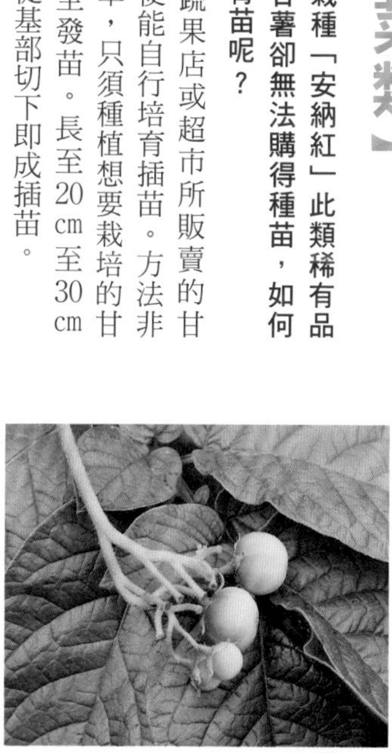
為了提升產量，最好摘去如同迷你番茄的結果。

Q 收成之後發現蘿蔔的中心出現大洞。為何會出現空心的現象呢？

A 這是一種生理性病害，稱為「蘿蔔空心」，多半發生於高溫期或低溫期。植株幼期因為低溫、乾燥或肥料不足而生長遲緩，但是之後因為栽種環境急速改變導致根部快速肥大，因此出現空心的現象。最好的解決方式是適當的追肥和澆水。如果生長遲緩，不應一口氣給予大量肥料或水分，而是分次陸續補充。

除此之外，蘿蔔的內部還會出現細長的空洞。這並非前述的空洞，而是細小的縫隙造成蘿蔔疏鬆。太晚收成的蘿蔔容易出現此種現象。

尤其是春天播種的蘿蔔由於生長快速，特別容易出現細長的空洞，必須格外留心。

Q 為何薑種植了一個月之後依舊沒有發芽？

A 薑的生長期間非常漫長，從定植至發芽需要一個月左右的時間。氣溫與水分也會影響薑的生長，請耐心等候。

如果非常在意，不妨挖開土壤確認。只要種薑沒有發霉，就不會有問題。

Q 為何收成之後的馬鈴薯馬上就腐爛了呢？

A 在土壤潮濕的狀況下收成或收成後水洗，都可能造成馬鈴薯腐爛。

土壤潮濕的情況下收成時，細菌可能入侵馬鈴薯表面的傷口，造成馬鈴薯容易腐爛。收成前幾天便應當控制澆水的份量，使土壤乾燥。如果在會淋雨之處栽種，連續下雨的日子應當將花盆移動至不會淋雨之處。

收成之後不須水洗，清除土壤之後放置於不會日曬雨淋且通風良好之處乾燥數日。如此一來，便能延長保存期限。

【葉菜類】

Q 我已經種植蘆筍3年了。據說可以連續收成10年，所以真的不須換盆嗎？

A 3年應該沒有太大的問題。但是長期栽培會造成根部大量生長，土壤不但會因此變得僵硬，還會發生水分不足的情形。無論如何澆水，都無法補充足夠的水分。如果出現此種情形，建議最好還是換盆。

換盆的最佳時期為春天或秋天，有兩種換盆方式：一種是直接移植至更大的花盆；另一種方式是稍微整理根部之後，依照大小決定是否分株。分株之後體型變小，便可種回原本的花盆。前者的優點是不會減少收成量，後者的優點是不會因為換盆而影響種植空間。

Q 青江菜的葉子背面出現小蟲。那是什麼蟲呢？

A 通常是有翅膀的蚜蟲或潛蠅。如果置之不理，便會大量繁殖。建議以黃色黏蟲紙吸引昆蟲接近，加以撲殺。最好在昆蟲產卵繁殖之前處理。

密集寄生於青江菜的蚜蟲。有翅膀的種類與沒翅膀的種類雜處一室。

Q 蕹菜開花時該如何處理？

A 蕹菜會在11月左右綻放淺紫色的小花，如果置之不理便會吸收養分造成結球數量減少或變小。如果重視收成勝於觀賞，應在開花之前切除。

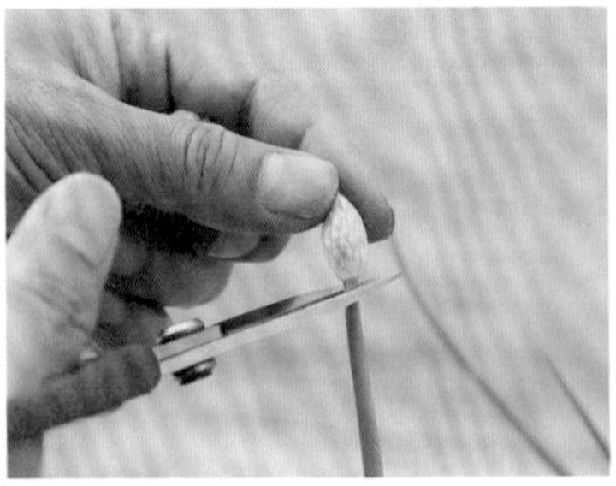

在花朵綻放之前，切除花苞。

Q 為何秋天栽種的甘藍菜無法結球呢？

A 因為開始栽種的時間太晚了。

甘藍菜之類的結球蔬菜要長出20片以上的本葉之後，才會開始結球。結球適溫為15℃至17℃。秋天如果太晚開始栽種，就不容易結球。

倘若太晚播種或定植，必須在室內較溫暖之處栽種。最重要的是滿足容易結球的條件。

Q 菠菜的莖幹和葉子全都消失，僅剩葉脈。這是病害嗎？還是蟲害呢？

A 應該是夜盜蟲所造成的結果。

夜盜蟲是夜盜蛾的幼蟲，因為是夜行性昆蟲而名為「夜盜」。以葉子或莖幹為食，嚴重的時候會在一夜吃光所有葉片和莖幹。

多半發生於春天至初夏或秋天，種植之後即應馬上覆蓋防蟲網預防。此外，夜盜蟲的體型約3cm至4cm。由於體型較大，發現時可以馬上以免洗筷夾除。

遭至夜盜蟲害的菠菜。只要一個晚上就能造成如此下場，因此平日應當多多注意。

Q 包心白菜的外葉遭至蟲害，應該要拔掉嗎？

A 包心白菜和甘藍菜一樣，只要超過20片本葉就會開始結球。失去外葉就會造成原先應當結球的內葉轉變為外葉，影響結球時間。就算葉子上出現小洞，只要還維持葉子的原形就不須拔除。

為了避免蟲害更加嚴重，發現害蟲就應該馬上撲殺。

Q 至了冬天，原本綠色的青花菜的花蕾變成紫色。請問這是病害嗎？

A 不只是青花菜或花椰菜等十字花科蔬菜，許多蔬菜只要氣溫降低就會出現葉片或花苞變成紫色的情形。這是因為出現名為「花青素」的色素，並非生病。由於是水溶性的色素，川燙之後自然會消失。

Q 剛剛種植的甘藍菜苗在接近地面的部分斷裂，請問是蟲害嗎？

A 應該是遭至切根蟲的幼蟲蟲害。

切根蟲一般是指葉蛾近親的幼蟲或金龜子的幼蟲，會造成植株從根部斷裂的危害。如果斷裂不久，只要挖掘植物根部就會發現害蟲。建議趕緊挖掘撲殺。

Q 白蔥的苗有剩，可以當作青蔥使用嗎？

A 可以。白蔥是指栽培蔥類時在田地中築壟或在花盆中以報紙或瓦楞箱包覆，造成葉鞘變軟變白又變長。此外白蔥的品種是指「適合栽培為白蔥的蔥」，因此栽種時不包覆報紙即成青蔥。

【香草類】

Q 百里香至了冬天就會枯萎，我應該放棄嗎？

A 百里香是脣形科的常綠灌木，一般至了冬天並不會枯萎。不過葉片在冬季可能會變成褐色，顯得沒有生氣。但是等到春天就會重生，建議至了春天再看看情形。

Q 義大利香芹的葉片又硬又難吃，該如何種植才能培育出軟嫩的葉子呢？

A 栽種時應當避開日照強烈之處，種植於明亮的陰涼處，就能栽培出軟嫩好料理的葉子。尤其是夏季日照強烈時，應當將花盆移動至明亮的陰涼處。

Q 薄荷、百里香和奧勒岡種植於同一花盆時，為何百里香和奧勒岡枯萎了呢？

A 薄荷生長非常旺盛，會朝横向發展而影響其他植物。這應該是因為百里香和奧勒岡遭至薄荷的壓迫所造成的結果。

建議薄荷不要與其他植物一同種植，應該單獨栽種。

Q 蒔蘿的葉子完全變白，難道是遭至蟲害嗎？

A 這應該是白粉病。由於並非蟲害所造成，食用上沒有問題，也不須擔心引發疾病或身體不適。但是畢竟是真菌所造成的病變，食用時還是會覺得不舒服。

使用合適的天然農藥可避免擴散，或食用未受病害的新芽會比較好。

葉片與莖幹都因為白粉病而變得白茫茫的蒔蘿。

【穀類】

Q 我想自行栽種稻米或雜糧，但是買不到已經去殼的種子或種子。

A 一般的園藝店或大賣場並未販賣稻米或雜糧的種子或已經去殼的種子，不過可藉由郵購取得。

Q 我正在挑戰種植稻米，但是很難結實。請問是什麼原因呢？

A 如果追肥（特別是氮素肥料）過剩，就可能造成莖幹生長過度卻無法結實的現象。稻米和其他蔬菜一樣，如果葉子狀態不佳即應追肥。但是等到出穗之後，應該避免追肥。

Q 蒟蒻葉子的顏色在追肥之後依舊泛黃。這是病害嗎？

A 追肥之後依舊未能改善便表示葉片顏色不佳並非氮素肥料不足，因此可能是日曬過度所造成。

蒟蒻耐寒耐乾，但是不耐強烈日曬。建議避免強烈日照，將花盆移動置明亮的陰涼處。

蒟蒻的葉子可當觀賞植物，建議大家欣賞蒟蒻葉子美麗的顏色與形狀。

Q 蕎麥開花結果之後，卻迅速掉落。請問是什麼原因呢？

A 蕎麥的果實只要一過適合收穫的時期就會馬上掉落，並非病害，不須擔心。

要在最佳時機收穫已經成熟但是尚未掉落的果實非常困難。雖然早期收穫的果實尚呈綠色，但是可混在白米當中或煮粥，建議直接提早收成。

【其他】

Q 收到種苗公司的目錄之後，應當如何挑選種苗呢？

A 最重要的是挑選「極早生」或「早生」品種，其次是挑選容易栽種的品種。種苗上多半會標示「適合家庭菜園」、「可以盆栽」、「生長勢良好」、「不易生病」或「適合初次栽種者」，可供參考。

此外，配合栽種時期挑選也非常重要。春天和秋天適合栽種的蔬菜可能相同，但是品種卻不同。品種名上標示「不分季節」表示栽種時期較長，挑選時可多加留心。

Q 栽培土上長出黴菌，可以置之不理嗎？

A 出現黴菌是因為澆水過度所造成的過度潮濕。由於黴菌可能造成植株染病，應當清除。清除時避免碰觸植株。同時還必須調整澆水的方式，以免再度造成過度潮濕的環境。土壤過度潮濕時，在長出黴菌之前會先出現青苔。發現青苔就應該注意澆水的份量。

另一種原因則是以發酵油粕追肥之後，因為與土壤攪拌不勻導致黴菌生長。此時應當先清除黴菌，再行追肥。

Q 打開堆肥的包裝發現發霉，這樣還可以使用嗎？

A 可以繼續使用。由於堆肥原本就富含真菌與細菌等微生物與，出現黴菌並不會影響堆肥的品質。但是也有可能是因為發酵尚未完全，因此應當攪拌均勻之後放置一陣子再使用。

雖然黴菌可能造成蔬菜病害，但是只要堆肥沒有發生惡臭，應該不會影響植株生長。

Q 雖然不至於至惡臭，但是堆肥散發出一股氣味，這樣還可以使用嗎？

A 堆肥發出臭味表示發酵尚未完全，直接使用可能損害植株根部或發生病蟲害，應當避免。如果堆肥發出腐敗般的惡臭表示品質不良，應當丟棄。

倘若氣味輕微，可以和土壤攪拌均勻之後放置2至3星期。等到發酵完全之後，便可使用。

Q 灑農藥的第二天就下雨，應該再灑一次嗎？

A 只要農藥在下雨之前乾燥，就不需要追加。擔心下雨，可在噴灑農藥之後將花盆移動至不會淋雨之處。有些農藥在收割之前可使用的次數和使用間隔受至限制，使用時務必遵守規範。

種菜術語

育苗

播種或扦插於穴盤、育苗盆或育苗箱，等到成長至可以定植為止的栽培方式。育苗之後移動至其他地方繼續種植稱為「移植」，移植至正式栽種的位置稱為「定植」。

初次花

植株第一次開的花。挑選番茄、茄子、甜椒和辣椒等茄科植物的市售種苗時，挑選已經開初次花或出現花苞的種苗較易種植，還能縮短栽種至收成的時期。

此外，開花之後第一次結的果實為「初次果」。初次果多半結實於植株尚未成熟時，因此比一般收成期的果實小一圈。儘速收成初次果可以避免植株耗費過多養分，接下來的生長狀況也會改善。

F_1品種

兩株不同的品種交配所生下的第一代雜種，亦稱「第一代雜種品種」。種子的包裝上會註明「F_1交配」或「一代交配」；有時也會以育種公司為名，例如「〇〇交配」。第一代雜種的性質往往優於原品種，便於栽種具備特性的品種，例如「生長迅速」、「耐病蟲害」等。

另一方面，「固定品種」或「固定種」是指從多數的植株當中選擇品種特徵明顯的植株，反覆播撒挑選的植株種子所栽培而成的品種。栽種固定品種時，如果從播種法栽種的植物進行自家採種（從自行栽種的蔬菜收集種子）並且再度播種栽種，通常下一代的特徵會和上一代近乎相同。

但是F_1品種的第一代植株雖然形狀與性質非常相近，但是進行自家採種所栽種的第二代往往在發芽速度、高度、葉片顏色和形狀都與第一代有所不同。因此栽種F_1品種，必須每次重新購買種子。

科

分類動物或植物的一種單位，植物是依據花朵的形狀而分。同一科的蔬菜性質相似，了解想要栽培的蔬菜隸屬哪一科是栽培的重要指標。

塊莖

地下莖（伸入土壤的莖部）的尖端於地底蓄積澱粉等養分而肥大，最後形成球狀或塊狀。馬鈴薯等蔬菜就是食用這個部分。

類似的蔬菜還包括芋頭，此類蔬菜的食用部位為「球莖」。球莖是地下莖的一種，植株的莖部肥大之後形成球狀或扁平狀，通常上方有芽。

薑或薑黃等蔬菜食用的部分則是地下莖往水平方向伸展後肥大的部分，因為看起來像根部，因此稱為「根莖」。

此外，地瓜和美國團土兒等蔬菜食用的部分是根部肥大之後蓄積大量養分而成，因此稱為「塊根」。

花序

群聚的花朵。植枒成長之後最早出現的花序稱為「第一段花序」，群聚的果實則稱為「第一果序」。

花蕾

花芽成長之後，可以明顯看到一個一個的花苞。開花之前的花朵稱為「花蕾」。可以食用的花蕾為青花菜和花椰菜等等。此時的花蕾是指植株頂部尚未成熟的花蕾和下方柔軟的莖部。位於頂部的花蕾稱為「主花蕾」，位於側邊的花蕾稱為「側花蕾」。

結球

蔬菜的葉片由內側一片一片捲曲生長，最後重疊成球狀的現象。這種蔬菜稱為「結球蔬菜」，代表性植物為甘藍菜、包心白菜和萵苣等等。此外，葉片捲曲鬆散，形成不完全的結球狀態稱為「半結球」。代表性植物為蘿蔓萵苣（長葉萵苣）。

多數的結球蔬菜都是外葉長出15片，內葉長出5至6片，也就是本葉合計20片之後因為生長激素的影響而開始結球。本葉達至一定數量之後會導致生長點無法接觸日光，如此一來原先平均運送至葉子整體的生長激素會開始集中於葉子的外側細胞，造成葉片外側較內側生長迅速，因而捲曲成球狀。

根瘤菌

土壤中的一種微生物，毛豆等豆類蔬菜的根部也可以看到它們的蹤影。特徵是會在植株根部製造瘤狀的突起。

根瘤菌無法行光合作用，卻能在吸收植物行光合作用所製造的物質之後從土壤的空氣中吸取氮素，提供植物養分。這種關係稱為「共生」。

氮素對於植物而言是葉子與莖幹所不能缺少的營養素，但是過多的氮素會導致植物光長莖葉卻不結果。栽培根部有根瘤菌的植物時，必須調整氮素肥料的量。

扦插

從植株取下枝或莖插在土壤中，長出新根與新芽即成新的植株。這種繁殖方式就是「扦插」，又稱「插芽」。香草、番茄和空心菜等蔬菜都可以利用這種方式繁殖，具體方式請參考P.161頁。

子房

葫蘆科植物的雌花基部膨脹的部分，番茄等植物則是位於花朵內部。授粉之後，這個部分便會膨脹變成果實。

落花生授粉之後，子房會化為細長的枝條（子房柄）潛入地底，子房柄的尖端形成果莢。

雌雄異花

大多數的植物都是同一朵花裡有雄蕊和雌蕊，稱為「兩性花」。葫蘆科蔬菜則是同一科植株上有雌花與雄花，稱為「雌雄異花」。南瓜、西瓜和哈密瓜等花朵數量稀少時，使用人工授粉（參考左方說明）可提高結果的機率。

此外，蘆筍和菠菜等雄株僅開雄花，雌株僅開雌花，這種情況稱為「雌雄異株」。出現花芽之前都無法分辨花朵雌雄，因此想要自行採種時必須保留多棵植株。

主枝

雙子葉（參考P.213的說明）之間最初長出的莖部（枝）便是植株中心的莖。主莖與主莖上的葉子基部（莖節）則有「側芽」，側芽成長延伸之後所形成的莖部稱為「側枝」。

此外，葫蘆科植物等植株具備攀爬性質，主莖又稱為「母蔓」，側芽所伸展出來的莖部稱為「子蔓」，由子蔓上長出的側芽伸展之後則為「孫蔓」。

人工授粉

為了使果菜類確實結果，便會以人工的方式進行授粉。除了使用毛筆沾取花粉附著於雌蕊，也可利用植物生長調節劑等生長激素。

番茄的花朵雖然是兩性花，為了確保務必授粉也會進行人工授粉。此外，葫蘆科蔬菜多半為雌雄異花，因此可將沾取雄花的花粉塗抹於雌花。

花粉只有早上會出現，因此最晚早上九點就必須完成人工授粉。

生長點

多半位於植株的莖部或根部的尖端，也就是細胞分裂旺盛的部分。莖部的生長點會持續地冒出新葉。收割葉菜類時倘若保留此處，便可長期收割。

生理性病害

肥料或水分過度與不足、溫度或日曬等條件不良，便有可能對植物造成某種不良的影響。此種狀況稱為「生理性病害」。

可能出現的症狀包含葉片泛黃、乾燥、枯萎、花朵凋零、不結果或畸形。症狀初期可藉由施肥或澆水改善，但是反應過慢會造成症狀惡化，難以恢復。

雖然症狀類似病害，但是必須注意兩者的處理方式完全不同。

早晚生

以播種至收成之間的期限長短分類的手法。分類名稱根據播種至收成的時間長短，分別為「極早生」、「早生」、「中早生」、「中生」、「中晚生」、「晚生」。建議第一次接觸家庭菜園的人採用栽培時間短又容易栽培的極早生或早生品種。

堆肥

牛糞、落葉、稻草和穀殼等有機物質堆積分解（發酵）之後所形成的物質，具有改良土壤的效果。

光是倚賴化學肥料會造成土壤不適合微生物居住，微生物的數量減少就會造成土壤僵硬。藉由堆肥補充有機物質，微生物便會分解土壤中的有機物質，造就鬆軟的土壤。自從化學肥料普遍之後，堆肥的功能就轉變為改良土壤。直至近幾年，又開始著重堆肥的肥料特性，積極地使用。

主要的動物性堆肥為牛糞堆肥與雞糞堆肥；植物性堆肥的代表為樹皮堆肥和腐葉土堆肥。使用腐熟不完全的堆肥會造成惡臭、病蟲害與傷害植株根部。因此請務必使用完全腐熟的堆肥。腐熟完全的堆肥，不會有任何氣味。

耐病性

代表植物不易罹病，至於不易罹患某種病害則稱為「抵抗性」。

種子具備何種抵抗性會註明於包裝袋上，例如「CR（根瘤病抵抗性）」或「YR（萎黃病抵抗性）」。

摘果（疏果）

摘取尚未成熟的果實稱為「摘果」。摘除多餘的果實，促進營養成分傳遍植株。不僅可以加大果實與提升品質，植株也不會因此而過度疲累。

摘心

摘取枝枒的頂端，使得枝枒不會繼續生長。摘心之後，側芽便會延伸，可以增加從主莖長出的側莖數量。

抽苔

平常莖部不會往上生長，而由地面長出葉子的十字花科、傘形科和菊科等直根性的植物，在一定的條件下（例如氣溫與夜晚長短等等）會長出花芽與花莖。這種現象稱為「抽苔」。抽苔之後，葉片的數量不會增多，葉片還會變硬。葉菜類和根菜類會因此變得難以入口，因此必須避免抽苔。

另一方面，青花菜、花椰菜和油菜等等食用花蕾的蔬菜就必須促進抽苔。

土壤酸鹼值（pH）

土壤酸鹼度的單位。土壤會因為環境而改變酸鹼度，同時也會影響植物的生長。pH 7.0為中性，小於7.0為酸性，大於7.0為鹼性。大多數的蔬菜適合以pH 6.0至6.5的弱酸性土壤栽培。日本由於經常下雨，造成土壤中的石灰質流失，容易呈現酸性。製造栽培土時添加大量的石灰質肥料，日後土壤的酸鹼值就不會發生大幅度的改變。

土壤消毒

為了消除土壤中的病菌或害蟲，通常會進行消毒。除了使用土壤殺菌劑之外，夏季也能利用太陽曝曬進行環保消毒。

環保消毒法對於線蟲、切根蟲或波菜的萎凋病等眾多病蟲害具有明顯的效果。

板叢

板叢是指帶芽的根部。栽培蘆筍或蘘荷等蔬菜是分割板叢（即「分株」），移植後使其發芽，進而栽培。

除了可以利用市售的板叢之外，蘆筍定植後10年、蘘荷則是定植後4至5年即可挖出分株與換盆。

不織布

壓縮凝聚的纖維而成的輕薄布料，具有保溫與保濕的效果。如果以隧道狀覆蓋於植株上，還能防風和稍微防寒。購買不織布時可挑選單片或直接購買一整捆，在日本又有「遮附材」、「paopoa」或「透光布」等別名。

雙子葉

發芽之後最先長出的葉子稱為「子葉」，長出2片子葉的植株稱為「雙子葉」。子葉之後長出的葉子稱為「本葉」，即為此種植植株原本的葉子。

豌豆和毛豆等植物在子葉之後長出的葉子稱為「初生葉」，接下來才會出現分為3片的本葉。

分蘖

稻類或麥類等禾本科植物和蔥的近親薤菜、分蔥之類的蔬菜在根部的生長點長出側芽，從地面上看來彷彿枝椏分歧，稱為分蘖。

防蟲網

播種或定植之後，覆蓋於植株成隧道狀，以達至防止蟲害的網狀布料。種類繁多，例如白色與銀色條紋；販賣方式為單片或成綑出售。日文別名為「寒冷紗」。

捲鬚

葉片與莖的一部分變化而成，會纏繞其他物品而延伸生長。小黃瓜、苦瓜或西瓜等葫蘆科蔬菜多半具有捲鬚。

捲鬚纏繞之處會形成如同彈簧般的效果，幫助植株抵擋大風。但是如果纏繞至其他蔬菜，不妨切除。

間苗

發芽之後拔除預定栽培的植株以外的植株，即為間苗。建議僅在拔除後的植株尚可利用時進行間苗。

誘引

將莖幹或藤蔓以繩子固定於支架或網子，具備防止植物傾倒或調整成長方向的功用。

葉鞘

葉身（葉片，參考下一項說明）基部包覆中心的嫩葉，捲曲成如同刀鞘的部分。薑、蘘荷等類似莖的部分和白蔥白色的部分都是葉鞘。為了讓白蔥葉鞘的部分變白變長，會在栽培時以報紙或瓦楞箱包覆葉鞘。

葉身

葉子本身由葉身與葉柄（參考下一項說明）而組成，此處的葉身是指葉子平展延伸的部分。

葉柄

連接葉片與莖幹的部分，也就是葉子本身底部的基柄。鴨兒芹、芫荽和芋頭之類看起來像莖的部分其實是葉柄。

走莖

草莓或薄荷等植物彷彿匍匐於地面的莖，稱為走莖。這是由主莖延伸、長出子株的莖，又稱為「匍匐莖」。栽種草莓時，將走莖的子株種植於土壤中，就能長出根部。以此育苗（參考P.84），可以當作第二年的草莓苗。

草莓的繁殖力旺盛，因此會出現大量匍匐莖。為了讓結果時養分集中於中央，從底部切除匍匐莖為佳。匍匐莖在收穫之後依舊持續生長，此時利用子株培育第2年的草莓苗也還來得及。雖然依照母株的狀況而有所不同，但是一般而言可以培育15至30株新苗。

裂果

果菜類常見的生理性病害。果實內部的水分極速增加，導致果皮裂開所發生的現象。長期乾燥之後突然過度潮濕，易出現此現象。果實成熟後持續一段乾燥的氣候才一口氣給予大量的水分，根部會頓時吸收水分而造成內部膨脹，導致果皮破裂。保存時如果濕度變化太大，也可能出現裂果的現象。

根菜類的馬鈴薯或胡蘿蔔等作物發生類似情況，稱為「裂根」；甘藍菜等結球蔬菜發生類似的情況稱為「裂球」。太晚收成而導致成長過度也容易發生此種現象。

連作

意指連續栽培同一種蔬菜。如果連作的生長情況不佳，稱為「連作障礙」。

連作障礙可能由以下幾種原因導致：第一項是土壤病害。根瘤病或葉枯病的病原菌汙染土壤時，消毒土壤或栽種具有抵抗力的品種即可解決問題。至於盆栽，只要不再利用受過病害的土壤即可。

第二項理由則是肥料耗盡或土壤酸鹼值出現變化。使用花盆種植時，只要攪拌培土與堆肥以製造新的培土即可解決。

第三項理由是植物本身的根部產生阻礙生長的物質，例如豌豆即可能出現此種現象。雖然會影響收成的數量，但是對於家庭菜園不至於造成大幅度的影響。只要不是專業農家，不須擔心此項理由。

作者簡介

木村正典

Masanori Kimura

1962年出生於北海道。為東京農業大學農學部生物療癒科副教授、博士（農學）、「NHK趣味園藝　大家來種菜！」的講師。專攻人類與植物關係學、都市園藝學、蔬菜和香草等等。專職研究都市型家庭菜園技術、蔬菜和香草等園藝植物的都市綠化、室內裝飾用植物的空氣淨化、學校菜園和促進溝通的屋頂活用、都市的園藝功能和方法等等。同時也進行市民講座的演講，指導東京都內國中小與國民住宅的窗戶綠化、屋頂菜園。此外，更致力於協助尼泊爾的農村開發、於英國推行日本蔬菜等國際活動。主要著作有『手間をかけなくても野菜は育つ 木村式ラクラク家庭菜園』、『園芸学』（共同著作／日本文永堂）。

Staff

封面設計　波多野 光

內文攝影　上林徳寛

攝影　一之瀬ちひろ
小須田 進
筒井雅之
成清徹也
野口健志
福田 稔
丸山 滋
渡辺七奈

照片提供　岡島食品工業株式会社／カネコ種苗／神田育種農場
群馬県農業技術センターこんにゃく特産研究中センター
サカタのタネ／サントリーフラワーズ
住友化学園芸／関野農園
タキイ種苗／トーホク／トキタ種苗／東北農業研究センター
中原採種場／ナコス／ナント種苗／日光種苗
日東農産種苗／日本デルモンテ
日本農林社／パイオニアエコサイエンス
ハルディン／増田採種場／松永種苗／丸種
みかど協和株式会社
三好アグリテック／武蔵野種苗園
柳川採種研究會／雪印種苗
落花生問屋フクヤ商店／渡辺採種場

攝影協助　アース製薬／アップルウェアー
大協技研工業／尚香園／住友化学園芸
駿河ガーデン／トキタ種苗
野原種苗／ニチカン／フマキラー
五十嵐洋子／大塚みゆき
金子孝礼／東京農業大学

協助採訪　元田義春（東京農業大學准教授）

藝術總編　白石良一

設計　福沢真里（白石デザイン・オフィス）
坂本 梓（白石デザイン・オフィス）

插圖　江口あけみ

校對　安藤幹江

DTP協助　斉藤英俊（ファイバーネット）
VNC

編輯　北村文枝
長坂美和（NHK出版）

編輯協助　入来隆之
荻原愛恵
佐久間香苗
豊泉多恵子
三好正人

自然綠生活 06
Green Life style

陽台菜園聖經（暢銷版）

有機栽培 81 種蔬果，在家當個快樂の盆栽小農！

作　　者／木村正典
譯　　者／陳令嫻
發 行 人／詹慶和
總 編 輯／蔡麗玲
執行編輯／劉蕙寧
編　　輯／蔡毓玲・黃璟安・陳姿伶・陳昕儀
執行美術／韓欣恬
美術編輯／陳麗娜・周盈汝
出 版 者／噴泉文化館
發 行 者／悅智文化事業有限公司
郵政劃撥帳號／ 19452608
戶　　名／悅智文化事業有限公司
地　　址／新北市板橋區板新路 206 號 3 樓
電　　話／ (02)8952-4078
傳　　真／ (02)8952-4084
網　　址／ www.elegantbooks.com.tw
電子信箱／ elegant.books@msa.hinet.net

2019 年 7 月二版一刷　定價 480 元

YUKI SAIBAI MO OK! PLANTER SAIEN NO SUBETE by Masanori Kimura

Original Japanese edition published by NHK Publishing, Inc.

This Traditional Chinese edition published by arrangement with NHK Publishing, Inc., Tokyo in care of Tuttle-Mori Agency, Inc., Tokyo
through Keio Cultural Enterprise Co., Ltd., New Taipei City

經銷／易可數位行銷股份有限公司
地址／新北市新店區寶橋路 235 巷 6 弄 3 號 5 樓
電話／ (02)8911-0825　傳真／ (02)8911-0801

國家圖書館出版品預行編目資料

陽台菜園聖經：有機栽培 81 種蔬果，在家當個快樂の盆栽小農！ / 木村正典著；陳令嫻譯．
-- 二版 . -- 新北市：噴泉文化，2019.7
面；　公分 . -- (自然綠生活；06)
ISBN 978-986-97550-8-5(平裝)

1. 蔬菜 2. 栽培

435.2　　108010001

天天吃得新鮮
安心・又健康！

從陽台到餐桌の迷你菜園：
親手栽培・美味＆安心

BOUTIQUE-SHA ◎著
謝東奇／審定
平裝／ 104 頁／ 21×26cm
全彩／定價 300 元
噴泉文化◎出版

親植
蔬果

自然綠生活22
室內觀葉植物精選特集
作者：TRANSHIP
定價：450元
19×26 cm · 136頁 · 彩色

自然綠生活23
親手打造私宅小庭園
授權：朝日新聞出版
定價：450元
21×26 cm · 168頁 · 彩色

自然綠生活 24
廚房&陽台都OK
自然栽培的迷你農場
授權：BOUTIQUE-SHA
定價：380元
21×26 cm · 96頁 · 彩色

自然綠生活 25
玻璃瓶中的植物星球 以苔蘚·空氣鳳梨·多肉·觀葉植物 打造微景觀生態花園
授權：BOUTIQUE-SHA
定價：380元
21×26 cm · 82頁 · 彩色

綠庭美學01
木工&造景
綠意的庭園DIY
授權：BOUTIQUE-SHA
定價：380元
21×26 cm · 128頁 · 彩色

綠庭美學02
自然風庭園設計BOOK
設計人必讀！花木×雜貨演繹空間氛圍
授權：MUSASHI BOOKS
定價：450元
21×26 cm · 120頁 · 彩色

自然綠生活 26
多肉小宇宙
多肉植物的生活提案
作者：TOKIIRO
定價：380元
21×22 cm · 96頁 · 彩色

自然綠生活 27
人氣園藝師
川本諭的植物&風格設計學
作者：川本諭
定價：450元
19×24 cm · 120頁 · 彩色

綠庭美學03
我的第一本花草園藝書
作者：黑田健太郎
定價：450元
21×26 cm · 128頁 · 彩色

綠庭美學04
雜貨×植物の
綠意角落設計BOOK
授權：MUSASHI BOOKS
定價：450元
21×26 cm · 120頁 · 彩色

綠庭美學05
樹形盆栽入門書
作者：山田香織
定價：580元
16×26 cm · 168頁 · 彩色

花草集01
最愛的花草日常
有花有草就幸福的365日
作者：增田由希子
定價：240元
14.8×14.8 cm · 104頁 · 彩色

自然綠生活28
生活中的綠舍時光
30位IG人氣裝飾家&
綠色植栽的搭配布置
作者：主婦之友社◎授權
定價：380元
15 × 21 cm · 152頁 · 彩色

自然綠生活02
懶人最愛的
多肉植物&仙人掌
作者：松山美紗
定價：320元
21×26 cm・96頁・彩色

自然綠生活03
Deco Room with Plants
人氣園藝師打造の綠意&
野趣交織の創意生活空間
作者：川本諭
定價：450元
19×24 cm・112頁・彩色

自然綠生活 04
配色×盆器×多肉屬性
園藝職人の多肉植物組盆筆記
作者：黑田健太郎
定價：480元
19×26 cm・160頁・彩色

自然綠生活 05
雜貨×花與綠的自然家生活
香草・多肉・草花・觀葉植
物的室內&庭園搭配布置訣竅
作者：成美堂出版編輯部
定價：450元
21×26 cm・128頁・彩色

自然綠生活 06
陽台菜園聖經
有機栽培81種蔬果，
在家當個快樂の盆栽小農！
作者：木村正典
定價：480元
21×26 cm・224頁・彩色

自然綠生活07
紐約森呼吸・
愛上綠意圍繞の創意空間
作者：川本諭
定價：450元
19×24 cm・114頁・彩色

自然綠生活08
小陽台の果菜園&香草園
從種子到餐桌，食在好安心！
作者：藤田智
定價：380元
21×26 cm・104頁・彩色

自然綠生活 09
懶人植物新寵
空氣鳳梨栽培圖鑑
作者：藤川史雄
定價：380元
14.7×21 cm・128頁・彩色

自然綠生活 10
迷你水草造景×生態瓶の
入門實例書
作者：田畑哲生
定價：320元
21×26 cm・80頁・彩色

自然綠生活11
可愛無極限・
桌上型多肉迷你花園
作者：Inter Plants Net
定價：380元
18×24 cm・104頁・彩色

自然綠生活12
sol×sol的懶人花園・與多肉
植物一起共度的好時光
作者：松山美紗
定價：380元
21×26 cm・96頁・彩色

自然綠生活13
黑田園藝植栽密技大公開：
一盆就好可愛的多肉組盆
NOTE
作者：黑田健太郎，栄福綾子
定價：480元
19×26 cm・104頁・彩色

自然綠生活14
多肉×仙人掌迷你造景花園
作者：松山美紗
定價：380元
21×26 cm・104頁・彩色

自然綠生活15
初學者的
多肉植物&仙人掌日常好時光
編著：NHK出版
監修：野里元哉・長田研
定價：350元
21×26 cm・112頁・彩色

自然綠生活16
Deco Room with Plants here
and there 美式個性風×
綠植栽空間設計
作者：川本 諭
定價：450元
19×24 cm・112頁・彩色

自然綠生活17
在11F-2的
小花園玩多肉的365日
作者：Claire
定價：420元
19×24 cm・136頁・彩色

自然綠生活18
以綠意相伴的生活提案
授權：主婦之友社
定價：380元
18.2×24.7 cm・104頁・彩色

自然綠生活19
初學者也OK的森林原野系
草花小植栽
作者：砂森 聡
定價：380元
21×26 cm・80頁・彩色

自然綠生活20
多年生草本植物栽培書：
從日照條件了解植物特性
作者：小黑 晃
定價：480元
21×26 cm・160頁・彩色

自然綠生活21
陽臺盆栽小菜園
自種・自摘・自然食在
授權：NHK出版
監修：北条雅章・石倉ヒロユキ
定價：380元
21×26 cm・120頁・彩色